工长上岗指南系列丛书

砌筑工长上岗指南

——不可不知的 500 个关键细节

本书编写组　编

中国建材工业出版社

图书在版编目(CIP)数据

砌筑工长上岗指南:不可不知的 500 个关键细节 /
《砌筑工长上岗指南:不可不知的 500 个关键细节》编写
组编. —北京:中国建材工业出版社,2012.9
 (工长上岗指南系列丛书)
 ISBN 978 - 7 - 5160 - 0288 - 9

Ⅰ.①砌…　Ⅱ.①砌…　Ⅲ.①砌筑-指南　Ⅳ.
①TU754.1 - 62

中国版本图书馆 CIP 数据核字(2012)第 217237 号

砌筑工长上岗指南——不可不知的 **500** 个关键细节
本书编写组　编

出版发行:中国建材工业出版社
地　　址:北京市西城区车公庄大街 6 号
邮　　编:100044
经　　销:全国各地新华书店
印　　刷:北京紫瑞利印刷有限公司
开　　本:710mm×1000mm　1/16
印　　张:18
字　　数:416 千字
版　　次:2012 年 9 月第 1 版
印　　次:2012 年 9 月第 1 次
定　　价:40.00 元

本社网址:www.jccbs.com.cn
本书如出现印装质量问题,由我社发行部负责调换。电话:(010)88386906
对本书内容有任何疑问及建议,请与本书责编联系。邮箱:dayi51@sina.com

内 容 提 要

　　本书以砌体工程最新国家标准规范为依据，结合砌筑工长的工作需要进行编写。书中对砌体工程施工操作的关键细节进行了细致的归纳总结，从而给砌筑工长上岗工作提供了必要的指导与帮助。全书主要内容包括砌筑工长入门基础、砌体结构与建筑识图、砌筑材料与施工机具、砖砌体砌筑、砌块砌体砌筑、石砌体砌筑、配筋工程施工、砖石地面铺砌、工料计算与班组作业计划编制、砌筑施工管理等。

　　本书体例新颖、内容丰富，既可供砌筑工长使用，也可作为砌体工程施工人员操作上岗培训的教材。

砌筑工长上岗指南

——不可不知的 500 个关键细节

编 写 组

主　编：崔　岩

副主编：郑　姗　　葛彩霞

编　委：张才华　　梁金钊　　李建钊　　张婷婷

　　　　侯双燕　　秦大为　　孙世兵　　范　迪

　　　　訾珊珊　　朱　红　　王　亮　　张广钱

　　　　王　芳　　马　金　　贾　宁　　袁文倩

　　　　刘海珍　　秦礼光

前 言
Foreword

　　大力开展岗位职业技能培训，提高广大从业人员的技术水平和职业素养，是实现经济增长方式转变的一项重要工作和实现现代化的迫切要求，是科学技术转化为现实生产力的桥梁和振兴经济的必由之路，也是深化企业改革的重要条件和保持社会稳定的重要因素。当前，鉴于我国建设职工队伍急剧发展，农村剩余劳动力大量向建设系统转移，企业职工素质下降，建设劳动力市场组织与管理不够完善的现状，加之为提高建设系统各行业的劳动者素质与生产服务水平，提高产品质量，增强企业的市场竞争能力，加强建设劳动力市场管理的需要，因而做好建设职业技能岗位培训与鉴定工作具有重要意义。

　　工长是工程施工企业完成各项施工任务的最基层的技术和组织管理人员。其既是一个现场劳动者，也是一个基层管理者，不仅要做好各项技术和管理工作，在整个施工过程中，还要做好从合同的签订、施工计划的编制、施工预算、材料机具计划、施工准备、技术措施和安全措施的制定、组织施工作业到人力安排、经济核算等一系列工作，保证工程质量和各项经济技术措施的完成。因此，在施工现场，工长起着至关重要的作用。

　　《工长上岗指南系列丛书》是以建设系统职业岗位技能培训为编写理念，以各专业工长应知应会的基本岗位技能为编写方向，以现行国家和行业标准规范为编写依据，以满足工长实际工作需求为编写目的而进行编写的一套实用性、针对性很强的培训类丛书。本套丛书包括以下分册：

　　（1）钢筋工长上岗指南——不可不知的 500 个关键细节

　　（2）管道工长上岗指南——不可不知的 500 个关键细节

　　（3）焊工工长上岗指南——不可不知的 500 个关键细节

　　（4）架子工长上岗指南——不可不知的 500 个关键细节

　　（5）模板工长上岗指南——不可不知的 500 个关键细节

　　（6）砌筑工长上岗指南——不可不知的 500 个关键细节

（7）水暖工长上岗指南——不可不知的 500 个关键细节

（8）混凝土工长上岗指南——不可不知的 500 个关键细节

（9）建筑电气工长上岗指南——不可不知的 500 个关键细节

（10）通风空调工长上岗指南——不可不知的 500 个关键细节

（11）装饰装修工长上岗指南——不可不知的 500 个关键细节

与市面上同类书籍相比，本套丛书具有以下特点：

（1）本套丛书在编写时着重市场调研，注重施工现场工作经验、资料的汇集与整理，具有与工长实际工作相贴合、学以致用的编写特点，具有较强的实用性。

（2）本套丛书在编写时注重国家和行业标准的变化，以国家和行业相关部门颁布的最新标准规范为编写依据，结合新材料、新技术、新设备的发展，以"最新"的视角为丛书加入了新鲜的血液，具有适合当今工业发展的先进性。

（3）本套丛书在编写时注重以建设行业工长上岗职业资格培训与鉴定应知应会的职业技能为目的，参考各专业技术工人职业资格考试大纲，以职业活动为导向，以职业技能为核心，使丛书的编写适合各专业工长培训、鉴定和就业工作的需要。

（4）本套丛书在编写手法上采用基础知识和关键细节的编写体例，注重关键细节知识的强化，有助于读者理解、把握学习的重点。

在编写过程中，本套丛书参考或引用了部分单位、专家学者的资料，在此表示衷心的感谢。限于编者水平，丛书中错误与不当之处在所难免，敬请广大读者批评、指正。

编 者

目 录 Contents

第一章　砌筑工长入门基础

第一节　砌筑工长岗位职责

工长是施工现场最直接的领导者、组织者和指挥者。施工中各项经济技术指标的完成情况都与工长有着密切的关系,因此,工长应该具有一定的专业技术知识,应了解国家关于经济建设的方针政策,应熟悉基本建设程序和施工程序,并应具有较好的组织能力。

一、砌筑工长专业知识要求

砌筑工长应掌握相当于中专水平的砌筑学基础理论,了解常用砌筑工具、测量放线工具、质量检测工具的使用方法,熟悉砌体结构及其力学分析基本知识,熟悉常用砌筑材料,砌筑砂浆的类型、规格、性能及选用原则,熟练掌握砌筑施工现场的安全技术规范。

砌筑工长应能熟练阅读各种砌本施工图并能准确地理解工业民用建筑的构造,砖砌体砌筑、石砌体砌筑、砌块砌体工程施工、配筋砌体工程施工;熟悉砌体施工有关国家标准、施工验收规范及质量检验、评定标准。

二、砌筑工程施工程序

施工程序是基本建设程序的一个组成部分,是施工单位按照客观规律合理组织施工的顺序安排。

砌筑工程的全部施工过程,从顺序上可分为以下几个阶段。

1. 接受任务

在开始接受任务时,先签订初步协议。协议签订后,建设单位向施工单位提供所需要的图纸、设备说明书,施工单位根据图纸及说明书着手编制施工图预算,计算工程总造价,作为正式签订合同的依据。

2. 编制施工组织设计或施工方案

编制施工组织设计或施工方案时,应根据工程需要,考虑暂设工程、施工用水、用电、道路的修建、材料设备的仓库及施工方法、工程总进度要求,同时考虑劳动力、施工机械、主要材料的需要量,并列出计划图表。

3. 编制施工图预算和施工预算

预算部门根据工程图纸以及施工方法、《土建工程预算定额》等资料,编制出施工图预算,计算工程造价,经建设单位及建设银行审查后,即作为签订合同的依据。

4. 现场准备

(1)工作面准备。施工现场的七通一平,即水通、电通、路通、通信通(IDD、DDD)、排污通、燃气管线通、热力管线通和场地平整,以及班组工人操作(作业)面的界定。

(2)砖、砂浆的准备。砖的品种、强度等级必须符合设计要求,并应规格一致。用于清水墙、柱表面的砖,还应边角整齐、色泽均匀。无出厂证明的砖应做试验鉴定。砂浆的品种、强度等级必须符合设计要求,砂浆的稠度应符合表 1-1 的规定。

表 1-1　　　　　　　　　　常用砌体的砂浆稠度

砌体种类	砂浆稠度/cm
实心砖墙、柱	7～10
实心砖平拱	5～7
宽心砖墙、柱	6～8
空斗砖墙、砖筒拱	5～7
石砌法	3～5

(3)施工工具的准备。各种施工工具必须运至现场,并经过检查试运,具备使用条件。

(4)材料、设备按计划采购进场入库及码放整齐,防止停工待料及材料设备丢失损坏,工具、手使机具配齐。

5. 开工报告

在正式施工以前,需要提出开工报告,经主管部门批准后才能正式开工。

6. 施工阶段

施工阶段包括所有地基、墙、柱的组砌及质量检验。

7. 办理竣、交工手续和决算

经试运行符合要求以后,施工单位按照施工图和施工验收规范,提出竣、交工资料,及时办理交工手续,编制工程决算。

交工时必须将隐蔽工程记录、质量检查记录、试运行记录等有关资料交建设单位存档。

关键细节 1　取得开工报告应具备的条件

(1)图纸齐全。

(2)合同已签订。

(3)施工图预算与施工预算已编制完善。

(4)暂设工程已建妥,对于劳动力、材料、施工机具、运输等计划已基本落实。道路畅通,通电、通水,场地平整,施工不受影响。

三、砌筑工长职责

(1)在队长和技术副队长(或工程师)领导下,负责贯彻执行有关基本建设的方针、政策、法令、决议、指示、规章制度等,组织班组在所负责的施工项目范围内进行安全生产,按计划完成施工任务。

(2)参加有关工程的合同、协议的签订,图纸会审,中小型工程施工方案的编制,资料审定及有关会议等,并负责组织所属班组进行图纸、技术资料、施工方案、各项施工技术组织措施的学习,组织进行任务交底、技术交底、质量安全措施交底等工作。

(3)向班组下达任务书,按质量标准和其他要求结算验收。

(4)指导班组安全生产,贯彻落实规程、规范、法令,排除隐患,保证安全文明施工。

(5)具体负责所属施工现场的平面布置规划,如临时设施的搭建、作业场地、材料堆放、机具布置、道路等,以及照明、安全措施、执勤、保卫以及人员的食宿安排。

(6)贯彻执行施工组织设计、技术措施、节约指标,按时、按质、按量完成合格产品。

(7)严格监督检查各班组对安全操作规程、施工方案和施工技术组织措施的执行情况,督促班组按时进行工程自检,组织班组互检,并进行技术复核和隐蔽工程验收,分部分项和单位工程质量评定工作,组织质量安全检查,召开质量安全专题会议,分析处理质量安全事故,并填写事故报告。

(8)贯彻各项生产技术管理制度及场容、场貌各项规定要求。

(9)推广先进经验,参加技术革新各项科研活动。负责检查所属班组学习先进经验、先进技术和新的施工作业方法,并组织班组开展技术挖潜、革新、改造和推广新技术的活动。

(10)积累和提供技术档案的原始资料。

(11)参与或具体负责编制施工预算、季度计划、月旬作业进度计划、施工方案或施工组织措施、劳动力计划、机具计划、安全防护设施计划以及特殊劳保用品计划等。

(12)负责组织工程质量评定、填表、签字,含隐检、预检、专业人员检查表。

(13)收集整理各项施工原始记录和资料,按单位工程分档立卷,并具体负责交工验收工作,整理交工验收的技术资料。

⚔ 关键细节2 　班组交底的主要内容

(1)计划交底。贯穿于逐月分旬,逐旬分日,或逐日分时生产计划中。

1)任务数量、部位。

2)开始、结束时间。

3)该任务在全部工程施工中对其他工序的影响和重要程度。

(2)定额交底。工人最为关心也是确保工期的重要一环。

1)劳动定额:单位定额用工,每工产量(活劳动定额指数)。

2)材料消耗定额:生产质量合格产品,材料耗用的最高额度即限额(物化劳动定额指数)。

3)机械台班产量定额:生产质量合格产品,机械台班产量(物化劳动定额指数)。

(3)技术措施和操作方法交底,这是确保工程质量的关键步骤。

1)施工规范、工艺标准。

2)施工组织设计中有关规定、要求。

3)有关设备图纸及细部做法。

（4）技术安全交底（杜绝事故，注意隐患，文明施工）。

1）施工操作运输过程中安全事项。

2）机械设备安全事项。

3）消防安全事项及工地用火须知。

（5）科学管理交底。

1）三检制度（自检、互检、专业人员检查）的具体时间、部位（树立质量意识）。

2）质量评定标准和要求。

3）场容场貌管理制度要求（贯彻文明施工）。

4）样板的建立和要求（样板项目、样板间、样板单元）。

关键细节 3   砌筑操作中的具体指导和检查

（1）抄平、放线、实样弹线准备工作是否符合要求，确定饰面及功能设备的坐标、标高。

（2）班组工人能否按交底要求进行施工操作（必要时作示范）。

（3）一些关键部位是否符合要求，如节点、接缝、留槎、作榫、留洞、加筋、预埋等。

（4）随时提醒安全，开展安全、文明施工活动教育，质量和现场场容管理中的倾向问题，防止隐患，活完场清。

（5）强化成品保护，按工程进度及时进行隐、预检和交接检，配合质量检查人员搞好分部分项工程质量验收。

第二节   砌筑工长职业道德与砌筑工技术要求

一、砌筑工长职业道德

建筑施工人员的道德素质关系到未来工程建设的大问题，对施工人员的道德要有更严格的要求。工长是建筑安装企业内部施工班组的领导者和组织者，对外又代表企业与建设单位和其他施工单位打交道，从事相关的业务交往，因此，必须严格遵守建筑安装行业的职业道德。

建筑行业职业道德的指导思想是"献身基建、满足需要、信誉至上、质量第一"，明确树立经济效益、社会效益和环境效益相统一的观点。

（1）献身基建。献身基建就是把自己的精力、智慧、技能、技巧毫无保留地献给社会主义祖国的基本建设事业，注意培养人员以苦为乐、以苦为荣的优良品质。

（2）满足需要。满足需要是指满足社会的需要。建筑业是物质生产部门，担负着居住建筑、工业建筑、农业建筑和其他建筑的安装和施工任务，为四个现代化的生产建设提供物质技术基础，为改善和提高人民生活创造条件。

（3）信誉至上。信誉至上就是信守诺言，实践合同。由于建筑施工是群体性强、劳动力密集与智力密集性行业,施工范围覆盖了全社会的各个方面,也只有具备这种品德才能对外参与竞争、争取到施工项目与各方面建立起广泛的友谊与联系,从而取得建设单位对本企业的信任,以维护企业的信誉,以良好的经营作风和工作作风赢得建设单位的信赖。

(4)质量第一。建筑工程的质量是建筑企业的生命,是衡量建筑企业技术水平和管理水平高低的主要依据。工程质量关系到国家现代化建设的进程和人民生活改善与提高的重大问题,必须牢固树立"百年大计、质量第一"的观点。

关键细节4　建筑安装企业职业道德的主要表现

(1)积极主动承担任务、听从指挥、热忱工作。

(2)严格按照规范、标准、规程施工,确保工程质量。

(3)遵守协议、信守合同、按时交工、不甩项目。

(4)相互协作、主动配合。彼此尊重、恪守信誉、不扯皮推诿、不相互拆台。

(5)端正经营作风,做到揽活不行贿、分包不收贿。

(6)按照国家规定纳税,不偷税、不漏税。

关键细节5　砌筑工长职业守则

(1)热爱本职工作,忠于职守。

(2)遵章守纪,安全生产。

(3)尊师爱徒,团结互助。

(4)勤俭节约,关心企业。

(5)钻研技术,勇于创新。

关键细节6　砌筑工技师道德鉴定

(1)在企业广泛开展道德教育的基础上,道德鉴定采取笔试或用人单位按实际表现鉴定的形式进行。

(2)道德鉴定的内容包括:遵守宪法、法律、法规、国家的各项政策、各项安全技术操作规程及本单位的规章制度,树立良好的职业道德和敬业精神以及刻苦钻研技术的精神。

(3)道德鉴定由企业负责,职业技能鉴定机构审核。考核结果分为优、良、合格、不合格。对笔试考核的,60分以下为不合格,60~79分为合格,80~89分为良,90分以上为优。

二、砌筑工技术要求

砌筑工指使用砂浆或其他黏合材料,将砖、石、砌块砌成各种形状的砌体和屋面挂瓦的人员。砌筑工分为初级、中级、高级和技师四个等级。

砌筑工的技能要求依次递进,高级别包括低级别的要求,具体见表1-2~表1-5。

表 1-2　　　　　　　　　　　　　　初级砌筑工技术要求

工作项目	工作内容	技能要求	相关知识
一、准备	（一）劳动保护用品准备、安全检查	1.能按安全操作规程要求准备个人劳动保护用品 2.能按规定进行场地、设备的安全检查 3.能进行工量具及辅助用具的安全检查	1.劳动保护用品的准备方法及步骤 2.常用砌筑工量具及设备的安全检查方法
	（二）砌筑材料准备	能正确选择砌筑材料、胶结材料和屋面材料	1.砌筑材料和屋面材料的种类、规格、质量要求、性能及使用方法 2.砌筑砂浆的配合比和技术性能基本知识
	（三）工量具准备	能正确选用砌筑工常用工量具	砌筑工常用工量具的种类、性能知识
二、砌筑	（一）砌筑砖、石基础	1.能正确进行一般条形基础的组砌 2.能按施工图放线，垫层标高修正、摆底、收退（放脚）、正墙检查、抹防潮层等完成基础砌筑	1.建筑工程施工图的识读知识 2.砖石基础的构造知识 3.基础大放脚砌筑工艺及操作要点 4.基础大放脚的质量要求
	（二）砌清水墙角及细部	1.能砌 6m 以下清水墙角 2.能砌墙垛、门窗垛、封山、出檐 3.能按皮数杆预留洞、槽并配合立门、窗框	1.砖墙的组砌形式 2.6m 以下清水墙角及细部的砌筑工艺和操作要点 3.清水砖墙角及细部的质量要求
	（三）砌清水墙,砌块墙	1.能正确组砌清水砖墙 2.能正确组砌砌块墙 3.能较好地勾灰缝 4.能按规定摆放木砖,配合立门、窗框	1.砌筑脚手架和安全操作规程的基本知识 2.砌筑清水墙、砌块墙的工艺知识和操作要点 3.清水墙、砌块墙的质量标准

（续）

职业功能	工作内容	技能要求	相关知识
二、砌筑	（四）砌砖碹和钢筋砖过梁	能砌混水平碹、拱碹和钢筋砖过梁	1. 平碹、拱碹及钢筋砖过梁的构造知识 2. 平碹、拱碹及钢筋砖过梁的砌筑工艺和操作要点及质量要求
	（五）砌毛石墙	1. 能正确组砌毛石墙 2. 能勾抹墙缝	
	（六）砌一般家用炉灶	1. 能砌筑一般家用炉灶 2. 能进行试火检验	1. 一般家用炉灶的构造知识 2. 一般家用炉灶的砌筑工艺和操作要点 3. 一般家用炉灶的质量要求
	（七）铺砌地面砖	能铺砌各种地砖及其他材地面	1. 楼地面的构造知识 2. 地砖及块材的种类、规格、性能及质量要求 3. 地砖及块材地面的砌筑工艺及操作要点
	（八）挂、铺屋面瓦	1. 能铺挂屋面平瓦 2. 能铺阴阳瓦，做平瓦斜沟、屋脊（包括砍、锯）	1. 屋面瓦的种类及规格 2. 瓦屋面的构造知识 3. 瓦屋面的铺筑工艺及操作要点
	（九）铺设下水道，砌化粪池、窨井	1. 能按设计要求进行找坡，铺设下水道支、干管 2. 能砌化粪池和窨井 3. 能按设计要求对化粪池、窨井进行找平抹灰	1. 化粪池、窨井的构造知识 2. 排水管道的种类、规格 3. 化粪池、窨井的砌筑工艺及操作要点 4. 化粪池、窨井的质量要求
三、工具的使用与维护	常用检测工具的使用与维护	1. 能正确地使用水平尺、托线板、线锤、钢卷尺等 2. 能正确使用塞尺、百格网、阴阳角方尺等并能对其进行检测 3. 能够对常用检测工具进行正常的维护和保养	检测工具的种类、规格构造、使用方法及适用范围

表 1-3　　　　　　　　　　　中级砌筑工技术要求

职业功能	工作内容	技能要求	相关知识
一、砌筑	（一）砌砖、石基础	能正确进行各种较复杂砖石基础大放脚的组砌	1.建筑工程施工图（含较复杂的施工图）的识读 2.各种砖、石基础的构造知识与材料要求
	（二）砌清水墙角及细部	1.能砌 6m 以上清水墙角 2.能砌清水墙方柱（含各种截面尺寸） 3.能砌拱碹、腰线、柱墩及各种花棚和栏杆	1.清水墙的材料要求 2.各种材料及规格墙体的组砌方式 3.清水墙角、清水方柱及细部的砌筑工艺及操作要点 4.清水墙角、清水方柱的质量要求
	（三）砌混水圆柱和异形墙	1.能砌混水圆柱 2.能按设计要求正确组砌多角形墙、弧形墙	1.混水圆柱、多角形墙、弧形墙的砌筑工艺及操作要点 2.混水圆柱、多角形墙、弧形墙的质量要求
	（四）砌空斗墙、空心砖墙和各种块墙	1.能正确组砌各种类型的空斗墙、空心砖墙和块墙 2.能按皮数杆预留洞槽并配合立门、窗框	1.各种新型砌体材料的性能、特点、使用方法 2.各种类型空斗墙、空心砖墙、块墙的组砌方式与构造知识 3.空斗墙、空心砖墙、块墙的砌筑工艺及操作要点 4.砌筑工程冬雨期施工的有关知识 5.空斗墙、空心砖墙和砌块墙的质量要求
	（五）砌毛石墙	能砌筑各种厚度的毛石墙和毛石墙角	1.毛石墙角构造与材料要求 2.毛石墙角的质量要求
	（六）异型砖的加工及清水墙勾缝	1.能砍、磨各种异型砖块 2.能按设计要求正确组砌多角形墙、弧形墙	1.异型砖的放样、计算知识 2.异型砖砍、磨的操作要点 3.清水墙勾缝的工艺顺序及质量要求
	（七）铺砌地面和乱石路面	1.能根据地面砖的类型正确选择砖地面的结合材料 2.能进行各种地面砖地面的摆砖组砌 3.能按设计和施工工艺要求铺砌乱石路面	1.地面砖的种类、规格性能及质量要求 2.楼地面的构造知识 3.各种砖地面的铺筑工艺知识及操作要点 4.乱石路面的铺筑工艺及操作要点 5.地砖地面的质量要求
	（八）铺筑瓦屋面	1.能铺筑筒瓦屋面 2.能铺筑阴阳瓦的斜沟 3.能铺筑筒瓦的简单正脊和垂脊	1.屋面瓦的种类、规格性能及质量标准 2.瓦屋面的构造和施工知识 3.瓦屋面的铺筑工艺及操作要点

（续）

职业功能	工作内容	技能要求	相关知识
一、砌筑	（九）砌砖拱	1.能砌筑单曲砖拱屋面 2.能砌筑双曲砖拱屋面	1.拱的力学知识简介 2.拱屋面的构造知识 3.拱体的砌筑工艺、操作要点及质量要求
	（十）砌锅炉座、烟道、大炉灶	1.能砌筑锅炉底座 2.能砌筑食堂大炉灶 3.能砌筑简单工业炉窑	1.食堂大炉灶及一般工业炉窑的材料及构造知识 2.工业炉窑、大炉灶施工图的识读 3.大炉灶、一般工业炉窑的砌筑工艺及操作要点 4.大炉灶、一般工业炉窑的质量标准
	（十一）砌砖烟囱、烟道和水塔	1.能按设计和施工要求正确组砌方、圆烟囱及烟道 2.能按设计和施工要求正确组砌水塔	1.烟囱、烟道及水塔的构造、做法与材料要求 2.烟囱、烟道及水塔施工图的识读 3.烟囱、烟道的砌筑工艺及操作要点 4.水塔的砌筑工艺及操作要点 5.烟囱、烟道及水塔的质量要求
	（十二）工料计算	1.能按图进行工程量计算 2.能正确地使用劳动定额进行工料计算	劳动定额的基本知识
二、工具的使用与维护	常用检测工具的使用与维护方法	1.能正确使用水准仪、水准尺、水平尺 2.能正确使用大线锤、引尺架、坡度量尺、方尺等	常用检测工具的使用方法和适应范围

表 1-4　　高级砌筑工技术要求

职业功能	工作内容	技能要求	相关知识
一、准备	（一）安全检查	能够按安全规程要求进行施工场地、设备、工量具的安全检查	砌筑工安全操作规程
	（二）砌筑材料准备	1.能按设计和施工要求进行本职业各类建筑材料的准备 2.能按要求正确地选择各类砌体材料和胶结材料	砌筑材料的种类、性能、质量要求及适用范围
	（三）工量具准备	1.能对本职业范围内的检测仪器进行调试 2.能排除本职业范围内检测仪器的常见故障	1.本职业一般检测仪器的构造性能、调试及操作方法 2.常见故障产生的原因及排除方法

（续）

职业功能	工作内容	技能要求	相关知识
二、砌筑	（一）铺筑瓦屋面	1.能铺筑复杂的筒瓦屋面 2.能做复杂筒瓦屋面的屋脊和垂脊 3.能正确选用筒瓦和拌制灰浆	1.古建筑的一般知识 2.古建筑瓦的种类及规格 3.古建筑屋面的构造知识 4.筒瓦屋面、屋脊、垂脊的铺砌工艺、操作要点及质量要求
	（二）砖雕工艺	1.能够砖雕各种花纹、图案、阴阳字体 2.能正确选择雕刻用砖	1.古建筑砖的装饰工艺知识 2.雕刻工艺知识
	（三）磨砖(砖细)工艺	1.能做墙面砌筑门口、门窗套、细砖漏窗等 2.能按要求对砖料进行各种形状的加工 3.能制作特殊皮数杆	刨、锯、磨、削工艺基本知识
	（四）铺筑地墁	1.能计算砖的块数并确定其铺排形式 2.能进行古建筑室内砖墁地面的基层处理 3.能铺筑古建筑室内砖墁地面	1.砖墁地面的铺排方式 2.砖料的加工知识
	（五）技能传授	1.能传授砌砖、摆砖技术 2.能传授使用皮数杆、方正、盘角的技术 3.能传授发旋砖数的计算及双曲砖拱的砌筑技术	各类砌筑工艺知识
	（六）编制施工方案并组织施工	1.能选择合理的砌筑施工方案 2.能根据施工方案合理布置施工现场并组织劳动力进行分段分层流水施工 3.能编制砌筑工程的组砌方法及主要技术措施	1.施工组织设计的基本知识 2.各分部工程的施工顺序及流水段划分知识 3.本工种施工方案的编制知识
三、工具的使用与维护	检测、测量工具的使用	能使用各种检测工具对相应工程部位进行检测	1.检测和测量工具的使用与维护知识 2.房屋测量放线基本知识

表 1-5		技师砌筑工技术要求	
职业功能	工作内容	技能要求	相关知识
一、准备工作	（一）安全检查	1. 能指导本工种进行安全生产 2. 能制定安全防护措施	本工种安全操作规程
	（二）设备及工量具准备	1. 能进行砌筑机械设备的验收 2. 能进行砌筑机械设备一般故障分析及维修	1. 建筑电工基本知识 2. 建筑机械的构造与性能基础知识
	（三）制定砌筑工艺操作规程	1. 能进行新材料、新工艺砌筑工艺评定 2. 能正确编制砌筑技术交底单	本职业技术操作规程
二、砌筑	（一）复杂工程的定位放线	能确定复杂工程定位和放线的方法	1. 建筑制图与房屋构造知识 2. 建筑测量知识
	（二）编制施工方案并组织施工	能编制本职业施工方案并组织施工	施工组织设计的基本知识
	（三）新型材料和设备的推广与应用	1. 能对新型建筑材料和设备进行型号、性能鉴别 2. 能对新材料、新设备进行可靠性分析，并在实践中推广和应用	新材料、新设备的技术知识
	（四）技能传授	1. 能指导本工种的各种技能操作 2. 能向高级工传授本工种高难度操作技能	本职业技能标准的有关知识
	（五）一般砌体强度计算和结构分析	1. 能进行简单的砌体强度计算 2. 能进行一般的结构分析	砌体结构及力学基础知识
三、质量检查	墙体、地面瓦屋面的质量检查	1. 能按质量验收标准对砌体工程进行质量检查 2. 能对本工种常见的质量通病采取预防措施 3. 能撰写质量检查报告并对其进行总结	有关质量验收标准知识
四、管理与培训	（一）砌筑施工管理	1. 能对本工程的施工进行科学管理 2. 能进行工程成本核算和定额管理	1. 施工管理基本知识 2. 成本核算和定额管理知识
	（二）职业培训	能对初、中、高级工进行职业培训	职业培训的有关知识

关键细节 7　各级别砌筑工比重对比

各级砌筑工比重对比可从理论知识和技能要求两方面进行,具体见表1-6、表1-7。

表 1-6　　　　　　　　　理论知识对比

	项　目		初级(%)	中级(%)	高级(%)	技师(%)
基本要求	职业道德		5	5	5	5
	基础知识		25	20	20	20
相关知识	准备	劳动保护用品准备、安全检查	5	—	—	—
		砌筑材料准备	5	—	7	—
		工量具准备	3	—	5	—
		设备及工量具准备	—	—	—	3
		安全检查	—	—	5	8
		制定砌筑工艺操作规程	5	—	—	4
	砌筑	砌砖、石基础	8	5	—	—
		砌清水墙角及细部	5	4	—	—
		砌清水墙、砌块墙	6	—	—	—
		砌砖碹和钢筋砖过梁	8	—	—	—
		砌毛石墙	4	4	—	—
		砌一般家用炉灶	5	—	—	—
		铺砌地面砖	6	—	—	—
		挂、铺屋面瓦	6	—	—	—
		铺设下水道、砌化粪池、窨井	5	—	—	—
		砌混水圆柱和异形墙	—	4	—	—
		砌空半墙、空心砖墙和各种预制	—	6	—	—
		砌块墙	—	6	—	—
		异型砖加工及清水墙平勾缝隙	—	4	—	—
		铺砌地面和乱石路面	—	5	5	—
		铺筑瓦屋面	—	7	—	—
		砌砖拱	—	6	—	—
		砌筑锅炉座、烟道大炉灶	—	6	—	—
		砌砖烟囱、烟道和水塔	—	—	—	—
		砖雕工艺	—	—	—	—
		磨砖(砖细)工艺	—	—	9	—
		铺筑地墁	—	—	8	—
		技能传授	—	—	8	—
		技能传授	—	—	10	10
		编制施工方案并组织施工	—	—	10	10
		工料计算	—	—	—	—
		复杂工程式的定位放线	—	—	—	5
		新型材料和设备的推广与应用	—	—	—	5
		一般砌体强度计算和结构分析	—	—	—	8

（续）

项　　目		初级(%)	中级(%)	高级(%)	技师(%)
基本要求	职业道德	5	5	5	5
	基础知识	25	20	20	20
相关知识	工具使用与维护　常用检测工具及设备使用与维护	4	11	—	—
	检测、测量工具的使用	—	—	—	8
	质量检查　墙体、地面、瓦屋面的质量检查	—	—	—	7
	管理与培训　砌筑施工管理	—	—	—	9
	职业培训	—	—	—	6
合计:		100	100	100	100

表 1-7　　　　　　　　　　　　　技能要求对比

项　　目		初级(%)	中级(%)	高级(%)	技师(%)
技能要求	准备　劳动保护用品准备、安全检查	5	—	—	—
	砌筑材料准备	5	—	10	—
	工量具准备	5	—	10	—
	设备及工量具准备	—	—	—	5
	安全检查	—	—	10	10
	制定砌筑工艺操作规程	—	—	—	5
	砌筑　砌砖、石基础	10	8	—	—
	砌清水墙角及细部	5	5	—	—
	砌清水墙、砌块墙	8	—	—	—
	砌砖碹和钢筋砖过梁	8	—	—	—
	砌毛石墙	8	8	—	—
	砌一般家用炉灶	8	—	—	—
	铺砌地面砖	12	—	—	—
	挂、铺屋面瓦	8	—	—	—
	铺设下水道、砌化粪池、窨井	8	—	—	—
	砌混水圆柱和异形墙	—	8	—	—
	砌空斗墙、空心砖墙和各种预制砌块墙	—	8	—	—
	异型砖加工及清水墙平勾缝缝	—	8	—	—
	铺砌地面和乱石路面	—	8	10	—
	铺筑瓦屋面	—	8	—	—
	砌砖拱	—	6	—	—
	砌筑锅炉座、烟道和水塔	—	6	—	—
	砖雕工艺	—	—	10	—
	磨砖(砖细)工艺	—	—	10	—
	铺筑地墁	—	—	10	—
	技能传授	—	—	10	10
	编制施工方案并组织施工	—	—	10	10
	工料计算	—	—	—	10
	复杂工程的定位放线	—	—	—	10
	新型材料和设备的推广与应用	—	—	—	10
	一般砌体强度计算和结构分析	—	—	—	10

（续）

	项　目		初级(%)	中级(%)	高级(%)	技师(%)
技能要求	工具使用与维护	常用检测工具及设备使用与维护	10	11	—	—
		检测、测量工具的使和	—	—	10	—
	质量检查	墙体、地面、瓦屋面的质量检查	—	—	—	10
	管理与培训	砌筑施工管理	—	—	—	10
		职业培训				
合计：			100	100	100	100

第二章 砌体结构与建筑识图

第一节 砌体结构

砌体结构是指由各种砖、石、砌块等砌筑块材与砌筑砂浆组砌而成的结构,原称为砖石结构。砌体结构与混合结构是密不可分的相关结构类型。

一、按材料分类

根据砌筑材料的不同,砌体结构可分为砖砌体、石材砌体、砌块砌体、配筋砌体等。

1. 砖砌体

砖砌体是指采用标准尺寸的烧结普通砖、黏土空心砖、非烧结硅酸盐砖、粉煤灰砖与砂浆砌筑成的砌体,一般用于墙体或柱结构。但因黏土砖浪费农田、人工以及保温效果差等原因,有些地方已经禁用。

在房屋建筑中,砖砌体用作内外承重墙或围护墙及隔墙。其厚度是根据承载力及高厚比的要求确定的,但外墙厚度往往还需考虑到保暖及隔热的要求。砖砌体一般多砌成实心的,有时也可砌成空心的,砖柱则应实砌。

实砌标准砖墙的厚度为 120mm(半砖)(图 2-1)、240mm(1 砖)(图 2-2)、370mm(1½砖)(图 2-3)、490mm(2 砖)(图 2-4)、620mm(2½砖)、740mm(3 砖)等。

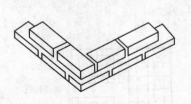

图 2-1 120 墙

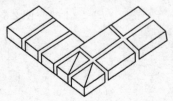

图 2-2 240 墙

墙体砌筑方式有:一顺一丁、梅花丁、三顺一丁等,如图 2-5 所示。砌筑的要求是铺砌均匀,灰浆饱满,上下错缝,受力均衡。

当砌体砌成空心时,为空斗砖砌体,就是将部分或全部砖立砌,中间留有空斗(洞)的墙砌体。目前采用的空斗墙分为一眠一斗、一眠多斗和无眠多斗墙几种,如图 2-6 所示,厚度一般为 240mm(图 2-7)、300mm(图 2-8)。空斗墙较实心墙能节省砖和砂浆,可使造价降低,自重减轻,但其整体性和抗震性能较差,也费人工。在非地震区,空斗墙可用作 1～3 层的一般民用房屋的墙体。

烧结多孔砖可砌成的墙厚为 90mm、120mm、190mm、240mm、370mm。

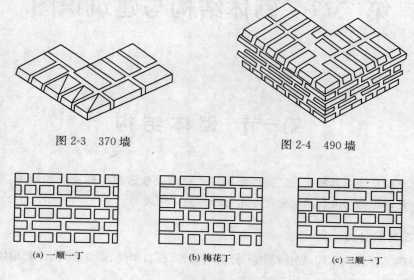

图 2-3　370 墙　　　　　　　　　图 2-4　490 墙

(a) 一顺一丁　　　　　　　(b) 梅花丁　　　　　　　(c) 三顺一丁

图 2-5　砖砌体的砌合方法

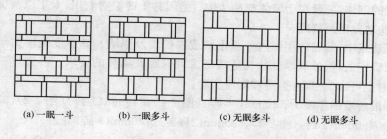

(a) 一眠一斗　　　(b) 一眠多斗　　　(c) 无眠多斗　　　(d) 无眠多斗

图 2-6　空斗砖砌体

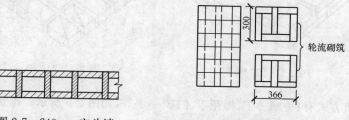

图 2-7　240mm 空斗墙　　　　　　图 2-8　300mm 空斗墙

2. 石材砌体

采用天然料石或毛石与砂浆砌筑的砌体称为天然石材砌体,常应用于条形基础、挡土墙结构,不宜应用于承受振动荷载的结构。石砌体分为料石砌体、毛石砌体和毛石混凝土砌体,如图2-9～图2-13所示。

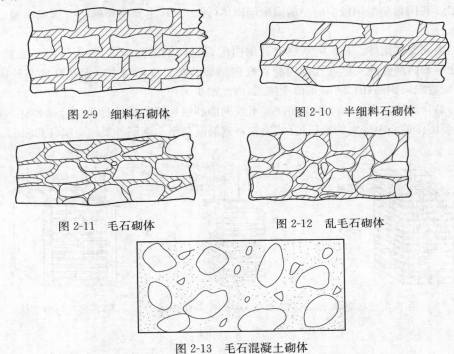

图 2-9　细料石砌体　　　　　　　　图 2-10　半细料石砌体

图 2-11　毛石砌体　　　　　　　　图 2-12　乱毛石砌体

图 2-13　毛石混凝土砌体

　　天然石材具有强度高、抗冻性强和导热性好的特点,是带形基础、挡土墙及某些墙体的理想材料,可用作一般民用房屋的承重墙、柱和基础,还可用于建造石拱桥、石坝和涵洞等。

　　毛石混凝土砌体是在模板内交替铺置混凝土及形状不规则的毛石层筑成的。用于毛石混凝土中的混凝土,其含砂量应较普通混凝土高。通常每浇灌 120～150mm 厚混凝土,再铺设一层毛石,将毛石插入混凝土中,再在石块上浇灌一层混凝土,交替地进行。毛石混凝土砌体用于一般民用房屋和构筑物的基础以及挡土墙等。

3. 砌块砌体

　　砌块砌体是用中小型混凝土砌块、硅酸盐砌块、粉煤灰砌块与砂浆砌筑而成的砌体,可用于定型设计的民用房屋及工业厂房的墙体。并且由于砌块砌体自重轻,保温隔热性能好,施工进度快,经济效益好,因此,采用砌块建筑是墙体改革的一项重要措施。

　　目前,国内使用的小型砌块高度一般为 180～350mm,称为混凝土空心小型砌块砌体;中型砌块高度一般为 360～900mm,分别有混凝土空心中型砌块砌体和硅酸盐实心中型砌块砌体。空心砌块内加设钢筋混凝土芯柱者,称为钢筋混凝土芯柱砌块砌体,可用于有抗震设防要求的多层砌体房屋或高层砌体房屋。

4. 配筋砌体

　　采用在砖砌体或砌块砌体水平灰缝中配置钢筋网片或在砌体外部预留沟槽,槽内设置竖向粗钢筋并灌注细石混凝土(或水泥砂浆)的组合砌体称为配筋砌体。这种砌体可提高强度,减小构件截面,加强整体性,增加结构延性,因此,常用于改善结构抗震能力。

(1)横向配筋砌体。在水平灰缝内配置钢筋网的砌体,称为横向配筋砌体(或网状配筋砌体)。我国目前采用较多的是横向配筋砌体(图2-14),主要用作轴心受压或小偏心受压的墙、柱。

(2)纵向配筋砌体。在纵向灰缝或孔洞内配置纵向钢筋的砌体,称为纵向配筋砌体。目前,在空心砖块竖向灰缝或孔洞内配置纵向钢筋的做法逐渐增多。但是在实心砖砌体灰缝内配置纵向钢筋(图2-15)不便于施工,因此很少采用。

(3)组合砌体。由砖砌体和钢筋混凝土或钢筋砂浆构成的砌体称为组合砖砌体,这种砌体主要用作偏心距较大的受压构件,通常将钢筋混凝土和钢筋砂浆作面层(图2-16)。

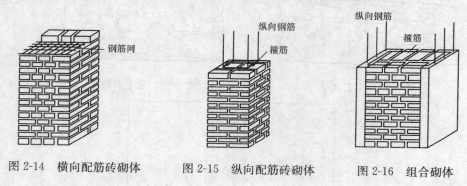

图 2-14　横向配筋砖砌体　　　图 2-15　纵向配筋砖砌体　　　图 2-16　组合砌体

二、按承重体系分类

结构体系是指结构抵抗外部作用的构件组成方式,即指建筑物中的结构构件按一定规律组合成的一种承受和传递荷载的骨架系统。在高层建筑中,抵抗水平力是设计的主要矛盾,因此抗侧力结构体系的确定和设计成为结构设计的关键问题。以砌体结构的受力特点为主要标志,根据屋(楼)盖结构布置的不同,混合结构承重体系一般可分为横墙承重体系、纵墙承重体系和内框架承重体系三种类型。

1. 横墙承重体系

横墙承重体系是指多数横向轴线设置的横墙为主要承重墙,承受由屋(楼)面荷载通过钢筋混凝土楼板传递的荷载,纵墙主要承受自重,侧向支承横墙,保证房屋的整体性和侧向稳定性。

横墙承重体系的优点是屋(楼)面构件简单,施工方便,整体刚度好;缺点是房间布置不灵活,空间小,墙体材料用量大。其主要用于5~7层的住宅、旅馆、小开间办公楼。

2. 纵墙承重体系

纵墙承重体系是指纵向轴线设置的纵墙为主要承重墙,承受由屋(楼)面荷载通过钢筋混凝土楼板传递的荷载,横墙承受自重和少量竖向荷载,侧向支承纵墙。

纵墙承重体系主要特点是开间大、进深小,主要应用于教学楼、办公楼、实验室、车间、食堂、仓库和影剧院等建筑物。

3. 内框架承重体系

内框架承重体系是指建筑物内部设置钢筋混凝土柱与两端支于外墙的横梁形成内框架。外纵墙兼有承重和围护的双重作用。

内框架承重体系的优点是内部空间大，布置灵活，经济效果和使用效果均较好；缺点是因其由两种性质不同的结构体系合成，具有不稳定性，地震作用下破坏严重，外纵墙尤甚，不宜用于处于地震区的建筑物。

除以上常见的三种承重体系外，还有纵、横墙双向承重体系和其他派生的砌体结构承重体系，如底层框架-剪力墙砌体结构等。

三、按使用特点和工作状态分类

为适应人类社会的发展和物质与精神文明的进步，建筑出现丰富多彩的形式。砌体结构按其使用特点和工作状态，可分为一般砌体结构、特殊用途的构筑物和特殊工作状态的建筑物。

1. 一般砌体结构

一般砌体结构是指用于正常使用状况下的工业与民用建筑。如供人们生活起居的住宅、宿舍、旅馆、招待所等居住建筑和供人们进行社会公共活动用的公共建筑。工业建筑则有为一般工业生产服务的单层厂房和多层工业建筑。

2. 特殊用途的构筑物

特殊用途的构筑物，通常称为特殊结构或特种结构，如烟囱、水塔、料仓及小型水池、涵洞和挡土墙等。

3. 特殊工作状态的建筑物

特殊工作状态的砌体结构有以下三种：

(1)处于特殊环境和介质中的建筑物。该类建筑物为保证结构的可靠性和满足建筑使用功能的要求，对建筑结构提出各种防护要求，如防水抗渗、防火耐热、防酸抗腐、防爆炸、防辐射等。

(2)处于特殊作用下工作的建筑物，如有抗震设防要求的建筑结构和在核爆炸荷载作用下的防空地下建筑等。

(3)具有特殊工作空间要求的建筑物，如底层框架和多层内框架砖房以及单层空旷房屋等。

▌关键细节 1　砌体结构的作用

(1)砌体结构承受房屋建筑的荷载，并最终将荷载传递到基础上。

(2)砌体结构与屋(楼)盖一起组成房屋建筑的骨架，并使房屋建筑形成一个足够刚度的整体。

(3)砌体结构还起到保温、隔热、隔声、分割空间、阻隔风雨雪、维护结构等作用。

▌关键细节 2　砌体结构的优缺点

砌体结构的主要优点是：①容易就地取材。砖主要用黏土烧制；石材的原料是天然石;砌块可以用工业废料——矿渣制作,来源方便,价格低廉。②砖、石或砌块砌体具有良好的耐火性和较好的耐久性。③砌体砌筑时不需要模板和特殊的施工设备。在寒冷地区,冬季可用冻结法砌筑,不需特殊的保温措施。④砖墙和砌块墙体能够隔热和保温,所以既是较好的承重结构,也是较好的围护结构。

砌体结构的缺点是:①与钢和混凝土相比,砌体的强度较低,因而构件的截面尺寸较大,材料用量多,自重大。②砌体的砌筑基本上是手工方式,施工劳动量大。③砌体的抗拉和抗剪强度都很低,因而抗震性能较差,在使用上受到一定限制;砖、石的抗压强度也不能充分发挥。④黏土砖需用黏土制造,在某些地区过多占用农田,影响农业生产。

四、砌筑基础形式

1. 砖基础

砖基础主要指由烧结普通砖和毛石砌筑而成的基础,均属于刚性基础范畴,由垫层、大放脚、防潮层、基础墙和勒脚五部分组成,如图 2-17 所示。这种基础适用于地基坚实、均匀,上部荷载较小,六层和六层以下的一般民用建筑和墙承重的轻型厂房基础工程。

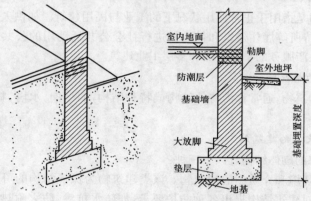

图 2-17　砖基础构造

2. 砌体其他基础形式

砌体的其他基础形式还有好多种,如混凝土基础(图 2-18)、墙下条形基础(图 2-19)、毛石混凝土基础(图 2-20)、毛石基础(图 2-21)等,也可用地梁承托砌体基础,并将荷载传至桩基承台上等,无论什么样的基础形式都应力求减少建筑物的不均匀沉降。

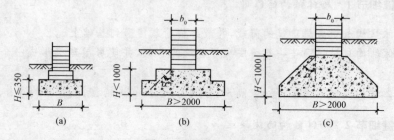

图 2-18　混凝土基础

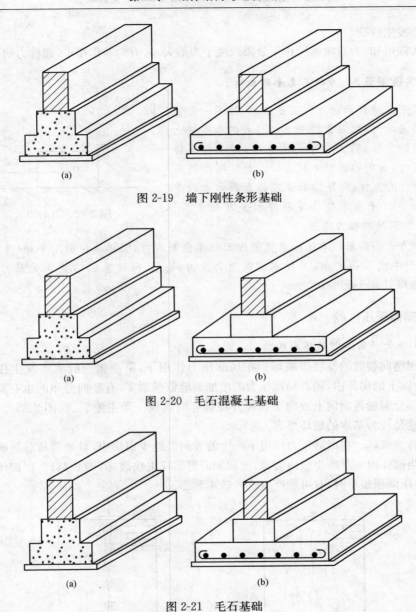

图 2-19　墙下刚性条形基础

图 2-20　毛石混凝土基础

图 2-21　毛石基础

第二节　砌体结构受力分析

一、建筑力学的基本概念

力是物体对物体的作用,力对物体作用的结果,一是使物体产生变形;二是使物体的运动状态发生改变。

由实践可知,力对物体的作用效果取决于力的大小、方向和作用点,通称力的三要素。

关键细节 3　力的三要素的表示

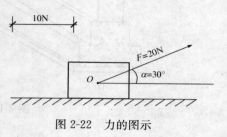

图 2-22　力的图示

为了形象地表示出力的三要素,一般用一带箭头的线段表示力,如图 2-22 所示。线段的长度按比例表示力的大小,箭头表示力的方向(箭头指向物体时为压力,背向物体时为拉力),力与作用线的夹角 α 表示力的方位,线段的起点或终点表示力的作用点。图 2-22 中表示物体受到与水平方向呈 30°角,大小为 20N 的拉力作用。

表示力大小的单位有国际单位制和工程单位制两种:国际单位制用牛顿(牛或 N)或千牛顿(千牛或 kN)表示,工程单位制用公斤力(kgf),两种单位的换算关系为:1kgf=9.81N,粗略计算 1kgf≈10N。

二、砌体受压性能

1. 砌体受压的三种破坏形式

(1)因竖向裂缝的发展而破坏。在局部压力作用下,第一批裂缝大多发生在距垫板 1～2 皮砖以下的砌体内,随着局部压力的增加裂缝数量增多,有竖向分布的也有斜向分布的,其中部分裂缝逐渐向上或向下延伸并在破坏时连成一条主要裂缝(图 2-23)。在局部受压中,这是较为基本的破坏形态。

(2)劈裂破坏。在局部压力作用下产生的竖向裂缝少而集中,且初裂荷载与破坏荷载很接近,当砌体内一旦产生竖向裂缝,便犹如刀劈那样很快破坏(图 2-24)。在砌体面积大而局部受压面积很小时,有可能产生这种破坏形态。

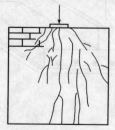

图 2-23　竖向裂缝破坏

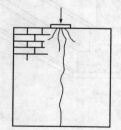

图 2-24　劈裂破坏

(3)局压面积处的砌体局部破坏。

1)试验时与垫板接触的砌体极少发生这种破坏形态。但在工程上当墙梁的墙高与跨度之比较大,砌体强度较低时,有可能产生梁支承附近砌体被压碎的现象。

2)在局部压力作用下,局部受压区的砌体在产生纵向变形的同时还产生横向变形(横向膨胀),而周围未直接承受压力的部分像套箍一样阻止其横向变形,因此与垫板接触的砌体处于双向或三向受压状态,抗压能力大大提高,其局部抗压强度大于一般情况下的抗压强度,这就是"套箍强化"作用的结果。但并不是所有的局部受压情况都有"套箍强化"作用,如对于边缘及端部局部受压,"套箍强化"作用很不明显甚至没有。但按"力的扩散"概念加强分析,只要砌体内存在未直接承受压力的面积,就有力的扩散现象,就可以在一定程度上提高砌体的抗压强度。

3)砌体局部受压时,直接受压的局部范围内的砌体抗压强度有较大程度的提高,这是有利的。但因局部受压面积往往很小,这是很不利的。工程中曾出现过因砌体局部抗压强度不足而发生房屋倒塌事故,故设计时应予以注意。

2. 局部受压分析

(1)局部受压是砌体结构中常见的一种受力状态,其特点在于轴向力仅作用于砌体的部分截面上。如承受上部柱或墙传来的压力的基础顶面;支承梁或屋架的墙柱,在梁或屋架端部支承处的砌体截面上,均产生局部受压。

作用在局部受压面积上的应力可能均匀分布,也可能不均匀分布。当砌体截面上作用局部均匀压力,称为局部均匀受压。当砌体截面上作用局部非均匀压力,称为局部不均匀受压。

(2)局部均匀受压,可分为中心局部受压[图 2-25(a)]、边缘局压[图 2-25(b)]、中部局压[图 2-25(c)]、端部局压[图 2-25(d)]、角部局压[图 2-25(e)]。

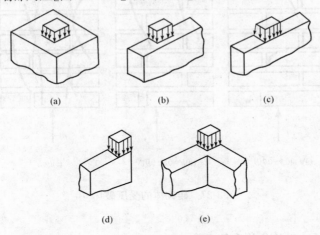

图 2-25　局部均匀受压

(3)局部不均匀受压状态,主要是由梁端传来的压力偏心作用于墙上,如图 2-26 所示。

关键细节 4　砌体受压试验

砖砌体受压试验,标准试件的尺寸为 370mm×490mm×970mm,常用的尺寸为 240mm×370mm×720mm。为了使试验机的压力能均匀地传给砌体试件,可在试件两端各加砌一

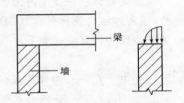

图 2-26　局部不均匀受压

块混凝土垫块,对于常用试件,钢板尺寸可采用 240mm×370mm×200mm,并配有钢筋网片。

砌体轴心受压从加荷开始直到破坏,大致经历三个阶段:

(1)当砌体加载达极限荷载 $F_u(N_u)$ 的 50%～70%时,单块砖内产生细小裂缝。此时若停止加载,裂缝也停止扩展,如图 2-27(a)所示。

(2)当加载达极限荷载 $F_u(N_u)$ 的 80%～90%时,砖内的有些裂缝连通起来,沿竖向贯通若干皮砖,如图 2-27(b)所示。此时,即使不再加载,裂缝仍会继续扩展,砌体实际上已接近破坏。

(3)当压力接近极限荷载 $F_u(N_u)$ 时,砌体中裂缝迅速扩展和贯通,将砌体分成若干个小柱体,砌体最终因被压碎或丧失稳定而破坏[图 2-27(c)]。

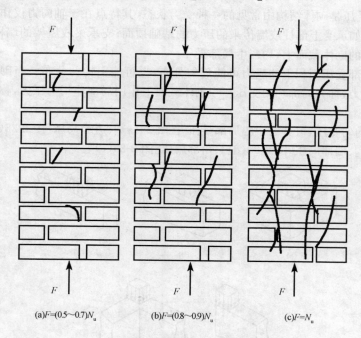

(a)$F=(0.5～0.7)N_u$　　　　(b)$F=(0.8～0.9)N_u$　　　　(c)$F=N_u$

图 2-27　砖砌体的受压破坏

关键细节 5　砌体的抗压强度值

影响砌体抗压强度的因素很多,建立一个相当精确的砌体抗压强度公式是比较困难的。《砌体结构设计规范》(GB 50003)规范采用了一个比较完整、统一的表达砌体抗压强度平均值的计算公式如下:

$$f_m = k_1 f_1^a (1 + 0.07 f_2) k_2$$

式中　f_m——砌体抗压强度平均值(MPa);

　　　f_1、f_2——分别为用标准试验方法测得的块体、砂浆的抗压强度平均值(MPa);

　　　a、k_1——与块体类别有关的参数,取值见表 2-1;

　　　k_2——与砂浆强度有关的参数,取值见表 2-1。

用上式计算混凝土砌块砌体的轴心抗压强度平均值时，当 $f_2 > 10\text{MPa}$ 时，应乘系数 $1.1 \sim 0.01 f_2$；对 MU20 的砌体，应乘系数 0.95；且满足 $f_1 \geqslant f_2$，$f_1 \leqslant 20\text{MPa}$。

表 2-1　　　　　　　　　**砌体轴心抗压强度平均值计算公式中的参数值**

块体类别	k_1	α	k_2
烧结普通砖、烧结多孔砖、蒸压灰砂砖、蒸压粉煤灰砖	0.78	0.5	当 $f_2 < 1$ 时，$k_2 = 0.6 + 0.4 f_2$
混凝土砌块	0.46	0.9	当 $f_2 = 0$ 时，$k_2 = 0.8$
毛料石	0.79	0.5	当 $f_2 < 1$ 时，$k_2 = 0.6 + 0.4 f_2$
毛石	0.22	0.5	当 $f_2 < 2.5$ 时，$k_2 = 0.4 + 0.24 f_2$

注：k_2 在表列条件以外时均等于 1。

三、砌体轴心受拉性能

与砌体的抗压强度相比，砌体的抗拉强度很低。按照力作用于砌体方向的不同，砌体可能发生的三种破坏如图 2-28 所示。当轴向拉力与砌体的水平灰缝平行时，砌体可能发生沿竖向及水平向灰缝的齿缝截面破坏[图 2-28(a)]；或沿块体和竖向灰缝截面破坏[图 2-28(b)]。当轴向拉力与砌体的水平灰缝垂直时，砌体可能沿通缝截面破坏[图 2-28(c)]。由于灰缝的法向黏结强度是不可靠的，在设计中不允许采用沿通缝截面的轴心受拉构件。

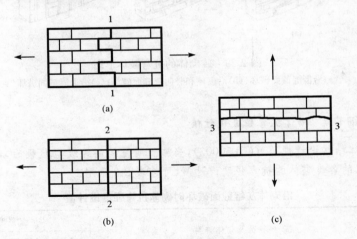

图 2-28　砖砌体轴心受拉破坏特点
(a)沿齿缝截面破坏；(b)沿块体和竖向灰缝截面破坏；
(c)沿通缝截面破坏

关键细节6　*砌体抗拉强度设计值*

砌体抗拉强度设计值的取定见表 2-2。

| 表 2-2 | 洞砌体灰缝截面破坏时砌体的轴心抗拉强度设计值 | | | | MPa |

强度类别	破坏特征及砌体种类		砂浆强度等级			
			≥M10	M7.5	M5	M2.5
轴心抗拉	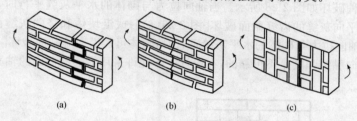沿齿缝	烧结普通砖、烧结多孔砖	0.19	0.16	0.13	0.09
		混凝土普通砖、混凝土多孔砖	0.19	0.16	0.13	—
		蒸压灰砂普通砖、蒸压粉煤灰普通砖	0.12	0.10	0.08	—
		混凝土和轻集料混凝土砌块	0.09	0.08	0.07	—
		毛石	—	0.07	0.06	0.04

四、砌体结构抗弯性能

与轴心受拉相似,砌体弯曲受拉时,也可能发生三种破坏形态:沿齿缝截面破坏,如图 2-29(a)所示;沿砖与竖向灰缝截面破坏,如图 2-29(b)所示;以及沿通缝截面破坏,如图 2-29(c)所示。砌体的抗弯破坏形态也与块体和砂浆的强度等级有关。

(a) (b) (c)

图 2-29 砖砌体的抗弯破坏形态
(a)沿齿缝截面破坏;(b)沿砌体和竖向灰缝面破坏;(c)沿通缝截面破坏

关键细节 7 砌体抗弯强度设计值

根据《砌体结构设计规范》(GB 50003),当施工质量控制等级为 B 级时,龄期为 28d 的以毛截面计算的各类砌体的抗弯强度设计值,可按表 2-3 采用。

| 表 2-3 | 沿砌体灰缝截面破坏时砌体抗弯强度设计值 | | | | MPa |

强度类别	破坏特征及砌体种类		砂浆强度等级			
			≥M10	M7.5	M5	M2.5
弯曲抗拉	沿齿缝	烧结普通砖、烧结多孔砖	0.33	0.29	0.23	0.17
		混凝土普通砖、混凝土多孔砖	0.33	0.29	0.23	—
		蒸压灰砂普通砖、蒸压粉煤灰普通砖	0.24	0.20	0.16	—
		混凝土和轻集料混凝土砌块	0.11	0.09	0.08	—
		毛石	—	0.11	0.09	0.07

（续）

强度类别	破坏特征及砌体种类		砂浆强度等级			
			≥M10	M7.5	M5	M2.5
弯曲抗拉	沿通缝	烧结普通砖、烧结多孔砖	0.17	0.14	0.11	0.08
		混凝土普通砖、混凝土多孔砖	0.17	0.14	0.11	—
		蒸压灰砂普通砖、蒸压粉煤灰普通砖	0.12	0.10	0.08	—
		混凝土和轻集料混凝土砌块	0.08	0.06	0.05	—

五、砌体结构受剪性能

砌体的受剪破坏有两种形态：一种是沿通缝截面破坏，如图 2-30（a）所示；另一种是沿阶梯形截面破坏，如图 2-30（b）所示，其抗剪强度由水平灰缝和竖向灰缝共同提供。综上所述，由于竖向灰缝不饱满，抗剪能力很低，竖向灰缝强度可不予考虑。

因此，可以认为这两种破坏的砌体抗剪强度相同。

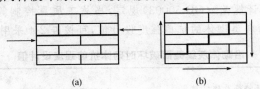

（a）   （b）

图 2-30 砌体的受剪破坏

（a）沿通缝截面破坏；（b）沿阶梯形截面破坏

关键细节 8 影响砌体抗剪强度的因素

（1）砂浆和块体的强度。对于剪摩和剪压破坏形态，砂浆强度高，抗剪强度也随之增大，此时，块体强度影响很小。对于斜压破坏形态，块体强度高，抗剪强度也随之提高，此时，砂浆强度影响很小。

（2）法向压应力 σ_y。当法向压应力小于砌体抗压强度 60% 的情况下，压应力越大，砌体抗剪强度越高。当 σ_y 增加到一定数值后，砌体的斜面上有可能因抵抗主拉应力的强度不足而产生剪压破坏，此时，竖向压力的增大，对砌体抗剪强度增加幅度不大；当 σ_y 更大时，砌体产生斜压破坏。此时，随 σ_y 的增大，将使砌体抗剪强度 c 降低（图 2-31）。

（3）砌筑质量。砌体的灰缝饱满度及砌筑时块体的含水率对砌体的抗剪强度影响很大。综合国内外的研究结果，砌筑时砖的含水率控制在 8%～10% 时，砌体的抗剪强度最高。

（4）其他因素。砌体抗剪强度除与上述因素有关外，还与试件形式、尺寸及加载方式等有关。

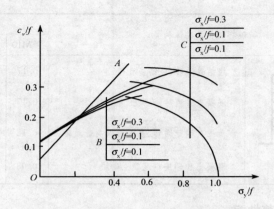

图 2-31　法向压应力对砌体抗剪强度的影响

A—剪摩破坏；B—剪压破坏；C—斜压破坏

关键细节 9　砌体抗剪强度值

根据《砌体结构设计规范》（GB 50003）规定，当施工质量控制等级为 B 级时，龄期为 28d 的以毛截面计算的各类砌体的抗剪强度设计值，可按表 2-4 采用。

表 2-4　　　　　　　沿砌体灰缝截面破坏时砌体抗剪强度设计值　　　　　　　MPa

强度类别	破坏特征及砌体种类	砂浆强度等级			
		≥M10	M7.5	M5	M2.5
抗剪	烧结普通砖、烧结多孔砖	0.17	0.14	0.11	0.08
	混凝土普通砖、混凝土多孔砖	0.17	0.14	0.11	—
	蒸压灰砂普通砖、蒸压粉煤灰普通砖	0.12	0.10	0.08	—
	混凝土和轻集料混凝土砌块	0.09	0.08	0.06	—
	毛石	—	0.19	0.16	0.11

第三节　建筑识图

一、施工图纸

1. 图纸幅面

（1）为使图纸能够规范管理，所有设计图纸的幅面均应符合国际标准《房屋建筑制图统一标准》（GB 50001）中要求。图纸幅面及图框尺寸应符合表 2-5 的规定及图 2-32～图 2-35 的格式。

尺寸代号	幅面代号	A0	A1	A2	A3	A4
$b×l$		841×1189	594×841	420×594	297×420	210×297
c			10		5	
a				25		

表 2-5　　　　　　　　　　幅面及图框尺寸　　　　　　　　　mm

注:表中 b 为幅面短边尺寸, l 为幅面长边尺寸, c 为图框线与幅面线间宽度, a 为图框线与装订边间宽度。

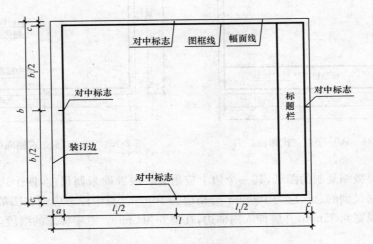

图 2-32　A0~A3 横式幅面(一)

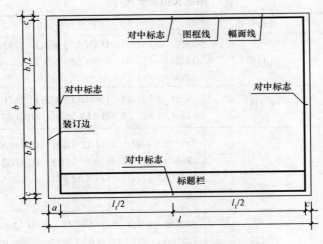

图 2-33　A0~A3 横式幅面(二)

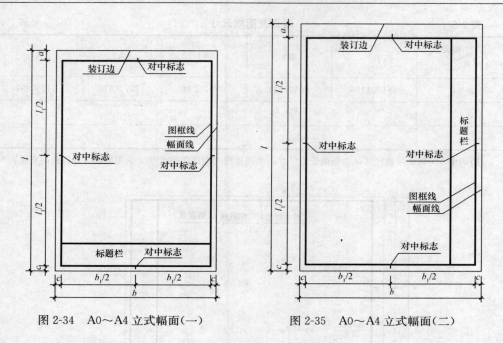

图 2-34　A0～A4 立式幅面(一)　　　　　图 2-35　A0～A4 立式幅面(二)

(2)需要微缩复制的图纸,其一个边上应附有一段准确米制尺度,四个边上均附有对中标志,米制尺度的总长应为 100mm,分格应为 10mm。对中标志应画在图纸内框各边长的中点处,线宽 0.35mm,并应伸入内框边,在框外为 5mm。对中标志的线段,于 l_1 和 d_1 范围取中。

(3)图纸的短边尺寸不应加长,A0～A3 幅面长边尺寸可加长,但应符合表 2-6 的规定。

表 2-6　　　　　　　　　　　　图纸长边加长尺寸　　　　　　　　　　　　mm

幅面代号	长边尺寸	长边加长后的尺寸
A0	1189	1486(A0+1/4l)　1635(A0+3/8l)　1783(A0+1/2l) 1932(A0+5/8l)　2080(A0+3/4l)　2230(A0+7/8l) 2378(A0+l)
A1	841	1051(A1+1/4l)　1261(A1+1/2l)　1471(A1+3/4l) 1682(A1+l)　1892(A1+5/4l)　2102(A1+3/2l)
A2	594	743(A2+1/4l)　891(A2+1/2l)　1041(A2+3/4l) 1189(A2+l)　1338(A2+5/4l)　1486(A2+3/2l) 1635(A2+7/4l)　1783(A2+2l)　1932(A2+9/4l) 2080(A2+5/2l)
A3	420	630(A3+1/2l)　841(A3+l)　1051(A3+3/2l) 1261(A3+2l)　1471(A3+5/2l)　1682(A3+3l) 1892(A3+7/2l)

注:有特殊需要的图纸,可采用 $b×l$ 为 841mm×891mm 与 1189mm×1261mm 的幅面。

2. 标题栏

标题栏应符合图 2-36、图 2-37 的规定,根据工程的需要选择确定其尺寸、格式及分区。签字栏应包括实名列和签名列,并应符合下列规定:

(1)涉外工程的标题栏内,各项主要内容的中文下方应附有译文,设计单位的上方或左方,应加"中华人民共和国"字样。

(2)在计算机制图文件中当使用电子签名与认证时,应符合国家有关电子签名法的规定。

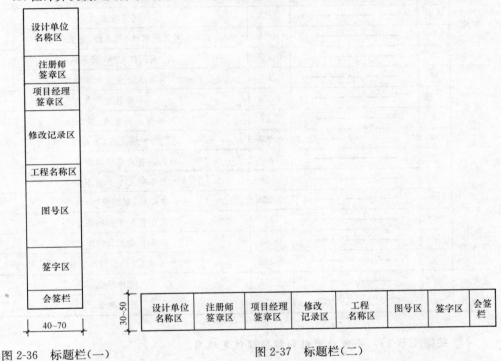

图 2-36　标题栏(一)　　　　　　　　　　　图 2-37　标题栏(二)

3. 图线

在建筑工程图中,为了分清主次,绘图时必须采用不同线型和不同线宽的图线,图线的宽度 b,宜从 1.4、1.0、0.7、0.5、0.35、0.25、0.18、0.13(mm)线宽系列中选取。图线宽度不应小于 0.1mm。每个图样,应根据复杂程度与比例大小,先选定基本线宽组,再选用表 2-7 中相应的线宽组。

表 2-7　　　　　　　　　　　　　　　　　线宽组　　　　　　　　　　　　　　　　　mm

线宽比	线宽组			
b	1.4	1.0	0.7	0.5
$0.7b$	1.0	0.7	0.5	0.35
$0.5b$	0.7	0.5	0.35	0.25
$0.25b$	0.35	0.25	0.18	0.13

注:1. 需要缩微的图纸,不宜采用 0.18mm 及更细的线宽。

2. 同一张图纸内,各不同线宽中的细线,可统一采用较细的线宽组的细线。

关键细节 10　工程建设制图图线选用要求

工程建设制图图线应按表 2-8 选用。

表 2-8　　　　　　　　　　　　图线　　　　　　　　　　　　mm

名　称		线　型	线宽	用　途
实线	粗		b	主要可见轮廓线
	中粗		$0.7b$	可见轮廓线
	中		$0.5b$	可见轮廓线、尺寸线、变更云线
	细		$0.25b$	图例填充线、家具线
虚线	粗		b	见各有关专业制图标准
	中粗		$0.7b$	不可见轮廓线
	中		$0.5b$	不可见轮廓线、图例线
	细		$0.25b$	图例填充线、家具线
单点长画线	粗		b	见各有关专业制图标准
	中		$0.5b$	见各有关专业制图标准
	细		$0.25b$	中心线、对称线、轴线等
双点长画线	粗		b	见各有关专业制图标准
	中		$0.5b$	见各有关专业制图标准
	细		$0.25b$	假想轮廓线、成型前原始轮廓线
折断线	细		$0.25b$	断开界线
波浪线	细		$0.25b$	断开界线

关键细节 11　图纸的图框和标题栏线宽选用

图纸的图框和标题栏线可采用表 2-9 的线宽。

表 2-9　　　　　　　图框和标题栏线的宽度　　　　　　　mm

幅面代号	图框线	标题栏外框线	标题栏分格线
A0、A1	b	$0.5b$	$0.25b$
A2、A3、A4	b	$0.7b$	$0.35b$

二、常用砌筑材料图例

常用砌筑材料应按表 2-10 所示图例画法绘制。

表 2-10　　　　　　　常用砌筑材料图例

序号	名称	图　例	备　注
1	自然土壤		包括各种自然土壤

（续）

序号	名称	图　例	备　注
2	夯实土壤		—
3	砂、灰土		—
4	砂砾石、碎砖三合土		—
5	石材	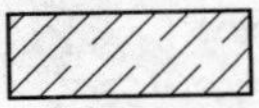	—
6	毛石		—
7	普通砖	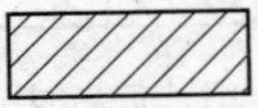	包括实心砖、多孔砖、砌块等砌体。断面较窄不易绘出图例线时，可涂红，并在图纸备注中加注说明，画出该材料图例
8	耐火砖		包括耐酸砖等砌体
9	空心砖	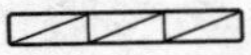	指非承重砖砌体
10	饰面砖		包括铺地砖、马赛克、陶瓷锦砖、人造大理石等
11	焦渣、矿渣	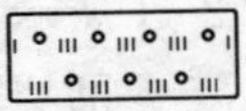	包括与水泥、石灰等混合而成的材料
12	混凝土		1　本图例指能承重的混凝土及钢筋混凝土 2　包括各种强度等级、集料、添加剂的混凝土 3　在剖面图上画出钢筋时，不画图例线 4　断面图形小，不易画出图例线时，可涂黑
13	钢筋混凝土		

注：序号 1、2、5、7、8、13 图例中的斜线、短斜线、交叉斜线等均为 45°。

关键细节 12　常用建筑材料图例画法要求

（1）常用建筑材料的图例画法尺度比例不作具体规定。使用时，应根据图样大小而定，并应符合下列规定：

1）图例线应间隔均匀、疏密适度，做到图例正确、表示清楚；

2)不同品种的同类材料使用同一图例时,应在图上附加必要的说明;

3)两个相同的图例相接时,图例线宜错开或使倾斜方向相反(图2-38);

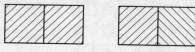

图 2-38   相同图例相接时的画法

4)两个相邻的涂黑图例间应留有空隙,其净宽度不得小于 0.5mm(图2-39)。

(2)下列情况可不加图例,但应加文字说明:

1)一张图纸内的图样只用一种图例时;

2)图形较小无法画出建筑材料图例时。

(3)需画出的建筑材料图例面积过大时,可在断面轮廓线内,沿轮廓线作局部表示(图2-40)。

图 2-39   相邻涂黑图例的画法

图 2-40   局部表示图例

三、施工图常用符号

1. 剖切符号

施工图中剖视图的剖切符号用粗实线表示,它由剖切位置线和投射方向线组成。剖切位置线的长度大于投射方向线的长度,如图 2-41 所示,一般剖切位置线的长度为 6～10mm,投射方向线的长度为 4～6mm。剖视剖切符号的编号为阿拉伯数字,顺序由左至右、由上至下连续编排,并注写在剖视方向线的端部,如图 2-41 所示。需转折的剖切位置线,在转角的外侧加注与该符号相同的编号,如图 2-41 中 3—3 剖切线。构件剖面图的剖切符号通常标注在构件的平面图或立面图上。

断面的剖切符号也用粗实线表示,且仅用剖切位置线而不用投射方向线。

关键细节 13   *剖面图或断面图与被剖切图样不在同一张图纸内时剖切符号的表示*

剖面图或断面图与被剖切图样不在同一张图纸内时,在剖切位置线的另一侧标注其所在图纸的编号,或在图纸上集中说明,如图 2-42 所示。

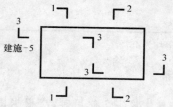

图 2-41   剖视的剖切符号

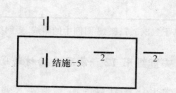

图 2-42   断面的剖切符号

2. 索引符号

图样中的某一局部或构件需另见详图时，以索引符号索引，如图 2-43（a）所示。索引符号由直径为 10mm 的圆和水平直径组成，圆和水平直径用细实线表示。索引出的详图与被索引出的详图同在一张图纸时，在索引符号的上半圆中用阿拉伯数字注明该详图的编号，在下半圆中间画一段水平细实线，如图 2-43（b）所示。索引出的详图与被索引出的详图不在同一张图纸时，在索引符号的上半圆中用阿拉伯数字注明该详图的编号，在下半圆中用阿拉伯数字注明该详图所在图纸的编号，如图 2-43（c）所示，数字较多时，也可加文字标注。

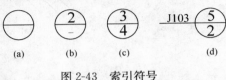

图 2-43　索引符号

索引出的详图采用标准图时，在索引符号水平直径的延长线上加注该标准图册的编号，如图 2-43（d）所示。

关键细节 14　索引符号用于索引剖视详图时符号的表示

索引符号用于索引剖视详图时，在被剖切的部位绘制剖切位置线，并用引出线引出索引符号，引出线所在的一侧即为投射方向，如图 2-44 所示。索引符号的编号同上。

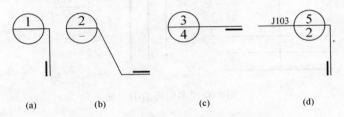

图 2-44　用于索引剖面详图的索引符号

当详图与被索引出的图样不在同一张图纸时，用细实线在详图符号内画一水平直径，上半圆中注明详图的编号，下半圆注明被索引图纸的编号，如图 2-45 所示。

图 2-45　与被索引图样不在同一张图纸的详图符号

3. 引出线

施工图中的引出线用细实线表示，它由水平方向的直线或与水平方向成 30°、45°、60°、90°的直线和经上述角度转折的水平直线组成。文字说明注写在水平线的上方或端部，如图 2-46（a）、（b）所示，索引详图的引出线与水平直径线相连接，如图 2-46（c）所示。

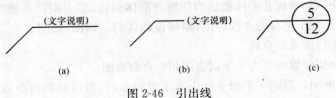

图 2-46　引出线

关键细节 15　同时引出几个相同部分的引出线的表示

同时引出几个相同部分的引出线,引出线可相互平行,也可集中于一点,如图 2-47 所示。

图 2-47　共用引出线

关键细节 16　多层构造或多层管道共用的引出线的表示

多层构造或多层管道共用的引出线要通过被引出的各层。文字说明注写在水平线的上方或端部,说明的顺序由上至下,与被说明的层次一致。如层次为横向排序时,则由上至下的说明顺序与由左至右的层次相一致,如图 2-48 所示。

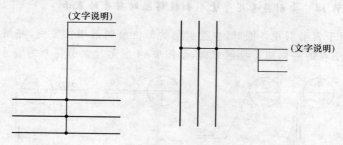

图 2-48　多层构造引出线

4. 连接符号

施工图中,当构件详图的纵向较长、重复较多时,可省略重复部分,用连接符号相连。连接符号用折断线表示所需连接的部位,当两部位相距过远时,折断线两端靠图样一侧要标注大写拉丁字母表示连接编号。两个被连接的图样要用相同的字母编号,如图 2-49 所示。

A - 连接编号

图 2-49　连接符号

四、剖面图与断面图

1. 剖面图

假想用几个剖切平面在形体的适当位置将形体剖切,移去剖切平面与观察者之间的那部分形体,画出余下部分的正投影,即得该物体的剖面图,如图 2-50 所示。剖切面通常为投影面的平行面或垂直面。

剖面图按剖切位置可分为水平剖面图和垂直剖面图。

(1)水平剖面图。当剖切平面平行于水平投影面时,所得的剖面图称为水平剖面图,建筑施工图中的水平剖面图称为平面图。

（2）垂直剖面图。若剖切平面垂直于水平投影面所得到的剖面图称垂直剖面图，图2-51中的1—1剖面称纵向剖面图，2—2剖面称横向剖面图，二者均为垂直剖面图。

剖面图按剖切面的形式又可分为全剖面图、半剖面图、阶梯剖面图和局部剖面图。

（1）全剖面图。对于不对称的建筑形体，或虽然对称但外形较简单，或在另一投影中已将其外形表达清楚时，可以假想使一剖切平面将形体全剖切开，这样得到的剖面图就叫全剖面图，如图2-51所示的两个剖面为全剖面图。

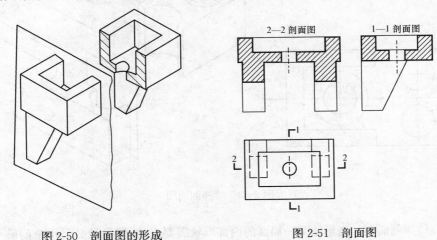

图 2-50　剖面图的形成　　　　　　　　图 2-51　剖面图

（2）半剖面图。当形体的内、外部形状较复杂，且在某个方向上的视图为对称图形时，可以在该方向的视图上一半画没剖切的外部形状，另一半画剖切开后的内部形状，此时得到的剖面图称为半剖面图，如图2-52所示为一个杯形基础的半剖面图。

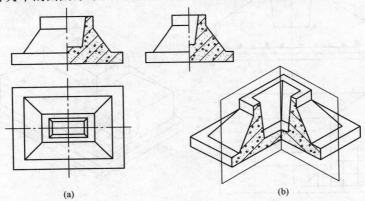

图 2-52　杯形基础的半剖面图

（3）阶梯剖面图。当形体上有较多的孔、槽等内部结构，且用一个剖切平面不能都剖到时，则可假想用几个互相平行的剖切平面，分别通过孔、槽等的轴线将形体剖开，得到的剖面图称为阶梯剖面图，如图2-53所示。

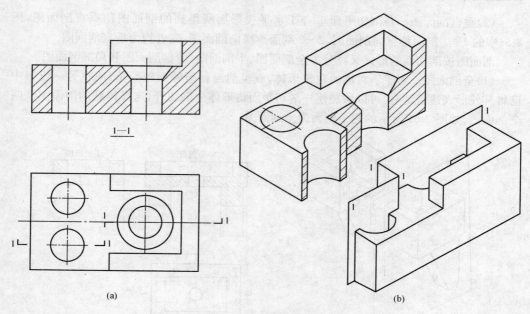

1—1

(a)　　　　　　　　　　　　(b)

图 2-53　阶梯剖面图

（4）局部剖面图。当形体某一局部的内部形状需要表达，但又没必要作全剖或不适合半剖时，可以保留原视图的大部分，用剖切平面将形体的局部剖切开而得到的剖面图称为局部剖面图，如图 2-54 所示。

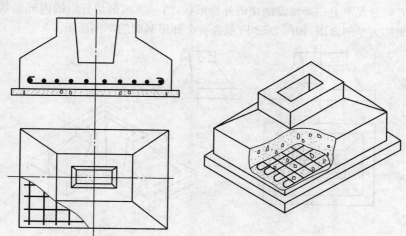

图 2-54　局部剖面图

关键细节 17　剖面图的标注方法

（1）剖切位置。一般把剖切平面设置成平行于某一投影面的位置或设置在图形的对称轴线位置及需要剖切的洞口中心。

（2）剖切符号。剖切符号也叫剖切线，由剖切位置线和剖视方向所组成。用断开的两段短粗线表示剖切位置，在它的两端画与其垂直的短粗线表示剖视方向，短线在哪一侧即表示向该方向投影。

（3）编号。用阿拉伯数字编号，并注写在剖视方向线的端部，编号应按顺序由左至右，由下而上连续编排，如图2-51所示。

关键细节18　剖面图画图注意事项

（1）由于剖面图是假想被剖开的，所以在画剖面图时，才假想形体被切去一部分，在画其他视图时，应按完整的形体画出。

（2）为了把形体的内部形状准确、清楚地表达出来，作剖面图时，一般都使剖切平面平行于基本投影面，并尽量通过形体上孔、洞、槽的中心线。

（3）由于形体是被假想剖开的，故而所形成的断面上的轮廓线应用粗实线画出，并在剖切断面上画出建筑材料符号；非断面部分的轮廓线一般仍用粗实线画出。

2. 断面图

用一个剖切平面将形体剖开后，画出剖切平面与形体相截部分的投影图即为断面图，如图2-55（a）所示。断面图也是用来表示形体的内部形状的，它能很好地表示出断面的实形。

（1）将断面图画在视图之外适当位置，称为移出断面图。移出断面图适用于形体的截面形状变化较多的情况，如图2-55（b）所示。

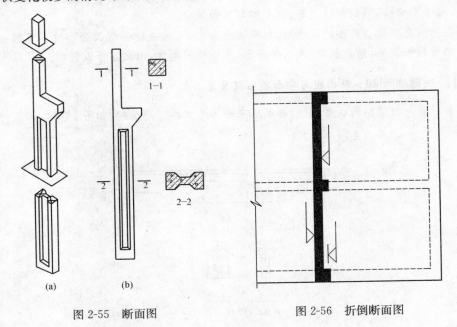

图 2-55　断面图　　　　　　　　图 2-56　折倒断面图

（2）将断面图画在视图之内，称为折倒断面图或重合断面图。它适用于形体截面形状变化较少的情况。断面图的轮廓线用粗实线，剖切面画材料符号，不标注符号及编号。图

2-56 是现浇楼层结构平面图中表示梁板及标高所用的断面图。

（3）将断面图画在视图的断开处，称中断断面图。此种图适用于形体为较长的杆件且截面单一的情况，如图 2-57 所示。

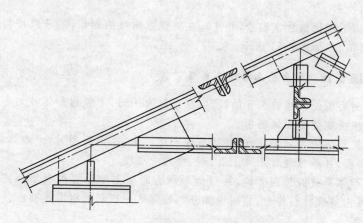

图 2-57　中断断面图

关键细节 19　断面图的标注方法

断面图的剖切位置线仍用断开的两段短粗实线表示；剖视方向用编号所在的位置来表示，编号在哪边，就向哪边投影；编号用阿拉伯数字。

断面图只画被切断面的轮廓线，用粗实线画出，不画未被剖切部分和看不见部分。断面内按材料图例画，断面狭窄时，涂黑表示；或不画图例线，用文字予以说明。

关键细节 20　断面图与剖面图的联系与区别

断面图与剖面图的联系：它们都是用来表示形体内部形状的，如图 2-58 所示。

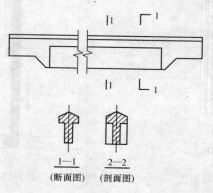

1—1　　2—2
（断面图）　（剖面图）

图 2-58　断面图与剖面图对比

断面图与剖面图的区别：

(1)剖面图要画出形体被剖开后整个余下部分的投影，是体的投影；而断面图只画出形体被剖开后断面的投影，是面的投影。

(2)剖面图中的剖切平面可转折，断面图中的剖切平面则不可转折。

(3)剖切符号的标注不同。断面图的剖切符号只画出剖切位置线，不画投射方向线，而是用编号的注写位置来表示剖切后的投射方向。编号写在剖切位置线下侧，表示向下投射；注写在左侧，表示向左投射。

五、图纸编排顺序

一套建筑工程施工图往往有几十张，甚至几百张，为了便于看图与查找，往往需要把图纸按顺序编排。图纸编排时应符合下列要求：

(1)工程图纸应按专业顺序编排，应为图纸目录、总图、建筑图、结构图、给水排水图、暖通空调图、电气图等。

(2)各专业的图纸，应按图纸内容的主次关系、逻辑关系进行分类排序。

关键细节 21　施工图编排顺序要求

一套房屋建筑施工图的编排顺序一般是代表全局性的图纸在前，表示局部的图纸在后；先施工的图纸在前，后施工的图纸在后；重要的图纸在前，次要的图纸在后；基本图纸在前，详图在后。

六、建筑施工图识读

要尽快地熟悉图纸，必须掌握识图关键，抓住要领，具体做法如下：

(1)阅图时注意"四先四后"：

1)先建筑后结构再设备。

2)先粗后细，先整体后详图。

3)先小后大，先概况后细节。

4)先一般后特殊，先大体后节点，先图纸后文字。

(2)读图时要做到"三个结合"。

1)图纸与说明相结合，看图纸和说明有无矛盾，内容是否齐全，规定是否明确，要求是否具体。

2)土建与安装相结合，了解各种预埋件、预留孔洞的位置、尺寸是否相符，施工中如何配合等。

3)图纸要求与实际情况相结合。

1. 建筑总平面图识读

总平面图是一个建设项目的总体布局，表示新建房屋所在基地范围内的平面布置、具体位置以及周围情况(包括标高、长、宽、尺寸、层数等)，识读时应注意以下几点：

(1)熟悉总平面图的图例，查阅图标及文字说明，了解工程性质、位置、规模及图纸比例。

（2）查看建设基地的地形、地貌、用地范围及周围环境等,了解新建房屋和道路、绿化布置情况。

（3）了解新建房屋的具体位置和定位依据。

（4）了解新建房屋的室内、外高差,道路标高,坡度以及地表水排流情况。

关键细节 22　建筑总平面图的基本内容

（1）表明新建区域的地形、地貌、平面布置,包括红线位置,各建（构）筑物、道路、河流、绿化等的位置及其相互间的位置关系。

（2）确定新建房屋的平面位置。一般根据原有建筑物或道路定位,标注定位尺寸,也可用坐标法定位。

（3）表明新建筑物的室内地坪、室外地坪、道路的绝对标高;房屋的朝向,一般用指北针,有时用风向频率玫瑰图表示;建筑物的层数用小黑点表示。

2. 建筑平面图阅读

建筑平面图实际上是一幢房屋的水平剖面图。它是假想用一水平剖面将房屋沿门窗洞口剖开,移去上部分,剖面以下部分的水平投影图就是平面图。对于楼层房屋,一般应每一层都画一个平面图,当有几层平面布置完全相同时,可只画一个平面图作为代表,称标准平面图,但底层和顶层要分别画出。识读时,应先熟悉建筑构造及配件图例、图名、图号、比例及文字说明,并且还应注意以下几点:

（1）定位轴线,凡是承重墙、柱、梁、屋架等主要承重构件都应画上轴线,并编上轴线号,以确定其位置;对于次要的墙、柱等承重构件,则编附加轴线号确定其位置。

（2）房屋平面布置,包括平面形状、朝向、出入口、房间、走廊、门厅、楼梯间等的布置组合情况。

（3）阅读各类尺寸。图中标注房屋总长及总宽尺寸,各房间开间、进深、细部尺寸和室内外地面标高。

（4）门窗的类型、数量、位置及开启方向。

（5）墙体、（构造）柱的材料、尺寸。涂黑的小方块表示构造柱的位置。

（6）阅读剖切符号和索引符号的位置和数量。

关键细节 23　建筑平面图的基本内容

（1）表明建筑物的平面形状,内部各房间包括走廊、楼梯、出入口的布置及朝向。

（2）表明建筑物及其各部分的平面尺寸。平面图一般标注三道外部尺寸。平面图内还标注内墙、门、窗洞口尺寸,内墙厚以及内部设备等内部尺寸。此外,平面图还标注柱、墙垛、台阶、花池、散水等局部尺寸。

（3）表明地面及各层楼面标高。

（4）表明各种门、窗位置,代号和编号,以及门的开启方向。门的代号用 M 表示,窗的代号用 C 表示,编号数用阿拉伯数字表示。

（5）表示剖面图剖切符号、详图索引符号的位置及编号。

3. 建筑立面图阅读

建筑立面图就是对房屋的前后左右各个方向所作的正投影图,其可以按房屋朝向、轴线的编号和房屋外貌特征进行命名,识读时应注意以下几点:

(1)了解立面图的朝向及外貌特征。如房屋层数,阳台、门窗的位置和形式,雨水管、水箱的位置以及屋顶隔热层的形式等。

(2)外墙面装饰做法。

(3)各部位标高尺寸。找出图中标示室外地坪、勒脚、窗台、门窗顶及檐口等处的标高。

关键细节 24 建筑立面图的基本内容

(1)表示房屋的外貌。

(2)表示门窗的位置、外形与开启方向(用图例表示)。

(3)表示主要出入口、台阶、勒脚、雨篷、阳台、檐沟及雨水管等的布置位置、立面形状。

(4)外墙装修材料与做法。

(5)标高及竖向尺寸,表示建筑物的总高及各部位的高度。

(6)另画详图的部位用详图索引符号表示。

4. 建筑剖面图阅读

建筑剖面图一般是指建筑物的垂直剖面图,且多为横向剖切形式,其主要表示剖面位置内部的结构或构造形式,如墙、柱轴线主要结构和建筑构造部件、内外部尺寸、标高等。识读时应注意以下几点:

(1)了解剖切位置、投影方向和比例。注意图名及轴线编号应与底层平面图相对应。

(2)分层、楼梯分段与分级情况。

(3)标高及竖向尺寸。图中的主要标高有:室内外地坪、入口处、各楼层、楼梯休息平台、窗台、檐口、雨篷底等;主要尺寸有:房屋进深、窗高度、上下窗间墙高度、阳台高度等。

(4)主要构件间的关系,图中各楼板、屋面板及平台板均搁置在砖墙上,并设有圈梁和过梁。

(5)屋顶、楼面、地面的构造层次和做法。

(6)剖面图应画出剖切后留下部分的投影图,阅读时还应注意以下几点:

1)图线。被剖切的轮廓线用粗实线,未剖切的可见轮廓线为中实线。

2)不可见线。在剖面图中,看不见的轮廓线一般不画,特殊情况可用虚线表示。

3)被剖切面的符号表示。剖面图中的切口部分(剖切面上),一般画上表示材料种类的图例符号;当不需表示出材料种类时,用 45°平行细线表示;当切口截面比较狭小时,可涂黑表示。

关键细节 25 剖面图的基本内容

(1)建筑物从地面到屋面的内部构造及其空间组合。

(2)竖向尺寸与标高,表示建筑物的总高、层高、各层楼地面的标高、室内外地坪标高及门窗洞口高度等。

（3）各主要承重构件的位置及其相互关系，如各层梁、板的位置与墙体的关系等。

（4）楼面、地面、墙面、屋顶、顶棚等的内装修材料与做法。

（5）详图索引符号。

5. 建筑详图阅读

凡在平、立、剖面及文字说明中无法交待或交待不清的建筑物配件和建筑构造，可用详图表示，建筑详图是把房屋的某些细部构造及构配件用较大的比例（如1∶20,1∶10,1∶5等）将其形状、大小、材料和做法详细表达出来的图样。建筑详图阅读要点如下：

（1）明确详图与被索引图样的对应关系。

（2）查看详图所表达的细部或构配件的名称及其图样组成。

（3）将上述图样对照阅读，即可了解详图所表达的具体内容。

关键细节 26　详图的基本内容

详图一般包括建筑名称、建设地点、建设单位、建筑面积、建筑基底面积、工程等级、设计使用年限、建筑层数和高度、防火设计分类和耐火等级、屋面及地下室防水等级、抗震设防烈度等，以及能反映建筑规模的主要技术经济指标等。

关键细节 27　砌体结构节点构造详图示例

（1）砖砌体基础节点构造详图如图 2-59 所示。

（2）砖墙与构造柱咬接构造详图如图 2-60 所示。

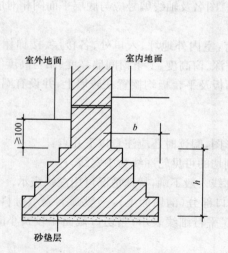

图 2-59　砖砌体基础节点构造详图

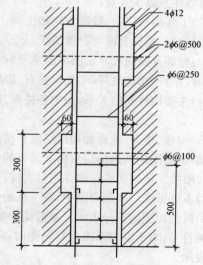

图 2-60　砖墙与构造柱咬接构造详图

（3）隔墙的接槎设置构造详图如图 2-61 所示。

（4）屋面防水与女儿墙交接构造详图如图 2-62 所示。

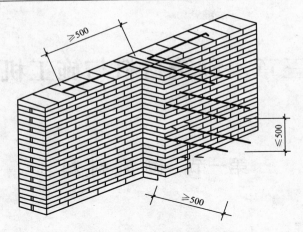

图 2-61 隔墙的接槎设置构造详图

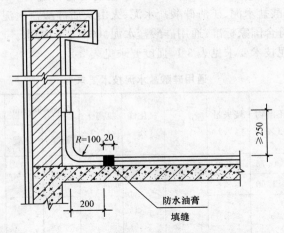

图 2-62 屋面防水与女儿墙交接构造详图

第三章 砌筑材料与施工机具

第一节 砌 筑 材 料

一、砌筑用水泥

水泥是最重要的胶凝材料,是砌体工程中最主要的材料之一。砌筑用水泥通常采用硅酸盐水泥、普通硅酸盐水泥、矿渣硅酸盐水泥、火山灰质硅酸盐水泥、粉煤灰硅酸盐水泥等。其性能指标应符合国家标准《通用硅酸盐水泥》(GB 175)要求。

通用硅酸盐水泥技术要求见表 3-1,强度要求见表 3-2。

表 3-1 　　　　　　　　　　通用硅酸盐水泥技术要求

水 泥 品 种		不溶物 (%)	烧失量 (%)	三氧化硫 (%)	氧化镁 (%)	氯离子 (%)	凝结时间/min		安定性	细度
							初凝	终凝		
硅酸盐 水泥	P·Ⅰ	≤0.75	≤3.0	≤3.5	≤5.0①	≤0.06③	≥45	≤390	沸煮法合格	以比表面积表示,不小于 30m²/kg
	P·Ⅱ	≤1.50	≤3.5							
普通硅酸盐水泥 P·O		—	≤5.0							
矿渣硅酸盐水泥	P·S·A	—	—	≤4.0	≤6.0②		≥45	≤600		以筛余表示,80μm 方孔筛筛余不大于 10% 或 45μm 方孔筛筛余不大于 30%
	P·S·B	—	—							
火山灰质硅酸盐水泥 P·P		—	—	≤3.5	≤3.5					
粉煤灰硅酸盐水呢 P·F										
复合硅酸盐水泥 P·C										

注:① 如果水泥压蒸试验合格,则水泥中氧化镁的含量(质量分数)允许放宽至 6.0%。

② 如果水泥中氧化镁的含量(质量分数)大于 6.0%时,需进行水泥压蒸安定性试验并合格。

③ 当有更低要求时,该指标由买卖双方协商确定。

表 3-2　　　　　　　　　通用硅酸盐水泥不同龄期的强度等级　　　　　　　　MPa

品　种	强度等级	抗压强度		抗折强度	
		3d	28d	3d	28d
硅酸盐水泥	42.5	≥17.0	≥42.5	≥3.5	≥6.5
	42.5R	≥22.0		≥4.0	
	52.5	≥23.0	≥52.5	≥4.0	≥7.0
	52.5R	≥27.0		≥5.0	
	62.5	≥28.0	≥62.5	≥5.0	≥8.0
	62.5R	≥32.0		≥5.5	
普通硅酸盐水泥	42.5	≥17.0	≥42.5	≥3.5	≥6.5
	42.5R	≥22.0		≥4.0	
	52.5	≥23.0	≥52.5	≥4.0	≥7.0
	52.5R	≥27.0		≥5.0	
矿渣硅酸盐水泥 火山灰硅酸盐水泥 粉煤灰硅酸盐水泥 复合硅酸盐水泥	32.5	≥10.0	≥32.5	≥2.5	≥5.5
	32.5R	≥15.0		≥3.5	
	42.5	≥15.0	≥42.5	≥3.5	≥6.5
	42.5R	≥19.0		≥4.0	
	52.5	≥21.0	≥52.5	≥4.0	≥7.0
	52.5R	≥23.0		≥4.5	

关键细节 1　砌筑水泥检验规则

砌筑水泥检验规则见表 3-3。

表 3-3　　　　　　　　　　通用硅酸盐水泥检验规则

项　目	内　容
编号及取样	水泥出厂前按同品种、同强度等级编号和取样。袋装水泥和散装水泥应分别进行编号和取样。每一编号为一取样单位。水泥出厂编号按年生产能力规定为:200×10⁴t 以上,不超过 4000t 为一编号;120×10⁴t～200×10⁴t,不超过 2400t 为一编号;60×10⁴t～120×10⁴t,不超过 1000t 为一编号;30×10⁴t～60×10⁴t,不超过 600t 为一编号;10×10⁴t～30×10⁴t,不超过 400t 为一编号;10×10⁴t 以下,不超过 200t 为一编号。 　取样方法按 GB/T 12573 进行。可连续取,亦可从 20 个以上不同部位取等量样品,总量至少 12kg。当散装水泥运输工具的容量超过该厂规定出厂编号吨数时,允许该编号的数量超过取样规定吨数
出厂水泥	经确认水泥各项技术指标及包装质量符合要求时方可出厂

（续）

项　目	内　容
出厂检验	检验结果符合技术要求及强度要求的为合格品。 检验结果不符合技术要求及强度要求中的任何一项要求的为不合格品
检验报告	检验报告内容应包括出厂检验项目、细度、混合材料品种和掺加量、石膏和助磨剂的品种及掺加量、属旋窑或立窑生产及合同约定的其他技术要求。当用户需要时，生产者应在水泥发出之日起 7d 内寄发除 28d 强度以外的各项检验结果，32d 内补报 28d 强度的检验结果
交货与验收	（1）交货时水泥的质量验收可抽取实物试样以其检验结果为依据，也可以生产者同编号水泥的检验报告为依据。采取何种方法验收由买卖双方商定，并在合同或协议中注明。卖方有告知买方验收方法的责任。当无书面合同或协议，或未在合同、协议中注明验收方法的，卖方应在发货票上注明"以本厂同编号水泥的检验报告为验收依据"字样。 （2）以抽取实物试样的检验结果为验收依据时，买卖双方应在发货前或交货地共同取样和签封。取样方法按 GB/T 12573 进行，取样数量为 20kg，缩分为二等份。一份由卖方保存 40d，一份由买方按标准规定的项目和方法进行检验。 在 40d 以内，买方检验认为产品质量不符合标准要求，而卖方又有异议时，则双方应将卖方保存的另一份试样送省级或省级以上国家认可的水泥质量监督检验机构进行仲裁检验。水泥安定性仲裁检验时，应在取样之日起 10d 以内完成。 （3）以生产者同编号水泥的检验报告为验收依据时，在发货前或交货时买方在同编号水泥中取样，双方共同签封后由卖方保存 90d，或认可卖方自行取样、签封并保存 90d 的同编号水泥的封存样。 在 90d 内，买方对水泥质量有疑问时，则买卖双方应将共同认可的试样送省级或省级以上国家认可的水泥质量监督检验机构进行仲裁检验

关键细节 2　水泥保管和使用注意事项

砌筑砂浆使用的水泥应按品种、强度等级、出厂日期分别堆放，高度不宜超过 10 袋。散水泥要放在专用水泥斗仓内，应随来随用。注意通风和防潮，保持干燥，如遇水泥强度等级不明或出厂日期超过三个月、快硬硅酸水泥超过一个月时，应经复查试验鉴定后，按试验结果使用。不同品种的水泥不得混合使用。

砌筑砂浆用水泥的强度等级应根据设计要求进行选择，水泥强度等级一般为砂浆等级的 4～5 倍。水泥砂浆采用的水泥，砌墙的等级不宜大于 32.5 级；水泥混合砂浆采用的水泥，其强度等级不宜大于 42.5 级。

二、砌筑用砂

粒径在 5mm 以下的岩石颗粒称为天然砂，其粒径一般为 0.15～0.5mm。按照产地的不同，天然砂分为：河砂、海砂、山砂；按平均粒径分为：粗砂（平均粒径不小于 0.5mm，细度

模数 $\mu_f=3.1\sim3.7$)、中砂(平均粒径为 $0.35\sim0.5mm$,细度模数 $\mu_f=2.3\sim3.0$)、细砂(平均粒径为 $0.25\sim0.35mm$,细度模数 $\mu_f=1.6\sim2.2$)、特细砂(平均粒径为 $0.25mm$ 以下,细度模数 $\mu_f=0.7\sim1.5$)四种规格。

砌筑用砂宜选用中砂,并应符合现行行业标准《普通混凝土用砂、石质量及检验方法标准》(JGJ 52)的规定,且应全部通过 $4.75mm$ 的筛选,其中毛石砌体宜采用粗砂。现场用砂要特别注意控制砂中的含泥量,用于 C30 以上混凝土时砂的含泥量不大于 3%;C30 以下不大于 5%。

建设用天然砂的技术要求见表 3-4。

表 3-4　　　　　　　　　　　　建设用天然砂的技术要求

项　目		指　标		
		I 类	II 类	III 类
颗粒级配		应符合有关规定		
含泥量(%)		≤1.0	≤3.0	≤5.0
泥块含量(%)		0	≤1.0	≤2.0
有害物质含量(%)不大于(不应混有草根、树叶、树枝、塑料品、煤块、炉渣等)	云母(按质量计,%)	≤1.0	≤2.0	≤2.0
	轻物质(按质量计,%)	≤1.0	≤1.0	≤1.0
	硫化物与硫酸盐(以 SO_3 质量计,%)	≤0.5	≤0.5	≤0.5
	有机物(比色法)	合格	合格	合格
	氯化物(以氯离子质量计,%)	≤0.01	≤0.02	≤0.06
	贝壳(按质量计,%)	≤3.0	≤5.0	≤8.0
坚固性:在硫酸钠饱和溶液中经 5 次循环浸渍后,其重量损失(%)		≤8	≤8	≤10
表观密度/(kg/m³)		≥2500		
松散堆积密度/(kg/m³)		≥1400		
空隙率(%)		≤44		
碱—集料反应		经碱—集料反应试验后,由砂制备的试件无裂缝、酥裂、胶体外溢等现象,在规定的试验龄期的膨胀率值应小于 0.1%		

关键细节 3　建设用天然砂的试验与检验要求

建设用天然砂的试验与检验要求见表 3-5。

表 3-5 建设用天然砂的试验与检验

材料名称及相关标准、规范代号	组批原则及取样方法	试验项目	抽取数量/kg
砂 (GB/T 14684)	1. 以同一产地、同一规格每 400m³ 或 600t 为一检验批,不足 400m³ 或 600t 也按一批计。每一验收批取样一组(20kg) 2. 当质量比较稳定、进料量较大时,可定期检验 3. 取样部位应均匀分部,在料堆上从 8 个不同部位抽取等量试样(每份 11kg)。然后用四分法缩至 20kg,取样前先将取样部位表面铲除	颗粒级配	4.4
		含泥量	4.4
		泥块含量	20.0
		云母含量	0.6
		轻物质含量	3.2
		有机物含量	2.0
		硫化物与硫酸盐含量	0.6
		氯化物含量	4.4
		贝壳含量	9.6
		坚固性(天然砂)	8.0
		表观密度	2.6
		堆积密度与空隙率	5.0
		碱—集料反应	20.0

三、砌筑用石材

石砌体所用的石材应质地坚实,无风化剥落和裂纹。用于清水墙、柱表面的石材,尚应色泽均匀。砌筑用石有毛石和料石两类。

毛石是指采用人工撬凿或爆破开采出来的不规则的石块,分为乱毛石和平毛石两种。毛石表面要求至少有一个较规则平整的表面,其中部厚度不小于 150mm,如图 3-1 所示。毛石一般用于砌筑挡土墙、护坡、堤坝和墙体。

毛石的强度等级分为 MU100、MU80、MU60、MU50、MU40、MU30 和 MU20。其强度等级是以 70mm 边长的立方体试块的抗压强度表示(取 3 块试块的平均值)。

料石为毛石经过加工而成,形状较毛石整齐,有规则的六个表面,常用于基础、建筑勒脚或单独砌筑墙体。各种砌筑用料石的宽度、厚度均不宜小于 200mm;长度不宜大于厚度的 4 倍。料石按其加工面的平整程度分为方块石(图 3-2)、粗料石(图 3-3)、细料石(图 3-4)和条石(图 3-5)、板石(图 3-6)等。

图 3-1 毛石外形

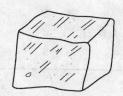

图 3-2 方块石外形

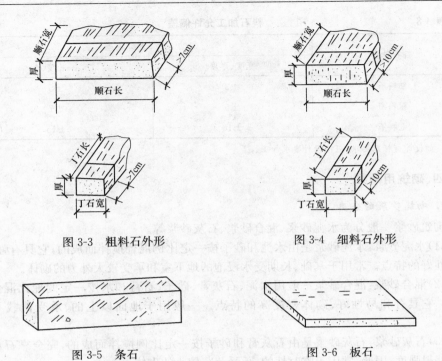

图 3-3　粗料石外形　　　　　　图 3-4　细料石外形

图 3-5　条石　　　　　　　　　图 3-6　板石

砌筑用石材强度等级分为 MU20、MU30、MU40、MU50、MU60、MU80 和 MU100。各种石材的技术性能指标,见表 3-6。

表 3-6　　　　　　　　　　石材的技术性能指标

石 材 种 类	密度/(kg/m³)	抗拉强度/MPa
花岗岩	2500～2700	120～250
石灰岩	1800～2600	22～140
砂岩	2400～2600	47～140

关键细节 4　料石各面加工要求及加工允许偏差

料石各面的加工要求,应符合表 3-7 的规定。料石加工的允许偏差应符合表 3-8 的规定。料石的宽度、厚度均不宜小于 200mm,长度不宜大于厚度的 4 倍。

表 3-7　　　　　　　　　　料石各面的加工要求

料石种类	外露面及相接周边的表面凹入深度	叠砌面和接砌面的表面凹入深度
细料石	不大于 2mm	不大于 10mm
粗料石	不大于 20mm	不大于 20mm
毛料石	稍加修整	不大于 25mm

注:相接周边的表面是指叠砌面、接砌面与外露面相接处 20～30mm 范围内的部分。

表 3-8	料石加工允许偏差	mm

料石种类	加工允许偏差	
	宽度、厚度	长度
细料石	±3	±5
粗料石	±5	±7
毛料石	±10	±15

注:如设计有特殊要求,应按设计要求加工。

四、砌筑用砂浆

1. 砌筑砂浆的分类

砌筑砂浆一般分为水泥砂浆、混合砂浆、石灰砂浆等。

(1)水泥砂浆:水泥砂浆是由水泥和砂子按一定比例混合搅拌而成的,它具有强度高、防水性好的特点。常用于基础、长期受水浸泡的地下室和承受较大外力的砌体。

(2)混合砂浆:混合砂浆一般用水泥、石灰膏、砂子、石膏和水按一定的配比混合搅拌而成。它具有和易性好、砌体密度高的特点。一般用于地面以上的、承受荷载不大的砌体。

(3)石灰砂浆:石灰砂浆是由石灰膏和砂子按一定比例搅拌而成的,完全靠石灰的气硬而获得强度,因此,常用于临时性的、承受荷载较小的砌体。

(4)防水砂浆:在水泥砂浆中加入 3%～5% 的防水剂制成防水砂浆,它具有良好的防水效果,常用于需要防水的砌体(如地下室、砖砌水池、化粪池等),也广泛用于房屋的防潮层。

(5)嵌缝砂浆:一般使用于水泥砂浆,也有用石灰砂浆的。其主要特点是砂子必须采用细砂或特细砂,以利于勾缝。

(6)聚合物砂浆:是一种掺入一定量高分子聚合物的砂浆,一般用于有特殊要求的砌筑物。

2. 砌筑砂浆强度等级

砂浆强度是以边长为 70.7mm×70.7mm×70.7mm 的砂浆立方体试块,在温度为 (20±3)℃,一定湿度(水泥砂浆需相对湿度 90% 以上,混合砂浆需相对湿度 60%～80%)的标准养护条件下,龄期为 28d 的抗压强度平均值。

砖砌体用砌筑砂浆的强度等级一般采用 M2.5、M5.0、M7.5、M10、M15、M20,相应的抗压强度指标见表 3-9。砌块砌体用砌筑砂浆的强度等级一般采用 Mb5.0、Mb7.5、Mb10、Mb15、Mb20、Mb25、Mb30 七个强度等级,相应的抗压强度指标相应于 M5.0、M7.5、M10、M15、M20、M25、M30 等级的砖砌体用砌筑砂浆的抗压强度指标。

表 3-9	砖砌体用砌筑砂浆强度指标

强 度 等 级	抗压极限强度指标/MPa
M2.5	2.5
M5.0	5.0

（续）

强 度 等 级	抗压极限强度指标/MPa
M7.5	7.5
M10	10
M15	15
M20	20

3. 砌筑砂浆施工稠度

砂浆的流动性与砂浆的用水量、水泥用量、石灰膏用量，砂子的颗粒大小和形状、孔隙以及砂浆的搅拌时间有关，不同的砌体对砂浆的流动性有不同的要求，砌筑砂浆的稠度一般为 70～100mm，砌筑干燥和多孔砖时宜采用较大值，具体应按表3-10的规定采用。

表 3-10　　　　　　　　　　砌筑砂浆的施工稠度

砌 体 种 类	砂 浆 稠 度/mm
烧结普通砖砌体 粉煤灰砖砌体	70～90
混凝土砖砌体 普通混凝土小型空心砌块砌体 灰砂砖砌体	50～70
烧结多孔砖、空心砖砌体 轻集料混凝土小型空心砌块砌体 蒸压加气混凝土砌块砌体	60～80
石砌体	30～50

关键细节5　不同水泥拌制砂浆强度增长关系

（1）普通硅酸盐水泥拌制的砂浆的强度增长关系见表3-11。

表 3-11　　　　　　　用 42.5 级普通硅酸盐水泥拌制的砂浆强度增长　　　　　　　%

龄期/d	不同温度下的砂浆强度百分率（以在 20℃ 时养护 28d 的强度为 100%）							
	1℃	5℃	10℃	15℃	20℃	25℃	30℃	35℃
1	4	6	8	11	15	19	23	25
3	18	25	30	36	43	48	54	60
7	38	46	54	62	69	73	78	82
10	46	55	64	71	78	84	88	92
14	50	61	71	78	85	90	94	98
21	55	67	76	85	93	96	102	104
28	59	71	81	92	100	104	—	

（2）矿渣硅酸盐水泥拌制的砂浆的强度增长关系见表 3-12、表 3-13。

表 3-12　　　用 32.5 级矿渣硅酸盐水泥拌制的砂浆强度增长　　　%

龄期/d	不同温度下的砂浆强度百分率（以在 20℃ 时养护 28d 的强度为 100%）							
	1℃	5℃	10℃	15℃	20℃	25℃	30℃	35℃
1	3	4	5	6	8	11	15	18
3	8	10	13	19	30	40	47	52
7	19	25	33	45	59	64	69	74
10	26	34	44	57	69	75	81	88
14	32	43	54	66	79	87	93	98
21	39	48	60	74	90	96	100	102
28	44	53	65	83	100	104	—	—

表 3-13　　　用 42.5 级矿渣硅酸盐水泥拌制的砂浆强度增长　　　%

龄期/d	不同温度下的砂浆强度百分率（以在 20℃ 时养护 28d 的强度为 100%）							
	1℃	5℃	10℃	15℃	20℃	25℃	30℃	35℃
1	3	4	6	8	11	15	19	22
3	12	18	24	31	39	45	50	56
7	28	37	45	54	61	68	73	77
10	39	47	54	63	72	77	82	86
14	46	55	62	72	82	87	91	95
21	51	61	70	82	92	96	100	104
28	55	66	75	89	100	104	—	—

关键细节 6　影响砂浆强度的主要因素

影响砂浆强度的因素很多，如水泥的强度等级及用量、水灰比、集料状况、外加剂的品种和数量、混合料的拌制状况、施工及硬化时的条件等。其中主要影响因素可按以下两种不同用途时考虑：

（1）在不吸水的基底（密实的石材）上进行砌筑时，砂浆的强度主要取决于水泥的强度和用量，具体可用下式表达：

$$f_{m,cu} = 0.293 \times f_c \cdot (C/W - 0.4)$$

式中　　$f_{m,cu}$——立方体砂浆强度（MPa）；

　　　　f_c——水泥强度（MPa）；

0.293、0.4——经验系数。

（2）用于吸水底面（砖砌体和其他多孔材料）的砂浆，虽然砂浆的稠度有所不同，用水量亦稍有不同，但经底面吸水后，保留在砂浆中的水分大致相同，故砂浆的强度与水泥强

度和水泥用量有关,与水灰比无关,可用下式表达:

$$f_{m,cu} = \frac{f_c m_c \alpha}{1000}$$

式中 $f_{m,cu}$——立方体砂浆强度(MPa);

$\quad\quad f_c$——水泥强度(MPa);

$\quad\quad m_c$——每立方米砂浆水泥用量(kg);

$\quad\quad \alpha$——经验系数;

$\quad\quad 1000$——常数。

五、砌筑用砖

1. 烧结普通砖

烧结普通砖是指以黏土、页岩、煤矸石、粉煤灰为主要原料经焙烧而成的砖,用于承重墙和非承重墙的实心砖,如图 3-7 所示。烧结普通砖按主要原料砖分为黏土砖(N)、页岩砖(Y)、煤矸石砖(M)和粉煤灰砖(F)。

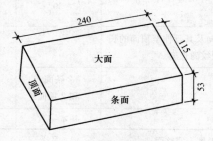

图 3-7 烧结普通砖

烧结普通砖的强度应符合表 3-14 规定。

表 3-14		强度等级		MPa
强度 等级	抗压强度 平均 $f \geqslant$	变异系数 $\delta \leqslant 0.21$		变异系数 $\delta > 0.21$
		强度标准值 $f_k \geqslant$		单块最小抗压强度 $f_{min} \geqslant$
MU30	30.0	22.0		25.0
MU25	25.0	18.0		22.0
MU20	20.0	14.0		16.0
MU15	15.0	10.0		12.0
MU10	10.0	6.5		7.5

烧结普通砖的尺寸允许偏差应符合表 3-15 的规定,烧结普通砖的外观质量应符合表 3-16的规定。

表 3-15　　　　　　　　　　　　尺寸允许偏差　　　　　　　　　　　　　　mm

公称尺寸	优等品		一等品		合格品	
	样本平均偏差	样本极差 ≤	样本平均偏差	样本极差 ≤	样本平均偏差	样本极差 ≤
240	±2.0	6	±2.5	7	±3.0	8
115	±1.5	5	±2.0	6	±2.5	7
53	±1.5	4	±1.6	5	±2.0	6

表 3-16　　　　　　　　　　　　　外观质量

项　　目		优等品	一等品	合格品
两条面高度差 ≤		2	3	4
弯曲 ≤		2	3	4
杂质凸出高度 ≤		2	3	4
缺棱掉角的三个破坏尺寸不得同时大于		5	20	30
裂纹长度 ≤	(1)大面上宽度方向及其延伸至条面的长度	30	60	80
	(2)大面上长度方向及其延伸至顶面的长度或条顶面上水平裂纹的长度	50	80	100
完整面 ≤		2 条面和 2 顶面	1 条面和 1 顶面	—
颜色		基本一致	—	—

注：凡有下列缺陷之一者,不得称为完整面：

(1)缺损在条面或顶上造成的破坏尺寸同时不大于 10mm×10mm。

(2)条面和顶面上裂纹宽度大于 1mm,其长度超过 30mm。

(3)压陷、粘底、焦花在条面或顶面上的凹陷或凸出超过 2mm,区域尺寸同时大于 10mm×10mm。

🔨 关键细节 7　烧结普通砖试验与检验规定

烧结普通砖试验与检验规定见表 3-17。

表 3-17　　　　　　　　　　烧结普通砖的试验和检验规定

材料名称及相关标准、规范代号	组批原则及取样规定	试验项目	抽取数量/块
烧结普通砖（GB 5101）	3.5 万～15 万块为一批,不足 3.5 万块按一批计	外观质量	$50(n_1=n_2=50)$
		尺寸偏差	20
		强度等级	10
		泛霜	5
		石灰爆裂	5
		吸水率和饱和系数	5
		冻融	5
		放射性	4

2. 烧结多孔砖

烧结多孔砖以黏土、页岩、煤矸石、粉煤灰、淤泥(江河湖淤泥)及其他固体废弃物等为主要原料,经焙烧而成,主要用于承重部位,如图 3-8 所示。烧结多孔砖按主要原料可分为黏土砖(N)、页岩砖(Y)、煤矸石砖(M)、粉煤灰砖(F)、淤泥砖(U)、固体废弃物砖(G)。

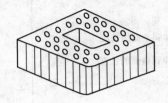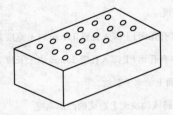

图 3-8　烧结多孔砖

烧结多孔砖的外形为直角六面体,其长度、宽度、高度尺寸应符合下列要求:290、240、190、180、140、115、90(mm)。

烧结多孔砖的强度等级应符合表 3-18 的要求。

表 3-18	强度等级	MPa
强度等级	抗压强度平均值 $\overline{f_s}\geqslant$	强度标准值 $\overline{f_k}\geqslant$
MU30	30.0	22.0
MU25	25.0	18.0
MU20	20.0	14.0
MU15	15.0	10.0
MU10	10.0	6.5

烧结多孔砖的尺寸偏差应符合表 3-19 的要求,烧结多孔砖的外观质量应符合表 3-20 的要求。

表 3-19	尺寸允许偏差	mm
尺　寸	样本平均偏差	样本极差 $\leqslant$
>400	±3.0	10.0
300~400	±2.5	9.0
200~300	±2.5	8.0
100~200	±2.0	7.0
<100	±1.5	6.0

表 3-20　　　　　　　　　　　　　外观质量　　　　　　　　　　　　　　　mm

项　目		指　标
1. 完整面	不得少于	一条面和一顶面
2. 缺棱掉角的二个破坏尺寸	不得同时大于	30
3. 裂纹长度		
a)大面(有孔面)上深入孔壁 15mm 以上宽度方向及其延伸到条面的长度	≤	80
b)大面(有孔面)上深入孔壁 15mm 以上长度方向及其延伸到顶面的长度	≤	100
c)条顶面上的水平裂纹	≤	100
4. 杂质在砖或砌块面上造成的凸出高度	≤	5

注:凡有下列缺陷之一者,不能称为完整面:

　　a)缺损在条面或顶面上造成的破坏面尺寸同时大于 20mm×30mm;

　　b)条面或顶面上裂纹宽度大于 1mm,其长度超过 70mm;

　　c)压陷、焦花、粘底在条面或顶面上的凹陷或凸出超过 2mm 区域是大投影尺寸同时大于 20mm×30mm。

关键细节 8　烧结多孔砖试验与检验规定

烧结多孔砖试验与检验规定见表 3-21。

表 3-21　　　　　　　　　　烧结多孔砖试验与检验规定

材料名称及相关 标准、规范代号	组　批　原　则	试　验　项　目	抽　取　数　量/块
烧结多孔砖 (GB 13544)	每 3.5 万～15 万块为 一验收批,不足 3.5 万块 也按一批计	外观质量	50($n_1＝n_2＝50$)
		尺寸允许偏差	20
		密度等级	3
		强度等级	10
		孔型孔结构及孔洞率	3
		泛霜	5
		石灰爆裂	5
		吸水率和饱和系数	5
		冻融	5
		放射性核素限量	3

3. 烧结空心砖

　　烧结空心砖是以黏土、页岩、煤矸石、粉煤灰为主要原料,经焙烧而成的主要用于建筑物非承重部位的块体材料,如图 3-9 所示。烧结空心砖的外型为直角六面体,其长度、宽度、高度的尺寸有:390、290、240、190、180(175)、140、115、90mm。其他规格尺寸由供需双方协商确定。

　　烧结空心砖的强度等级应符合表 3-22 的规定。

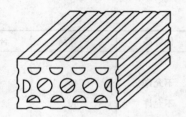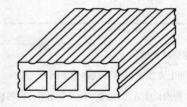

图 3-9 烧结空心砖

表 3-22　强度等级

强度等级	抗 压 强 度/MPa			密度等级范围 /(kg·m⁻³)
	抗压强度 平均值 $f\geqslant$	变异系数 $\delta>0.21$ 强度标准值 $f_k\geqslant$	变异系数 $\delta>0.21$ 单块最小抗压强度值 f_{min}	
MU10.0	10.0	7.0	8.0	≤1100
MU7.5	7.5	5.0	5.8	
MU5.0	5.0	3.5	4.0	
MU3.5	3.5	2.5	2.8	
MU2.5	2.5	1.6	1.8	≤800

　　烧结空心砖的尺寸允许偏差应符合表 3-23 的要求,烧结空心砖的外观质量应符合表 3-24的要求。

表 3-23　尺寸允许偏差　mm

尺寸	优 等 品		一 等 品		合 格 品	
	样本平均偏差	样本极差≤	样本平均偏差	样本极差≤	样本平均偏差	样本极差≤
>300	±2.5	6.0	±3.0	7.0	±3.5	8.0
200~300	±2.0	5.0	±2.5	6.0	±3.0	7.0
100~200	±1.5	4.0	±2.0	5.0	±2.5	6.0
<100	±1.5	3.0	±1.7	4.0	±2.0	5.0

表 3-24　外观质量　mm

项　　目		优等品	一等品	合格品
(1)弯曲	≤	3	4	5
(2)缺棱掉角的三个破坏尺寸	不得同时大于	15	30	40
(3)垂直度差	≤	3	4	5
(4)未贯穿裂纹长度	≤			
1)大面上宽度方向及其延伸到条面的长度		不允许	100	120
2)大面上长度方向或条面上水平面方向的长度		不允许	120	140

（续）

项　　目		优等品	一等品	合格品
(5)贯穿裂纹长度	≤			
1)大面上宽度方向及其延伸到条面的长度		不允许	40	60
2)壁、肋沿长度方向、宽度方向及其水平方向的长度		不允许	40	60
(6)肋、壁内残缺长度	≤	不允许	40	60
(7)完整面	不少于	一条面和一大面	一条面或一大面	—

注：凡有下列缺陷之一者，不能称为完整面：
　1. 缺损在大面、条面上造成的破坏面尺寸同时大于 20mm×30mm。
　2. 大面、条面上裂纹宽度大于 1mm，其长度超过 70mm。
　3. 压陷、粘底、焦花在大面、条面上的凹陷或凸出超过 2mm，区域尺寸同时大于 20mm×30mm。

关键细节 9　烧结空心砖试验与检验规定

烧结空心砖试验与检验规定见表 3-25。

表 3-25　　　　　　　　　　烧结空心砖试验与检验规定

材料名称及 相关标准、规范代号	组批原则	试验项目	抽取数量/块
烧结空心砖和空心砌块 (GB 13545)	3.5 万～15 万块为一验收批，不足 3 万块也按一批计	外观质量	50(n_1＝n_2＝50)
		尺寸偏差	20
		强度	10
		密度	5
		孔洞排列及其结构	5
		泛霜	5
		石灰爆裂	5
		吸水率和饱和系数	5
		冻融	5
		放射性	3

4. 粉煤灰砖

粉煤灰砖是以粉煤灰、石灰或水泥为主要原料，掺加适量石膏、外加剂、颜料和集料等，经坯料制备、成型、高压或常压蒸汽养护而制成的实心砖。粉煤灰砖一般可用于建筑的墙体和基础部位，用于基础或用于易受冻融和干湿交替作用的建筑部位必须使用一等砖和优等砖。粉煤灰砖不得用于长期受热 200℃以上，受急冷急热和有酸性介质侵蚀的建筑部位。

粉煤灰砖的外形为直角六面体。砖的公称尺寸为：长 240mm、宽 115mm、高 53mm。

粉煤灰砖的强度指标应符合表 3-26 的规定。

表 3-26　　　　　　　　　**粉煤灰砖强度指标**　　　　　　　　　MPa

强度等级	抗 压 强 度		抗 折 强 度	
	10 块平均值 ≥	单块值 ≥	10 块平均值 ≥	单块值 ≥
MU30	30.0	24.0	6.2	5.0
MU25	25.0	20.0	5.0	4.0
MU20	20.0	16.0	4.0	3.2
MU15	15.0	12.0	2.3	2.6
MU10	10.0	8.0	2.5	2.0

粉煤灰砖的尺寸偏差和外观应符合表 3-27 的规定。

表 3-27　　　　　　　　　**尺寸偏差和外观**　　　　　　　　　mm

项　目		指　标		
		优等品（A）	一等品（B）	合格品（C）
尺寸允许偏差：				
长		±2	±3	±4
宽		±2	±3	±4
高		±1	±2	±3
对应高度差	≤	1	2	3
缺棱掉角的最小破坏尺寸	≤	10	15	20
完整面　　　不少于		二面和一顶面或二顶面和一条面	一条面和一顶面	一条面和一顶面
裂纹长度　　　≤				
1. 大面上宽度方向的裂纹（包括延伸到条面上的长度）		30	50	70
2. 其他裂纹		50	70	100
层裂		不允许		

注：在条面或顶面上破坏面的两尺寸同时大于 10mm 和 20mm 者为非完整面。

关键细节 10　粉煤灰砖试验与检验规定

粉煤灰砖试验与检验规定见表 3-28。

表 3-28 粉煤灰砖试验与检验

材料名称及相关标准、规范代号	组批原则	试验项目	抽取数量/块
粉煤灰砖 (JC 239)	每 10 万块为一验收批,不足 10 万块也按一批计	外观质量和尺寸偏差	$100(n_1=n_2=50)$
		色差	36
		强度等级	10
		抗冻性	10
		干燥收缩	3
		碳化性能	15
		吸水率和饱和系数	5

六、砌筑用砌块

砌块为施工用人造块材,外形多为直角六面体,也有各种异形的。按照砌块系列中主规格高度的大小,砌块可分为小型砌块、中型砌块和大型砌块。按砌块有无孔洞或空心率大小可分为实心砌块和空心砌块。无孔洞或空心率小于 25％的砌块称为实心砌块,如蒸压加气混凝土砌块等。空心率大于或等于 25％的砌块称为空心砌块,如普通混凝土小型空心砌块、粉煤灰小型空心砌块等。

1. 蒸压加气混凝土砌块

蒸压加气混凝土砌块是以水泥、石灰、砂、粉煤灰、矿渣、发气剂、气泡稳定剂和调节剂等为主要原料,经磨细、计量配料、搅拌、浇筑、发气膨胀、静停、切割、蒸压养护、成品加工和包装等工序制成的实心砌块,具有质轻、高强、保温、隔热、吸声、防火、可锯、可刨等特点。

(1)蒸压加气混凝土砌块的规格尺寸见表 3-29。

表 3-29 砌块的规格尺寸 mm

长度 L	宽度 B	高度 H
600	100　120　125 150　180　200 240　250　300	200　240　250　300

注:如需要其他规格,可由供需双方协商解决。

(2)蒸压加气混凝土砌块的强度级别应符合表 3-30 的规定。

表 3-30 砌块的强度级别

干密度级别		B03	B04	B05	B06	B07	B08
强度级别	优等品(A)	A1.0	A2.0	A3.5	A5.0	A7.5	A10.0
	合格品(B)			A2.5	A3.5	A5.0	A7.5

(3)蒸压加气混凝土砌块的尺寸允许偏差和外观质量应符合表 3-31 的规定。

表 3-31 尺寸允许偏差和外观质量

项 目			指 标	
			优等品（A）	合格品（B）
尺寸允许偏差/mm	长度	L	±3	±4
	宽度	B	±1	±2
	高度	H	±1	±2
缺棱掉角	最小尺寸不得大于/mm		0	30
	最大尺寸不得大于/mm		0	70
	大于以上尺寸的缺棱掉角个数,不多于/个		0	2
裂纹长度	贯穿1棱2面的裂纹长度不得大于裂纹所在面的裂纹方向尺寸总和的		0	1/3
	任一面上的裂纹长度不得大于裂纹方向尺寸的		0	1/2
	大于以上尺寸的裂纹条数,不多于/条		0	2
平面弯曲			不允许	
表面疏松、层裂			不允许	
表面油污			不允许	

关键细节 11 蒸压加气混凝土砌块试验与检验规定

蒸压加气混凝土砌块试验与检验规定见表 3-32。

表 3-32 蒸压加气混凝土砌块试验与检验规定

材料名称及相关标准、规范代号	组批原则	试验项目	抽取数目
蒸压加气混凝土砌块（GB/T 11968）	同品种、同规格、同等级的砌块,以1万块为一批,不足1万块为一批	外观质量和尺寸偏差	$50(n_1=n_2=50)$
		强度等级	3组9块
		干密度	3组9块

2. 普通混凝土小型空心砌块

普通混凝土小型空心砌块以水泥、砂、碎石或卵石、水等预制而成的空心砌块。普通混凝土小型空心砌块主规格尺寸为 390mm×190mm×190mm,最小外壁厚应不小于 30mm,最小肋厚应不小于 25mm,空心率应不小于 25%,如图 3-10～图 3-12 所示。

普通混凝土小型空心砌块按其强度,分为 MU3.5、MU5.0、MU7.5、MU10.0、MU15.0、MU20 六个强度等级。

普通混凝土小型空心砌块的抗压强度应符合表 3-33 的规定。

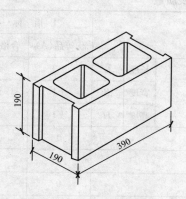

图 3-10　混凝土空心砌块(1)

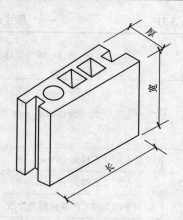

图 3-11　混凝土空心砌块(2)

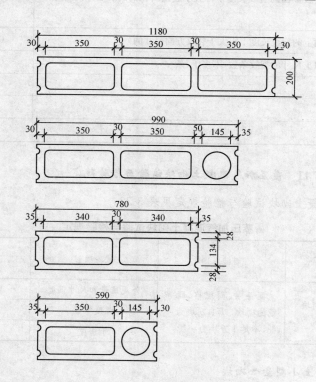

图 3-12　混凝土空心砌块(3)

表 3-33　　　　　　　普通混凝土小型空心砌块强度　　　　　　　MPa

强度等级	砌块抗压强度	
	5 块平均值　≥	单块最小值　≥
MU3.5	3.5	2.8

（续）

强度等级	砌块抗压强度	
	5块平均值 ≥	单块最小值 ≥
MU5	5.0	4.0
MU7.5	7.5	6.0
MU10	10.0	8.0
MU15	15.0	12.0
MU20	20.0	16.0

普通混凝土小型空心砌块的尺寸允许偏差应符合表 3-34 的规定。

表 3-34　　　　　　　普通混凝土小型空心砌块尺寸允许偏差

项　　目	优等品	一等品	合格品
长　　度	±2	±3	±3
宽　　度	±2	±3	±3
高　　度	±2	±3	+3，−4

普通混凝土小型空心砌块的外观质量应符合表 3-35 的规定。

表 3-35　　　　　　　普通混凝土小型空心砌块外观质量

项　　目			优等品	一等品	合格品
弯曲/mm		不大于	2	2	3
掉角缺棱	个数	不多于	0	2	2
	3 个方向投影尺寸的最小值/mm	不大于	0	20	30
裂纹延伸的投影尺寸累计/mm		不大于	0	20	30

关键细节 12　普通混凝土小型空心砌块试验与检验规定

普通混凝土小型空心砌块试验与检验规定见表 3-36。

表 3-36　　　　　　　普通混凝土小型空心砌块试验与检验

材料名称及相关标准、规范代号	组批原则	试验项目	抽取数目/块
普通混凝土小型空心砌块（GB 8239）	每 1 万块为一验收批，不足 1 万块也按一批计	外观质量和尺寸偏差	32
		强度等级	5
		相对含水率	3
		抗渗性	3
		抗冻性	10
		空心率	3

3. 轻集料混凝土小型空心砌块

轻集料混凝土小型空心砌块以水泥、轻集料、砂、水等预制成的空心砌块,其最小外壁厚和肋厚不应小于 20mm。轻集料混凝土小型空心砌块主规格尺寸为 390mm×190mm×190mm。按其孔的排数有:单排孔(1)、双排孔(2)、三排孔(3)和四排孔(4)四类,如图 3-13 所示。轻集料混凝土小型空心砌块按其密度,分为 700、800、900、1000、1100、1200、1300、1400 八个密度等级。

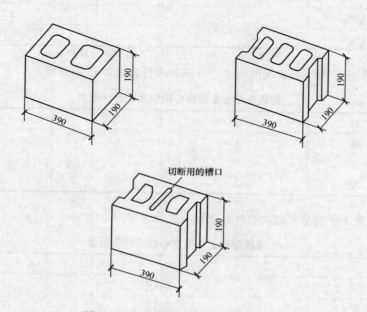

图 3-13　轻集料混凝土小型空心砌块

轻集料混凝土小型空心砌块的抗压强度应符合表 3-37 规定。

表 3-37　　　　　　　　　　轻集料混凝土小型空心砌块强度

强度等级	抗压强度/MPa		密度等级范围 kg/m³
	平均值	最小值	
MU2.5	≥2.5	≥2.0	≤800
MU3.5	≥3.5	≥2.8	≤1000
MU5.0	≥5.0	≥4.0	≤1200
MU7.5	≥7.5	≥6.0	≤1200[a] ≤1300[b]
MU10.0	≥10.0	≥8.0	≤1200[a] ≤1400[b]

注:当砌块的抗压强度同时满足 2 个强度等级或 2 个以上强度等级要求时,应以满足要求的最高强度等级为准。

a. 除自然煤矸石掺量不小于砌块质量 35% 以外的其他砌块;

b. 自然煤矸石掺量不小于砌块质量 35% 的砌块。

轻集料混凝土小型空心砌块的尺寸允许偏差应符合表 3-38 的规定。

表 3-38　　　　　轻集料混凝土小型空心砌块尺寸允许偏差　　　　　mm

项　目	指　标
长　度	±3
宽　度	±3
高　度	±3

注：1. 承重砌块最小外壁厚不应小于 30mm，肋厚应小于 25mm。

　　2. 保温砌块最小外壁和肋厚不宜小于 20mm。

轻集料混凝土小型空心砌块的外观质量应符合表 3-39 的规定。

表 3-39　　　　　轻集料混凝土小型空心砌块外观质量

项　目		指　标
最小外壁厚/mm	用于承重墙体　　≥	30
	用于非承重墙体　≥	20
肋厚/mm	用于承重墙体　　≥	25
	用于非承重墙体　≥	20
缺棱掉角	个数/块　　　　≤	2
	三个方向投影的最大值/mm　≤	20
裂缝延伸的累计尺寸/mm	≤	30

关键细节 13　轻集料混凝土小型空心砌块试验与检验规定

轻集料混凝土小型空心砌块试验与检验规定见表 3-40。

表 3-40　　　　　轻集料混凝土小型空心砌块试验与检验

材料名称及相关标准、规范代号	组批原则	试验项目	抽取数目/块
轻集料混凝土小型空心砌块（GB/T 15229）	砌块按密度等级和强度等级分批验收。以同一品种轻集料和水泥按同一生产工艺制成的相同密度等级和强度等级的 300m³ 砌块为一批；不足 300m³ 者亦按一批计	外观质量和尺寸偏差	$32(n_1=n_2=32)$
		强度	5
		密度、含水率、吸水率和相对含水率	3
		干燥收缩率	3
		抗冻性	10
		放射性	按 GB 6566

4. 粉煤灰砌块

粉煤灰砌块是以粉煤灰、石灰、石膏和集料等为原料，加水搅拌、振动成型、蒸汽养护而制成的。粉煤灰砌块的主要规格尺寸为 880mm×380mm×240mm、880mm×430mm×240mm。砌块端面留灌浆槽，如图 3-14 所示。

粉煤灰砌块按其抗压强度分为 MU10、MU13 两个强度等级。各强度等级的抗压强度应符合表 3-41 的规定。

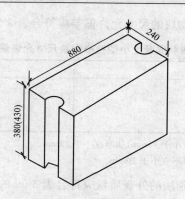

图 3-14　粉煤灰砌块

表 3-41　　　　　　　　　　　　粉煤灰砌块抗压强度　　　　　　　　　　　MPa

强度等级	抗 压 强 度	
	3 块平均值　≥	单块最小值　≥
MU10	10.0	8.0
MU13	13.0	10.5

　　粉煤灰砌块按其外观质量、尺寸偏差和干缩性能分为一等品和合格品两个品级。各品级的外观质量和尺寸允许偏差应符合表 3-42 的规定。

表 3-42　　　　　　　　　粉煤灰砌块的外观质量和尺寸允许偏差

项 目			指 标	
			一等品（B）	合格品（C）
外观质量	表面疏松 贯穿面棱的裂缝 任一面上的裂缝长度不得大于裂缝方向砌块尺寸的 石灰团、石膏团		不允许 不允许 1/3 直径大于 5mm 的，不允许	
	粉煤灰团、空洞和爆裂		直径大于 30mm 的不允许	直径大于 50mm 的不允许
	局部突起高度/mm	≤	10	15
	翘曲/mm	≤	6	8
	缺棱掉角在长、宽、高三个方向上投影的最大值/mm	≤	30	50
	高低差	长度方向/mm	6	8
		宽度方向/mm	4	6
	尺寸允许偏差	长度/mm	+4，-6	+5，-10
		宽度/mm	+4，-6	+5，-10
		宽度/mm	±3	±6

![关键细节图标] **关键细节 14** *粉煤灰砌块试验与检验规定*

粉煤灰砌块试验与检验规定见表 3-43。

表 3-43 粉煤灰砌块试验与检验

材料名称及相关 标准、规范代号	组批原则	试验项目	抽取数量
粉煤灰砌块 (JC 238)	以每一蒸养池为一批， 制作 3 块立方体试件	外观质量和尺寸偏差	$100(n_1 = n_2 = 100)$
		强度等级	每批 3 块
		干密度	每批 3 块

第二节 测量放线仪器及工具

一、水准仪

水准测量的仪器为水准仪，它能够提供水平视线。水准仪按其构造主要分为微倾水准仪、自动安平水准仪、激光水准仪和数字水准仪。下面介绍工程上广泛使用的 DS3 型微倾式水准仪。

DS3 型微倾式水准仪由望远镜、水准器及基座三大部分组成，如图 3-15 所示。

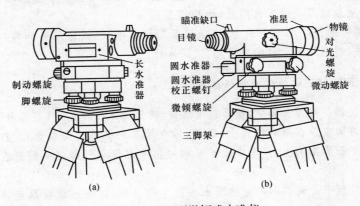

图 3-15 DS3 型微倾式水准仪

(1)望远镜。望远镜由物镜、目镜、对光透镜和十字丝分划板四部分组成，其作用是瞄准水准尺并提供水平视线进行读数。

物镜和目镜多采用复合透镜组，十字丝分划板上刻有两条互相垂直的长丝。竖直的一条称为竖丝，横的一条称为中丝，用于瞄准目标和读数。中丝的上下还有两根对称的短横丝，可用来测定仪器至目标间的距离，称为视距丝。

十字丝中央交点与物镜光心的连线，称为视准轴。水准测量时，要求视准轴水平（即视线水平),用中丝在水准尺上读取前、后视读数。

(2)水准器。水准器是仪器整平的装置,分为圆水准器(水准盒)和长水准器(水准管)两种。

1)圆水准器。如图 3-16 所示,当气泡居中时,表示该轴线处于竖直位置。圆水准器只用于仪器的粗略整平。

2)长水准器。如图 3-17 所示,当气泡居中时,水准管轴处于水平位置。

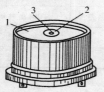 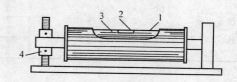

图 3-16　圆水准器　　　　　　　　　图 3-17　长水准器
1—球面玻璃;2—中心圆圈;3—气泡　　　1—玻璃管;2—气泡;3—分划线;4—调整螺钉

(3)基座。基座的作用是支承仪器的上部并与三脚架连接。它主要由轴座、脚螺旋、底板和三角压板等组成。

⚒ 关键细节 15　水准仪的分类与型号识别

水准仪按精度,可分为两大类,一类是精密水准仪,另一类是普通水准仪。精密水准仪适用于国家一、二等水准测量,如 DS0.5 型与 DS1 型水准仪。普通水准仪适用于国家三、四等水准测量以及一般工程测量,如 DS3 型。

水准仪型号的"D"和"S"分别为"大地测量"和"水准仪"汉语拼音的第一个字母,数字表示每千米往、返测高差中数的中误差,以毫米计。

⚒ 关键细节 16　水准仪的操作程序

(1)安置仪器。打开三脚架,松开脚架螺旋,使三脚架高度适中(根据身高),旋紧脚架伸缩腿螺旋,将脚架放在测站位置上(距前、后立尺点大概等距离位置)。打开仪器箱,取出水准仪,置于三脚架头上,并用中心连接螺旋把水准仪与三脚架头固连在一起,关好仪器箱。

(2)粗平。粗平是调整脚螺旋使圆水准器气泡居中,以便达到仪器竖轴大致铅直,使仪器粗略水平。

(3)瞄准。目镜调焦→粗略瞄准→准确瞄准→消除视差。

(4)精密整平。眼睛通过目镜左上方的符合气泡观察窗看水准管气泡,若气泡不居中,如图 3-18(b)、(c)所示,则用右手转动微倾螺旋,使气泡两端的影像吻合,如图 3-18(a)所示,即表示水准仪的视准轴已精密整平。

(5)读数。水准仪望远镜成像有正像和倒像之分,目前,根据国家有关技术标准规定,生产和销售的水准仪应成正像。因此,通过正像望远镜读数时应与直接从水准尺上读数方法相同,即自上而下进行。

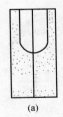
(a)

(b)

(c)

图 3-18 整平

关键细节 17   圆水准器轴的检验与校正

检验圆水准器轴是否平行于仪器的竖轴。如果是平行的,当圆水准器气泡居中时,仪器的竖轴就处于铅垂位置了。

(1)检验方法:首先用脚螺旋使圆水准器气泡居中,此时圆水准器轴($L'L'$)处于竖直的位置。将仪器绕仪器竖轴旋转 180°,圆水准气泡如果仍然居中,说明 VV 平行于 $L'L'$ 的条件满足。若将仪器绕竖轴旋转 180°,气泡不居中,则说明仪器竖轴 VV 与 $L'L'$ 不平行。在图3-19(a)中,如果两轴线交角为 α,此时竖轴 VV 与铅垂线偏差也为 α 角。当仪器绕竖轴旋转 180°后,此时圆水准器轴 $L'L'$ 与铅垂线的偏差变为 2α,即气泡偏离格值为 2α,实际误差仅为 α,如图 3-19(b)所示。

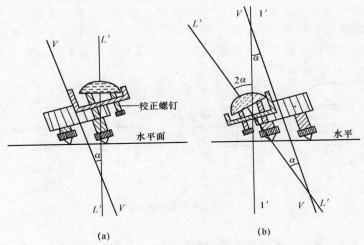

图 3-19 圆水准器轴的检验
(a)气泡居中;(b)照准部旋转 180°

(2)校正方法:首先稍松位于圆水准器下面中间的紧固螺钉,然后调整其周围的三个校正螺钉,使气泡向居中位置移动偏离量的一半,如图 3-20(a)所示。此时,圆水准器轴 $L'L'$ 平行于仪器竖轴 VV。然后再用脚螺旋整平,使圆水准器气泡居中,竖轴 VV 与圆水准器轴 $L'L'$ 同时处于竖直位置,如图 3-20(b)所示。

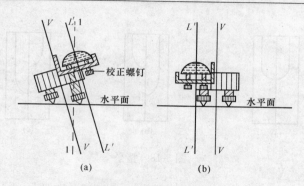

图 3-20　圆水准器轴的校正
(a)校正第一步；(b)校正第二步

校正工作一般需反复进行，直至仪器转到任何位置气泡均为居中为止，最后应旋紧固定螺钉。

关键细节 18　十字丝的检验与校正

(1)当仪器竖轴处于铅垂位置时，十字丝横线应垂直于仪器的竖轴，此时横线是水平的，这样，在横丝的任何部位读数都是一致的。否则，如果横丝不水平，在不同的部位将会得到不同的读数。

(2)检验方法：首先将仪器安置好，用十字丝横丝对准一个清晰的点状目标，如图 3-21(a)所示。然后固定制动螺旋，转动水平微动螺旋。如果目标点 P 沿横丝移动，如图3-21(b)所示，则说明横丝垂直于仪器竖轴 VV，不需要校正。如果目标点 P 偏离横丝，如图3-21(c)、(d)所示，则需校正。

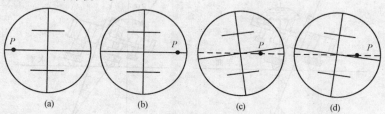

图 3-21　十字丝的检验

(3)校正方法：校正方法按十字丝分划板装置形式不同而异。有的仪器可直接用螺丝刀松开分划板座相邻的两颗固定螺钉，转动分划板座，改正偏离量的一半，即满足条件。有的仪器必须卸下目镜处的外罩，再用螺钉旋具松开分划板座的固定螺丝，拨正分划板座即可。

关键细节 19　长水准管轴平行于视准轴的检验和校正

如果长水准管轴平行于视准轴，则当水准管气泡居中时，视准轴是水平的，假如水准管轴和视准轴不平行,当水准管轴在水平方向时,视准轴却在倾斜方向,测量时读数就会出现误差。尺子离仪器的距离越远,读数误差就越大,所以把仪器安置在两点中间测得的高差和仪器靠近一点测得的高差就不会相同。

(1)检验方法:如图3-22所示,校验时必须先知道两点的正确误差,根据读数误差和尺子离仪器的距离成正比的关系,若距离相等,读数的误差也相等。

(2)校正方法:当十字横丝对准 B 尺上正确读数 b_2 时,视准轴已处于水平位置,但水准管气泡偏离中央,说明水准管不水平,拨动水准管的校正螺钉,使气泡居中,这样水准管轴也处于水平,从而达到水准管轴平行于视准轴的条件。校正时,注意拨动上下两个校正螺丝,先松一个,后紧一个,直到水泡居中,如图3-23所示。

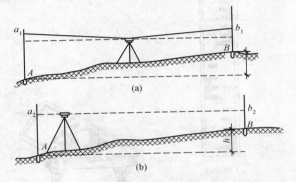

图3-22 长水准管轴与视准轴相平行的检验

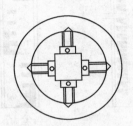

图3-23 水准管轴与视准轴平行的校正

二、水准测量工具

水准测量的工具包括水准尺和尺垫。

1. 水准尺

水准尺是水准测量时使用的标尺,用干燥的优质木材或铝合金制成。普通水准测量常用的水准尺有塔尺和双面水准尺两种,如图3-24所示。

塔尺由两节或三节套接在一起,尺的底部为零点,尺上黑白格相间,每格宽0.01m或0.005m,每0.01m和0.1m处均有注字,注字一面为正向,另一面为倒向。

双面水准尺是两面均有刻划的标尺:一面为红白相间,称为红面尺;另一面为黑白相间,称为黑白尺。两根尺为一对;黑面均由零开始,而红面,一根尺由4.687m开始至6.687m或7.687m,另一根由4.787m开始至6.787m或7.787m。双面水准尺多用于三、四等水准测量。

2. 尺垫

尺垫是为防止土质松软时导致在观测过程中地面点下沉而造成高差观测值偏差的工具,用时将尺垫的三个脚牢固地插入土中,水准尺应放在凸起的半球体上,如图3-25所示。

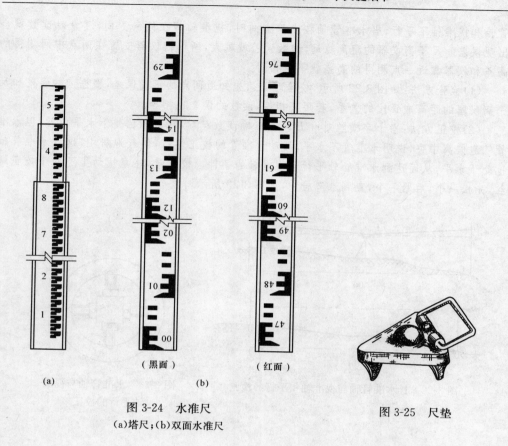

图 3-24　水准尺
(a)塔尺；(b)双面水准尺

图 3-25　尺垫

三、其他测量放线工具

1. 钢卷尺

钢卷尺有 1m、2m、3m、5m、20m、30m、50m 等几种规格,用于测量直线墙体位置、尺寸及其构配件尺寸等,如图 3-26 所示。

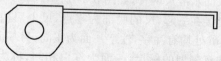

图 3-26　钢卷尺

2. 托线板和线锤

托线板和线锤用于检查墙面垂直度。托线板常用规格为 15mm×120mm×200mm,板中间有一条标准墨线。线坠与托线板配合使用,用以吊挂墙体、构件的垂直度,如图 3-27 所示。

3. 靠尺

靠尺用于检查墙体、构件的平整度。常用规格为 2~4m 长，一般用铝合金或硬质木材制成，如图 3-28 所示。

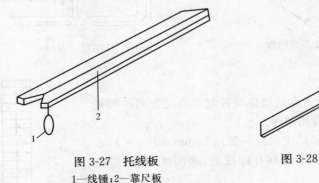

图 3-27 托线板
1—线锤；2—靠尺板

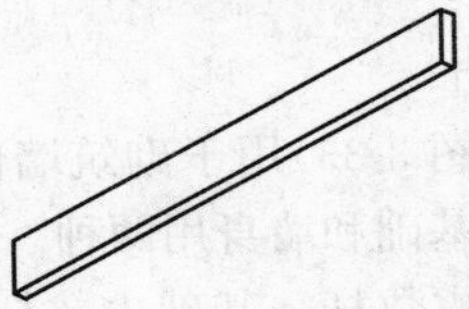

图 3-28 靠尺

4. 塞尺

塞尺与靠尺配合使用，用于测定墙、柱平整度的数值偏差。塞尺上每一格表示厚度方向 1mm，如图 3-29 所示。

5. 水平尺

水平尺用以检查砌体水平位置的偏差。水平尺用铁或铝合金制作，中间镶嵌玻璃水准管，如图 3-30 所示。

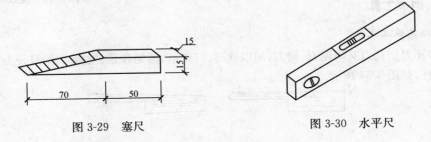

图 3-29 塞尺

图 3-30 水平尺

6. 准线

准线是砌墙时拉的细线，用于检测墙体水平灰缝的平直度。

7. 百格网

百格网用于检查砖墙砂浆的饱满度。一般用钢丝编制锡焊而成，也可以在有机玻璃上画格而成，网格总面积为 240mm×115mm，长、宽方向各切分为 10 格，共 100 个格子，如图 3-31 所示。

8. 方尺

方尺是用木材或铝合金制成，边长为 200mm 的直角尺，有阴角和阳角两种。用于检查砌体转角处阴阳角的方正程度，如图 3-32 所示。

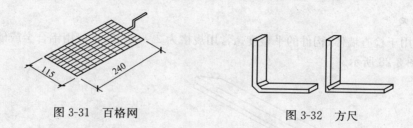

图 3-31   百格网   图 3-32   方尺

9. 皮数杆

皮数杆(图 3-33)用于砌筑墙体时控制沿高度方向砖和灰缝的尺寸,有基础和墙身用两种。

(1)基础皮数杆。基础皮数杆一般用 30mm×30mm 杉木制作,杆顶高出防潮层,上面划有砖皮数、地圈梁、防潮层位置等。

(2)墙身皮数杆。墙身皮数杆一般用 50mm×70mm,长 3.2~3.6m 杉木制作,上面画有砖皮数、灰缝厚度、门窗、楼板、圈梁等的位置高度。

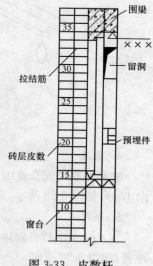

图 3-33   皮数杆

第三节   砌筑施工机具

一、砌筑工具

1. 砌筑施工工具

(1)瓦刀。瓦刀又叫泥刀、砌刀,用以砍砖、打灰条、摊铺砂浆、发碳。瓦刀分为片刀和条刀两种,如图 3-34 所示。

(a)   (b)

图 3-34   瓦刀

(a)片刀;(b)条刀

(2)大铲。大铲用于铲灰、铺灰和刮浆的工具,也可以在操作中用它随时调和砂浆。大铲以桃形者居多,也有长三角形大铲、长方形大铲和鸳鸯大铲。它是实施"三一"(一铲灰、一块砖、一揉挤)砌筑法的关键工具,如图 3-35 和图 3-36 所示。

(3)摊灰尺。摊灰尺用于控制灰缝及摊铺砂浆。它用不易变形的木材制成,如图 3-37 所示。

(4)刨锛。刨锛用以打砍砖块,也可当做小锤与大铲配合使用,如图 3-38 所示。

(5)钢凿。钢凿又称錾子,与手锤配合,用于开凿石料、异型砖等。其直径为 20~28mm,长 150~250mm,端部有尖、扁两种,如图 3-39 所示。

(6)手锤。手锤俗称小榔头,用于敲凿石料和开凿异型砖,如图 3-40 所示。

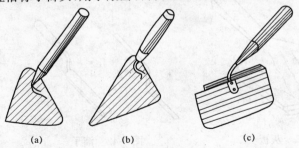

图 3-35　大铲

(a)桃形大铲;(b)长三角形大铲;(c)长方形大产

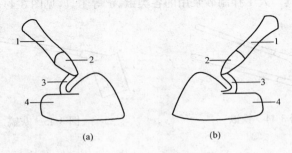

图 3-36　鸳鸯大铲

(a)左手铲;(b)右手铲

1—铲把;2—铲箍;3—铲程;4—铲板

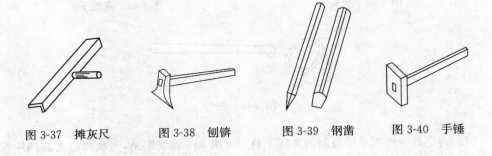

图 3-37　摊灰尺　　　图 3-38　刨锛　　　图 3-39　钢凿　　　图 3-40　手锤

2. 勾缝施工工具

(1)灰板。灰板又叫托灰板,在勾缝时用其承托砂浆。灰板用不易变形的木材制成,如图 3-41 所示。

(2)溜子。溜子又叫灰匙、勾缝刀,一般以 φ8 钢筋打扁制成,并装上木柄,通常用于清水墙勾缝。用 0.5~1mm 厚的薄钢板制成的较宽的溜子,则用于毛石墙的勾缝,如图 3-42 所示。

(3)抿子。抿子用于石墙抹缝、勾缝。多用 0.8~1mm 厚钢板制成,并装上木柄,如图 3-43 所示。

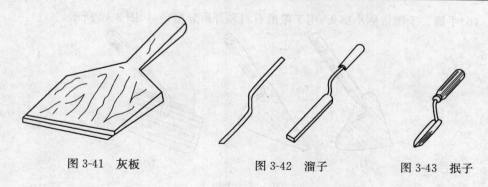

图 3-41　灰板　　　　　　图 3-42　溜子　　　　　图 3-43　抿子

3. 其他施工工具

(1)锹、铲等工具。人工拌制砂浆用的各类锹、铲等工具,见图 3-44～图 3-48。

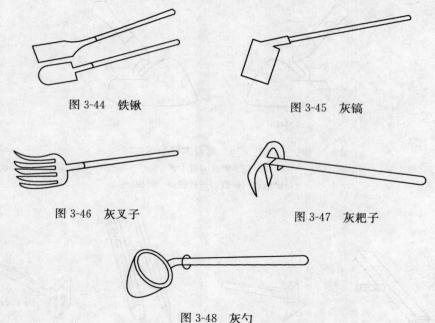

图 3-44　铁锹　　　　　　　　　　　　图 3-45　灰镐

图 3-46　灰叉子　　　　　　　　　　　图 3-47　灰耙子

图 3-48　灰勺

(2)砖夹具。施工单位自制的夹砖工具。可用 $\phi16$ 钢筋锻造,一次可以夹起四块标准砖,用于装卸砖块。砖夹形状见图 3-49。

(3)砌块夹具。砌块夹具分为单块夹和多块夹两种,用于安装、就位砌块,如图 3-50 所示。

(4)砖笼。砖笼是在用塔吊施工时垂直运输砖块的工具,如图 3-51 所示。

(5)筛子。筛子是筛砂的工具,按照筛孔直径主要分为 4mm、6mm、8mm 等数种,有立筛和小方筛,如图 3-52 所示。

(6)料斗。料斗是在塔吊施工时,用来垂直运输砂浆,如图 3-53 所示。

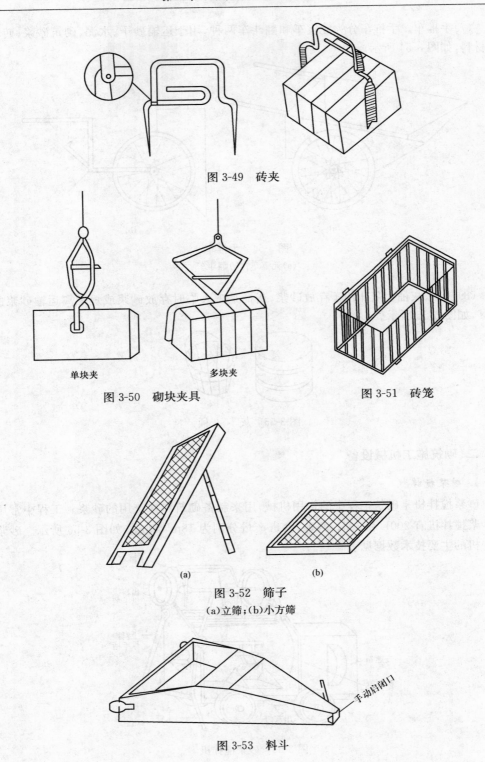

图 3-49　砖夹

单块夹　　　　　　多块夹

图 3-50　砌块夹具

图 3-51　砖笼

(a)　　　　　　　　(b)

图 3-52　筛子

(a)立筛；(b)小方筛

手动启闭口

图 3-53　料斗

（7）手推车。手推车分为元宝车和翻斗车两种，用于运输砂子、水泥、砌筑砂浆、砖块等材料，如图 3-54 所示。

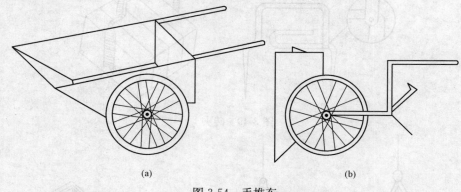

(a)　　　　　　　　　　　　(b)

图 3-54　手推车

(a)元宝车；(b)翻斗车

（8）灰斗、灰桶。灰斗用于存放砂浆，灰桶是工人临时存放砂浆或短距离运输砂浆的工具，如图 3-55 所示。

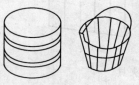

图 3-55　灰斗、灰桶

二、砌筑施工机械设备

1. 砂浆搅拌机

砂浆搅拌机是砌筑工程中的常用机械，用来制备砌筑和抹灰用的砂浆。工程中常用的砂浆搅拌机有 200L 和 325L 两种，台班产量分别为 $18m^3$、$26m^3$，如图 3-56 所示。砂浆搅拌机的主要技术数据见表 3-44。

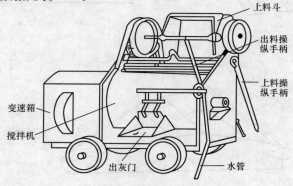

图 3-56　砂浆搅拌机

表 3-44　　　　　　　　　　　砂浆搅拌机的主要技术数据

技 术 指 导		型　　号				
		HJ-200	HJ₁-200A	HJ₁-200B	HJ-325	连续式
容量/L		200	200	200	325	
搅拌叶片转速/(r/min)		30～32	28～30	34	30	383
搅拌时间/min		2		2		
生产率/(m³/h)				3	6	16m³/台班
重量/kg		590	680	560	760	180
外形尺寸	长度	2200	2000	1620	2700	610
	宽度	1120	1100	850	1700	415
	高度	1430	1100	1050	1350	760

⚒ 关键细节 20　砂浆搅拌机的使用和维护

(1)砂浆搅拌机在使用前应仔细检查搅拌叶片是否有松动现象,发现有松动,应及时紧固搅拌叶片螺栓,否则易打坏拌筒,甚至卡弯转轴发生事故。

(2)在使用前应检查各润滑处的润滑情况,要确保机械有充分的润滑,确保电机温度不超过铭牌规定值,且保持电机和轴承温度不超过60℃为宜。

(3)在使用前应检查电器线路连接、开关接触情况是否良好。

(4)检查接地装置或电动机的接零是否良好,三角皮带的松紧是否合适,进出料装置的操纵是否灵活和安全,发现问题应及时处理。

(5)使用时要在正常转速下加料,加料量不能超过规定容量,严格防止粗石块或铁棒等其他物件落入拌筒内,不准用木棍或其他工具去拨、翻拌筒中的材料,中途停机前必须将拌筒中的材料倒出来,以免增加下次启动时的负荷。

(6)工作结束后要进行全面的清洗和日常保养。

2. 垂直运输设备

(1)井架。也称作绞车架,一般用型钢支设,并配置吊篮(或料斗)、天梁、卷扬机,形成垂直运输系统,如图3-57所示,常用于多层建筑施工的垂直运输。

(2)龙门架。由两根立杆、横梁和吊篮共同构成,如图3-58所示。立杆由型钢组成,配上吊篮用于材料的垂直运输。龙门架常用于多层建筑施工的垂直运输。

(3)卷扬机。卷扬机是升降井架和龙门架上吊篮的动力装置。

(4)附壁式升降机(施工电梯)。施工电梯又叫附墙外用电梯,它是由垂直井架和导轨式外用笼式电梯组成,用于高层建筑的施工。该设备除载运工具和物料外,还可乘人上下,架设安装比较方便,操作简单,使用安全。

(5)塔式起重机。塔式起重机俗称塔吊。塔式起重机有固定式和行走式两类。塔吊必须由经过专职培训合格的专业人员操作,并需专门人员指挥塔吊吊装,其他人员不得随意乱动或胡乱指挥。

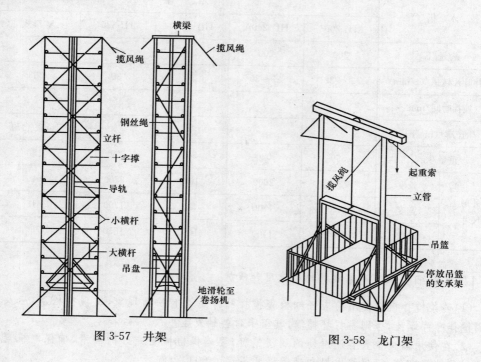

图 3-57　井架　　　　　　　　　　图 3-58　龙门架

第四节　砌筑用脚手架

砌筑用脚手架是砌筑过程中堆放材料和工人操作不可缺少的设施。

一、外脚手架

在外墙外面搭设的脚手架称为外脚手架。

图 3-59 为钢管扣件式外脚手架。此种脚手架可沿外墙双排或单排搭设,钢管之间靠"扣件"连接。"扣件"有直交的、任意角度的和特殊型的三种。钢管一般用 $\phi57$ 厚 3.5mm 的无缝钢管。搭设时每隔 30m 左右应加斜撑一道。

图 3-60 所示为一种混合式脚手架,即桁架与钢管井架结合。这样,可以减少立柱数量,并可利用井架输送材料。桁架可以自由升降,以减少翻架时间。

图 3-61 所示为门形框架脚手架,其宽度有 1.2m、1.5m、1.6m 和高度为 1.3m、1.7m、1.8m、2.0m 等数种。框架立柱材料均采用 $\phi38\sim\phi40$ 厚 3mm 的钢管焊接而成。安装时要特别注意纵横支撑、剪刀撑的布置及其与墙面的拉结[图 3-61(b)、(d)],以确保脚手架的稳定。

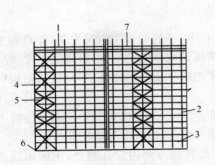

图 3-59　钢管扣件式外脚手架

1—脚手板；2—立杆；3—大横杆；4—小横杆；
5—十字撑；6—底座；7—栏杆

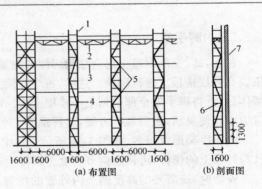

(a) 布置图　　　　(b) 剖面图

图 3-60　钢管扣件混合式脚手架

1—立柱；2—桁架；3—水平拉杆；4—支承架；
5—单向斜撑；6—连墙杆；7—砖墙

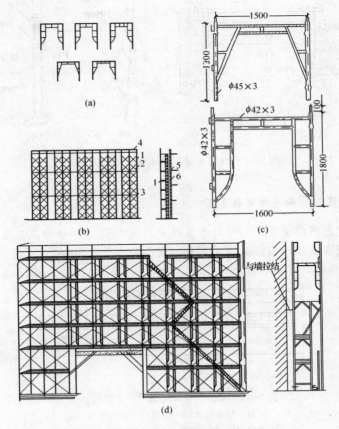

图 3-61　门形框架脚手架

(a)门形框架脚手架型式；(b)门形框架脚手架布置图；

(c)门形框架脚手架构造；(d)门形框架脚手架组装图

1—框架；2—斜撑；3—水平撑；4—栏杆；5—连墙杆；6—砖墙

二、内脚手架

目前,砖、钢筋混凝土混合结构房屋的砌墙工程中,一般均采用内脚手架,即将脚手架搭设在各层楼板上进行砌筑。这样,每个楼层只需搭设两步或三步架,待砌完一个楼层的墙体后,再将脚手架全部翻到上一楼层上去。由于内脚手架装拆比较频繁,故其结构形式应力求轻便灵活,做到装拆方便,转移迅速。

内脚手架形式很多,如图 3-62 所示。其中,图 3-62(c)中支柱式脚手架通过内管上的孔与外管上的螺杆,可任意调节高度。螺杆上对称开槽,槽口长度与螺杆等长。

安装时,按需要的高度调节内外管的位置,再旋转螺母到内管孔洞处,用插销通过螺杆槽与内管孔连接即可。

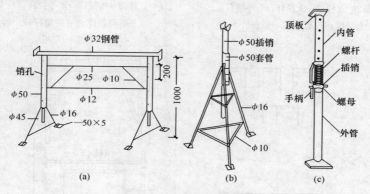

图 3-62　内脚手架形式示例　(单位:mm)

![关键细节 21]　**脚手架搭设要求**

脚手架的宽度需按砌筑工作面的布置确定。图 3-63 为一般砌筑工程的工作面布置图。其宽度一般为 2.05～2.60m,并在任何情况下不小于 1.5m。

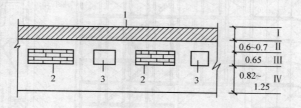

图 3-63　砌砖工作面布置图　(单位:m)
1—待砌墙体;2—砖堆;3—灰浆槽
Ⅰ—待砌墙体区;Ⅱ—操作区;Ⅲ—材料区;Ⅳ—运输区

当采用内脚手砌筑墙体时,为配合塔式起重机运输,还可设置组合式操作平台作为集中卸料地点。图 3-64 为组合式操作平台的形式之一。它由立柱架、联系桁架、横向桁架、三角挂架及脚手板等组成。

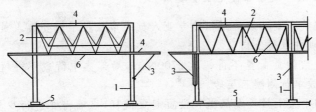

图 3-64 组合式操作平台
1—立柱架；2—横向桁架；3—三角挂架；4—脚手板；5—垫板；6—联系桁架

脚手架的搭设必须充分保证安全。为此，脚手架应具备足够的强度、刚度和稳定性。一般情况下，对于外脚手架，其外加荷载规定为：均布荷载不超过 $270 kg/m^2$。若需超载，则应采取相应的措施，并经验算后方可使用。过高的外脚手架必须注意防雷，钢脚手架的防雷措施是用接地装置与脚手架连接，一般每隔 50m 设置一处。远点到接地装置脚手架上的过渡电阻应不超过 10Ω。

使用内脚手架，必须沿外墙设置安全网，以防高空操作人员坠落。安全网一般多用 $\phi9$ 的麻、棕绳或尼龙绳编织，其宽度不应小于 1.5m。安全网的承载能力应不小于 $160 kg/m^2$。图 3-65 为安全网的一种搭设方式。

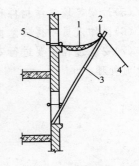

图 3-65 安全网搭设方式之一
1—安全网；2—大横杆；3—斜杆；
4—麻绳；5—连墙杆

关键细节 22 脚手架搭设高度限值

脚手架搭设高度的限值见表 3-45。

表 3-45 脚手架搭设高度的限值

类 别	形 式	高度限值/m	备 注
木脚手架	单排	30	架高≥30m 时，立杆纵距≤1.5m
木脚手架	双排	60	
竹脚手架	单排	25	
竹脚手架	双排	50	
扣件式钢管脚手架	单排	20	
扣件式钢管脚手架	双排	50	
碗扣式钢管脚手架	单排	20	架高≥30m 时，立杆纵距≤1.5m
碗扣式钢管脚手架	双排	60	
门式钢管脚手架	轻载	60	施工总荷载≤3kN/m²
门式钢管脚手架	普通	45	施工总荷载≤5kN/m²

关键细节 23　脚手架使用安全要求

(1)脚手架安装方案必须得到相关专业人员的审核批准。安装人员施工前必须进行安全操作知识培训并取得上岗证。

(2)砌筑脚手架的负荷量不得超过 2700N/m,局部集中荷载不得超过 3200N/m。在脚手架只允许堆放单行侧摆三层砖。

(3)不得在脚手架上拉设缆风绳和设置起重拔杆,当确需要进行少量材料的提运时,应进行验算,并采取相应的加固措施。

(4)操作人员必须佩戴安全帽,系好安全带,并应配带工具袋,操作工具应放在工具袋内,防止工具失落伤人。

(5)过梁等墙体结构件和较重的施工设备(如电焊机等)不得存放在脚手架上。

(6)操作人员不得任意拆除脚手架的基本杆件和固定件,以免影响脚手架的稳定。

(7)安装过程中要进行安全检查,发现立杆沉陷、悬空、接点松动、脚手架歪斜等情况应及时处理。

第四章 砖砌体砌筑

砖砌体是用砖和砂浆砌筑成的整体材料,是目前使用最广的一种建筑材料。根据砌体中是否配置钢筋,砖砌体分为无筋砖砌体和配筋砖砌体。

第一节 砌筑入门与基本功

一、砖砌体施工一般要求

(1)同一生产厂家的砖到现场后,按烧结砖15万块、多孔砖5万块、灰砂砖及粉煤灰砖10万块各为一验收批,抽检数量为一组。

(2)用于清水墙、柱表面的砖,应边角整齐,色泽均匀。有冻胀环境和条件的地区,地面以下或防潮层以下的砌体,不宜采用多孔砖。

(3)砂浆应随拌随用,砂浆配合比应采用重量比,计量精度为水泥±2%,砂、灰膏控制在±5%以内,砂浆应采用机械搅拌。

(4)砌筑砖砌体时,砖应提前1~2d浇水湿润。

(5)砌砖工程采用铺浆法砌筑时,铺浆长度不得超过750mm;施工期间气温超过30℃时,铺浆长度不得超过500mm。

(6)240mm厚承重墙的每层墙的最上一皮砖,砖砌体的台阶水平面上及挑出层,应整砖丁砌。砖过梁底部的模板,应在灰缝砂浆强度不低于设计强度的50%时,方可拆除。

(7)多孔砖的孔洞应垂直于受压面砌筑。

(8)施工时施砌的蒸压(养)砖的产品龄期不应小于28d。

关键细节1 砌体留槎及拉结筋要求

(1)砖砌体的转角处和交接处应同时砌筑,严禁无可靠措施的内外墙分砌施工。对不能同时砌筑而又必须留置的临时间断处应砌成斜槎,斜槎水平投影长度不应小于高度的2/3。接槎时必须将接槎处的表面清理干净,浇水湿润,填实砂浆并保持灰缝平直。

(2)非抗震设防及抗震设防烈度为6度、7度地区的临时间断处,当不能留斜槎时,除转角处外,可留直槎,但直槎必须做成凸槎。留直槎处应加设拉结钢筋,拉结钢筋的数量为每120mm墙厚放置1ϕ6拉结钢筋(120mm厚墙放置2ϕ6拉结钢筋),间距沿墙高不应超过500mm;埋入长度从留槎处算起每边均不应小于500mm,对抗震设防烈度6度、7度的地区,不应小于1000mm;末端应有90°弯钩,如图4-1所示。

(3)多层砌体结构中,后砌的非承重砌体隔墙,应沿墙高每隔500mm配置2根ϕ6的钢筋与承重墙或柱拉结,每边伸入墙内不应小于 500mm。抗震设防烈度为 8 度和 9 度的地区,长度大于 5m 的后砌隔墙的墙顶,尚应与楼板或梁拉结。隔墙砌至梁板底时,应留一定空隙,间隔一周后再补砌挤紧。

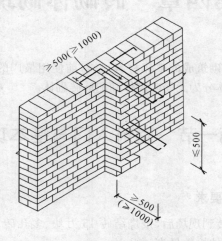

图 4-1   直槎处拉结钢筋示意图

关键细节 2   砖砌体灰缝要求

(1)砖砌体的灰缝应横平竖直,厚薄均匀。

(2)砖砌体水平灰缝厚度和竖向灰缝宽度宜为 10mm,但不应小于 8mm,也不应大于 12mm,水平灰缝的砂浆饱满度不得低于 80%。砌筑方法宜采用"三一"砌砖法,即"一铲灰、一块砖、一揉挤"的操作方法。

(3)砖砌体竖向灰缝宜采用挤浆法或加浆法,使其砂浆饱满,严禁用水冲浆灌缝。如采用铺浆法砌筑,铺浆长度不得超过 750mm。施工期间气温超过 30℃ 时,铺浆长度不得超过 500mm,竖向灰缝不得出现透明缝、瞎缝和假缝。

(4)清水墙面不应有上下二皮砖搭接长度小于 25mm 的通缝,不得有三分头砖,不得在上部随意变活、乱缝。空斗墙的水平灰缝厚度和竖向灰缝宽度一般为 10mm,但不应小于 7mm,也不应大于 13mm。

清水墙勾缝应采用加浆勾缝,勾缝砂浆宜采用细砂拌制的 1:1.5 水泥砂浆。勾凹缝时深度为 4~5mm,多雨地区或多孔砖可采用稍浅的凹缝或平缝。

(5)筒拱拱体灰缝应全部用砂浆填满,拱底灰缝宽度宜为 5~8mm,筒拱的纵向缝应与拱的横断面垂直。筒拱的纵向两端,不宜砌入墙内。

(6)为保持清水墙面立缝垂直一致,当砌至一步架子高时,水平间距每隔 2m,在丁砖竖缝位置弹两道垂直立线,控制游丁走缝。

(7)砖砌平拱过梁的灰缝应砌成楔形缝。灰缝宽度,在过梁底面不应小于 5mm;在过梁的顶面不应大于 15mm。拱脚下面应伸入墙内不小于 20mm,拱底应有 1% 起拱。

(8)砌体的伸缩缝、沉降缝、防震缝中,不得夹有砂浆、碎砖和杂物等。

关键细节 3　砖砌体预留孔洞及预埋件留置要求

(1)设计要求的洞口、管道、沟槽,应在砌筑时按要求预留或预埋,未经设计同意,不得打凿墙体和在墙体上开凿水平沟槽。超过300mm的洞口上部应设过梁。

(2)砌体中的预埋件应作防腐处理,预埋木砖的木纹应与钉子垂直。

(3)在墙上留置临时施工洞口,其侧边离高楼处墙面不应小于500mm,洞口净宽度不应超过1m,洞顶部应设置过梁。

抗震设防烈度为9度的地区建筑物的临时施工洞口位置,应会同设计单位确定。临时施工洞口应做好补砌。

(4)预留外窗洞口位置应上下挂线,保持上下楼层洞口位置垂直;洞口尺寸应准确。

二、砖的加工与摆放

在实际操作中,变换砖在墙体上的位置排列,有各种叠砌方法。

在砌筑时根据需要打砍加工的砖,按其尺寸不同可分为"七分头"、"半砖"、"二寸头"、"二寸条",如图 4-2 所示。

砌入墙内的砖,由于摆放位置不同,又分为卧砖(也称顺砖或眠砖)、陡砖(也称侧砖)、立砖以及顶砖,如图 4-3 所示。

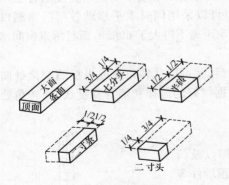

图 4-2　打砍砖

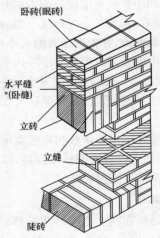

图 4-3　卧砖、陡砖、立砖图

砖与砖之间的缝统称灰缝。水平方向的叫水平缝或卧缝;垂直方向的缝叫立缝(也称头缝)。

三、砖砌体施工工艺

1.抄平、放线

砌砖墙之前,应在基础防潮层或楼层上定出各层的设计标高,并用 M7.5 的水泥砂浆或 C10 的细石混凝土找平,使各段墙体的底部标高均在同水平标高上,以便有利于墙体交接处的搭接施工和确保施工质量。外墙找平时,应采用分层逐渐找平的方法,确保上下两层外墙之间不出现明显的接缝。

根据龙门板上给定的定位轴线或基础外侧的定位轴线桩,将墙体轴线、墙体宽度线、门窗洞口线等引测至基础顶面或楼板上,并弹出墨线。二楼以上各层的轴线可用经纬仪或垂球(线坠)引测。

2. 选砖

砌筑时,应根据墙体类别和部位选砖。砌清水墙或其面时,应选尺寸合格、棱角整齐、颜色均匀的砖。

3. 摆砖摆底

摆砖是指在放线的基础顶面或楼板上,按选定的组砌型式进行干砖试摆,以期达到灰缝均匀、门窗洞口两侧的墙面对称,并尽量使门窗洞口之间或与墙垛之间的各段墙长为1/4砖长的整数倍,以便减少砍砖,节约材料,提高工效和施工质量。

摆砖用的第一皮摆底砖的组砌一般采用"横丁纵顺",即横墙均摆丁砖,纵墙均摆顺砖。并可按下式计算丁砖层排砖数 n 和顺砖层排砖数 N:

窗口宽度为 B(mm)的窗下墙排砖数:

$$n=(B-10)/125 \qquad N=(B-135)/250$$

两洞口间净长或至墙垛长为 L 的排砖数:

$$n=(L+10)/125 \qquad N=(L-365)/250$$

计算时取整数,并根据余数的大小确定是加半砖、七分头砖,还是减半砖并加七分头砖。如果还出现多或少于30mm以内的情况时,可用减小或增加竖缝宽度的方法加以调整,灰缝宽度在8~12mm之间是允许的。也可以采用同时水平移动各层门窗洞口的位置、使之满足砖的模数的方法,但最大水平移动距离不得大于60mm,而且承重窗间墙的长度不应减小。

每一段墙体的排砖块数和竖缝宽度确定后,就可以从转角处或纵横墙交接处向两边排放砖,排完砖并经检查调整无误后,即可依据摆好的砖样和墙身宽度线,从转角处或交接处依次砌筑第一皮摆底砖。

4. 立皮数杆

皮数杆是指在其上划有每皮砖厚、灰缝厚以及门窗洞口的下口、窗台、过梁、圈梁、楼板、大梁、预埋件等标高位置的一种木制标杆,它是砌墙过程中控制砌体竖向尺寸和各种构配件设置标高的主要依据。

皮数杆一般设置在墙体操作面的另一侧,立于建筑物的四个大角处、内外墙交接处、楼梯间及洞口较多的地方,并从两个方向设置斜撑或用锚钉加以固定,确保垂直和牢固,如图4-4所示。皮数杆的间距为10~15m,间距超过时中间应增设皮数杆。支设皮数杆时要统一进行抄平,使皮数杆上的各种构件标高与设计要求一致。每次开始砌砖前,均应检查皮数杆的垂直

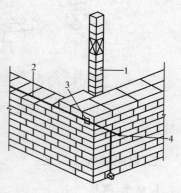

图4-4 皮数杆示意图
1—皮数杆;2—准线;3—竹片;4—圆铁钉

度和牢固性，以防有误。

5.盘角、挂线

盘角又称立头角，是指墙体正式砌砖前，先在墙体的转角处由高级瓦工先砌起，并始终高于周围墙面4～6皮砖，作为整片墙体控制垂直度和标高的依据。每次盘角不得超过五层，随盘随吊线，使砖的层数、灰缝厚度与皮数杆相符。盘角的质量直接影响墙体施工质量，因此，必须严格按皮数杆标高控制每一皮墙面高度和灰缝厚度，做到墙角方正、墙面顺直、方位准确、每皮砖的顶面近似水平，并要"三皮一靠，五皮一吊"，确保盘角质量。

挂线是指以盘角的墙体为依据，在两个盘角中间的墙外侧挂通线。砌一砖半厚及其以上的墙应两面挂线，一砖半厚以下的墙可单面挂线。挂线应用尼龙线或棉线绳拴砖坠重拉紧，使线绳水平无下垂，墙身过长时在中间除应设置皮数杆外，还应砌一块"腰线砖"或再加一个细钢丝揽线棍，用以固定挂通的准线，使之不下垂和内外移动。盘角处的通线是靠墙角的灰缝卡挂的，为避免通线陷入水平灰缝内，应采用不超过1mm厚的小别棍（用小竹片或包装用薄钢板）别在盘角处墙面与通线之间，如图4-4所示。

6.砌砖

（1）砌墙根据其厚度不同，可采用全顺、两丁一侧、全丁、一顺一丁、梅花丁或三顺一丁的砌筑形式，如图4-5所示。

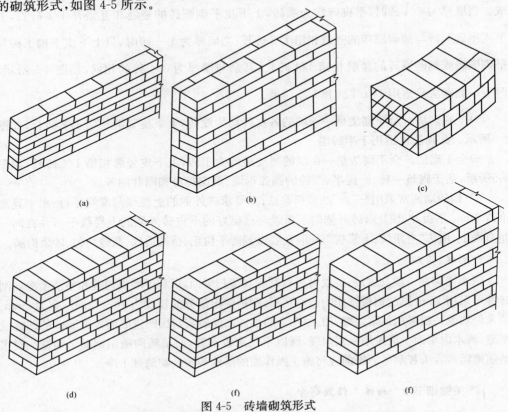

图 4-5　砖墙砌筑形式
(a)全顺；(b)两丁一侧；(c)全丁；(d)一顺一丁；(e)梅花丁；(f)三顺一丁

1)一顺一丁法又叫满丁满条法,适合砌一砖及一砖以上厚墙,其砌法是:第一皮排顺砖,第二皮排丁砖,操作方便,施工效率高,又能保证搭接错缝,是一种常见的排砖形式,如图4-5所示。"一顺一丁"法根据墙面形式不同又分为"十字缝"和"骑马缝"两种。两者的区别仅在于顺砌时条砖是否对齐。

2)梅花丁。梅花丁是一面墙的每一皮中均采用丁砖与顺砖左右间隔砌成,每一块丁砖均在上下两块顺砖长度的中心,上下皮竖缝相错1/4砖长,如图4-5所示,适合砌一砖及一砖以上厚墙。

梅花丁砌法灰缝整齐,外表美观,结构的整体性好,但砌筑效率较低,适合于砌筑一砖或一砖半的清水墙。当砖的规格偏差较大时,采用梅花丁砌法有利于减少墙面的不整齐性。

3)三顺一丁。三顺一丁是一面墙的连续三皮中全部采用顺砖与一皮中全部采用丁砖上下间隔砌成,上下相邻两皮顺砖间的竖缝相互错开1/2砖长(125mm),上下皮顺砖与丁砖间竖缝相互错开1/4砖长,如图4-5所示,适合砌一砖及一砖以上厚墙。

三顺一丁砌法因砌顺砖较多,所以砌筑速度快,但因丁砖拉结较少,结构的整体性较差,在实际工程中应用较少。

4)两平一侧。两平一侧是一面墙连续两皮平砌砖与一皮侧立砌的顺砖上下间隔砌成。当墙厚为3/4砖时,平砌砖均为顺砖,上下皮平砌顺砖的竖缝相互错开1/2砖长,上下皮平砌顺砖与侧砌顺砖的竖缝相错1/2砖长;当墙厚为$1\frac{1}{4}$砖时,只上下皮平砌丁砖与平砌顺砖或侧砌顺砖的竖缝相错1/4砖长,其余与墙厚为3/4砖的相同,如图4-5所示。两平一侧砌法只适用于3/4砖和$1\frac{1}{4}$砖墙。

5)全顺砌法。全顺砌法是一面墙的各皮砖均为顺砖,上下皮竖缝相错1/2砖长,如图4-5所示。此砌法仅适用于半砖墙。

6)全丁砌法。全丁砌法是一面墙的每皮砖均为丁砖,上下皮竖缝相错1/4砖长,如图4-5所示,适于砌筑一砖、一砖半、二砖的圆弧形墙、烟囱筒身和圆井圈等。

(2)砌砖墙通常采用"三一"法或挤浆法;并要求砖外侧的上楞线与准线平行、水平且离准线1mm,不得冲(顶)线,砖外侧的下楞线与已砌好的下皮砖外侧的上楞线平行并在同一垂直面上,俗称"上跟线、下靠楞";同时还要做到砖平位正、挤揉适度、灰缝均匀、砂浆饱满。

7.刮缝、清理

清水墙砌完一段高度后,要及时进行刮缝和清扫墙面,以利于墙面勾缝和整洁干净。刮砖缝可采用1mm厚的钢板制作的凸形刮板,刮板突出部分的长度为10~12mm,宽为8mm。清水外墙面一般采用加浆勾缝,用1:1.5的细砂水泥砂浆勾成凹进墙面4~5mm的凹缝或平缝;清水内墙面一般采用原浆勾缝,所以不用刮板刮缝,而是随砌随用钢溜子勾缝。混水墙随砌随将舌头灰刮尽下班前应将施工操作面的落地灰和杂物清理干净。

🔨 **关键细节4　砌体工作段划分**

(1)相邻工作段的分段位置,宜设在伸缩缝、沉降缝、防震缝构造柱或门窗洞口处。相邻工作段的高度差,不得超过一个楼层的高度,且不得大于 4m。砌体临时间断处的高度差,不得超过一步脚手架的高度。

(2)砌体施工时,楼面堆载不得超过楼板允许荷载值。

(3)尚未安装楼板或屋面的墙和柱,当可能遇到大风时,其允许自由高度不得超过有关规定。如超过规定,必须采取临时支撑等有效措施以保证墙或柱在施工中的稳定性。

(4)设有钢筋混凝土抗风柱的房屋,应在柱顶与屋架以及屋架间的支撑均已连接固定后,方可砌筑山墙。

(5)雨天施工应防止雨水冲刷砂浆(或基槽灌水),砂浆的稠度应适当减小,每日砌筑高度不宜超过 1.2m,收工时应遮盖砌体表面。

▶ 关键细节 5　砖砌体的组砌原则

砖砌体是由砌墙砖和砂浆砌合而成,砖砌体的组砌,要求上下错缝,内外搭接,以保证砌体的整体性和稳定性。同时组砌要有规律,少砍砖,以提高砌筑效率,节约材料。组砌方式必须遵循下面三个原则。

(1)砌体必须错缝。砖砌体是由一块一块的砖,利用砂浆作为填缝和黏结材料,组砌成墙体和柱子。为避免砌体出现连续的垂直通缝,保证砌体的整体强度,必须上下错缝,内外搭砌,并要求砖块最少应错缝 1/4 砖长,且不小于 60mm。在墙体两端采用"七分头"、"二寸条"(图 4-6)来调整错缝,如图 4-7 所示。

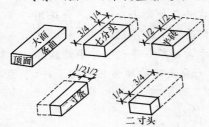

图 4-6　破成不同尺寸的砖

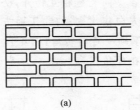

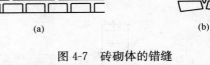

图 4-7　砖砌体的错缝
(a)咬合错缝(力分散传递);(b)不咬合(砌体压散)

(2)墙体连接必须有整体性。为了使建筑物的纵横墙相连搭接成一整体,增强其抗震能力,要求墙的转角和连接处要尽量同时砌筑;如不能同时砌筑时,必须在先砌的墙上留出接槎(俗称留槎),后砌的墙体要镶入接槎内(俗称咬槎)。砖墙接槎的砌筑方法合理与否、质量好坏,对建筑物的整体性影响很大。正常的接槎按规范规定采用两种形式:一种是斜槎,俗称"退槎"或"踏步槎",方法是在墙体连接处将待接砌墙的槎口砌成台阶形式,其高度一般不大于 1.2m(一架架),水平投影长度不少于高度的 2/3,如图 4-8 所示。另一种是直槎,俗称"马牙槎",是每隔一皮砌出墙外 1/4 砖,作为接槎之用,并且沿高度每隔 500mm 加 2φ6 拉结钢筋,每边伸入墙内不宜小于 50cm,直槎的做法如图 4-9 所示。

(3)控制水平灰缝厚度。砌体水平方向的缝叫卧缝或水平缝。砌体水平灰缝规定为 8～12mm,一般为 10mm。如果水平灰缝太厚,会使砌体的压缩变形过大,砌上去的砖会发生滑移,对墙体的稳定性不利;水平灰缝太薄则不能保证砂浆的饱满度和均匀性,对墙体的黏结、整体性产生不利影响。砌筑时,在墙体两端和中部架设皮数杆、拉通线来控制水平灰缝厚度,同时要求砂浆的饱满程度应不低于 80%。

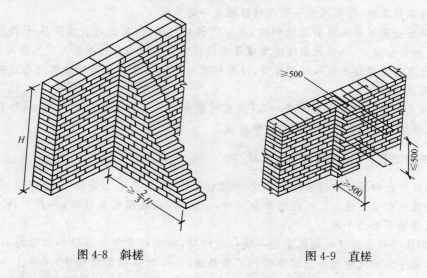

图 4-8 斜槎   图 4-9 直槎

关键细节 6 砖砌体转角的组砌方法

砖墙的转角处,为了使各皮间竖缝相互错开,必须在外角处砌七分头砖。当采用一顺一丁组砌时,七分头的顺面方向依次砌顺砖,丁面方向依次砌丁砖。

图 4-10 所示为一顺一丁砌一砖墙转角;图 4-11 所示为一顺一丁砌一砖半墙转角。

当采用梅花丁组砌时,在外角仅砌一块七分头砖,七分头砖的顺面相邻砌丁砖,丁面相邻砌顺砖。

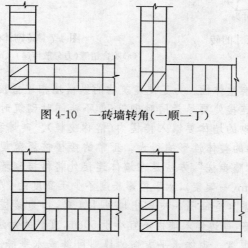

图 4-10 一砖墙转角(一顺一丁)

图 4-11 一砖半墙转角(一顺一丁)

图 4-12 所示为梅花丁砌一砖墙转角；图 4-13 所示为梅花丁砌一砖半墙转角。

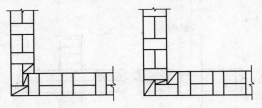

图 4-12 一砖墙转角（梅花丁）

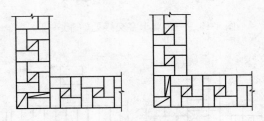

图 4-13 一砖半墙转角（梅花丁）

关键细节 7 砖砌体交接处的组砌方法

在砖墙的丁字交接处，应分皮相互砌通，内角相交处竖缝应错开 1/4 砖长，并在横墙端头处加砌七分头砖。

图 4-14 所示为一顺一丁砌一砖墙丁字交接处；图 4-15 所示为一顺一丁砌一砖半墙丁字交接处。

砖墙的十字交接处，应分皮相互砌通，交角处的竖缝相互错开 1/4 砖长。

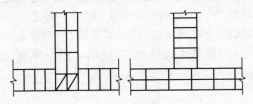

图 4-14 一砖墙丁字交接处（一顺一丁）

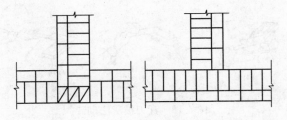

图 4-15 一砖半墙丁字交接处（一顺一丁）

图 4-16 所示为一顺一丁砌一砖墙十字交接处；图 4-17 所示为一顺一丁砌一砖半墙十字交接处。

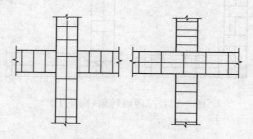

图 4-16　一砖墙十字交接处（一顺一丁）

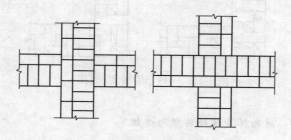

图 4-17　一砖半墙十字交接处（一顺一丁）

四、砖砌体砌筑操作方法

1. 瓦刀披灰法

瓦刀披灰法又称满刀灰法或带刀灰法，是指在砌砖时，先用瓦刀将砂浆抹在砖黏结面上和砖的灰缝处，然后将砖用力按在墙上的方法，如图 4-18 所示。该法是一种常见的砌筑方法，用瓦刀披灰法砌筑，能做到刮浆均匀、灰缝饱满，有利于初学砖瓦工者的手法锻炼。此法历来被列为砌筑工入门的基本训练之一，适用于砌空斗墙、1/4 砖墙、平拱、弧拱、窗台、花墙、炉灶等的砌筑。

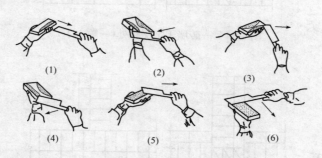

图 4-18　瓦刀披灰法砌砖

瓦刀披灰法通常使用瓦刀,操作时右手拿瓦刀,左手拿砖,先用瓦刀把砂浆正手刮在砖的侧面,然后反手将砂浆抹满砖的大面,并在另一侧刮上砂浆。要刮布均匀,中间不要留空隙,四周可以厚一些,中间薄些。与墙上已砌好的砖接触的头缝即碰头灰也要刮上砂浆。当砖块刮好砂浆后,放在墙上,挤压至准线平齐。如有挤出墙面的砂浆,须用瓦刀刮下填于竖缝内。

2. 坐浆砌砖法(又称摊尺砌砖法)

坐浆砌砖法是指在砌砖时,先在墙上铺 50cm 左右的砂浆,用摊尺找平,然后在已铺设好的砂浆上砌砖的方法,如图 4-19 所示。这种方法,因摊尺厚度同灰缝一样为 10mm,故灰缝厚度能够控制,便于掌握砌体的水平缝平直。又由于铺灰时摊尺靠墙阻挡砂浆流到墙面,所以墙面清洁美观,砂浆耗损少。但由于砖只能摆砌,不能挤砌;同时铺好的砂浆容易失水变稠干硬,因此,黏结力较差,适用于砌门窗洞较多的砖墙或砖柱。

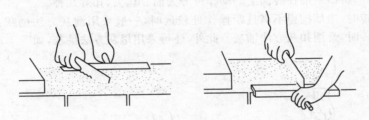

图 4-19 坐浆砌砖法

操作时人站立的位置以距墙面 10～15cm 为宜,左脚在前,右脚在后,人斜对墙面,随着砌筑前进方向退着走,每退一步可砌 3～4 块顺砖长。操作时用灰勺和大铲舀砂浆,均匀地倒在墙上,然后左手拿摊尺刮平。砌砖时左手拿砖,右手用瓦刀在砖的头缝处打上砂浆,随即砌上砖并压实。砌完一段铺灰长度后,将瓦刀放在最后砌完的砖上,转身再舀灰,如此逐段铺砌。每次砂浆摊铺长度应根据气温高低、砂浆种类及砂浆稠度而定,每次砂浆摊铺长度不宜超过 75cm(气温在 30℃以上,不超过 50cm)。

3. "三一"砌砖法

"三一"砌砖法适合于砌窗间墙、砖柱、砖垛、烟囱等较短的部位,要求所用砂浆稠度 7～9cm 为宜,其基本操作是"一铲灰、一块砖、一揉挤"。"三一"砌砖法砂浆饱满、黏结好,能保证砌筑质量,但劳动强度大,砌筑效率低。

一般的步法是操作时人应顺墙体斜站,左脚在前离墙约 15cm,右脚在后,距墙及左脚跟 30～40cm。砌筑方向是由前往后退着走,这样操作可以随时检查已砌好的砖是否平直。砌完 3～4 块砖后,左脚后退一大步(70～80cm),右脚后退半步,人斜对墙面可砌约 50cm,砌完后左脚后退半步,右脚后退一步,恢复到开始砌砖时位置,如图 4-20 所示。

(1)铲灰取砖。铲灰时应先用铲底摊平砂浆表面(便于掌握吃灰量),然后用手腕横向转动来铲灰,减少手臂动作,取灰量要根据灰缝厚度,以满足一块砖的需要量为准。取砖时应随拿砖随挑选好下一块砖。左手拿砖,右手拿砂浆,同时拿起来,以减少弯腰次数,争取砌筑时间。

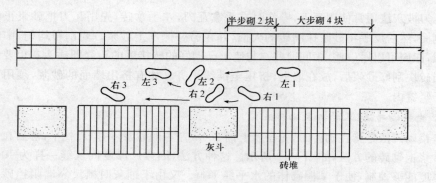

图 4-20　"三一"砌砖法的步法平面

（2）铺灰。将砂浆铺在砖面上的动作可分为溜、甩、丢、扣等几种。

在砌顺砖时，当墙砌得不高且距操作处较远时，一般采用溜灰方法铺灰；当墙砌得较高且近身砌砖时，常用扣灰方法铺灰。此外，还可采用甩灰方法铺灰，如图 4-21 所示。

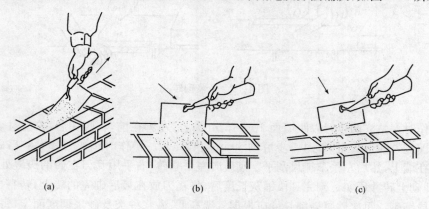

图 4-21　砌顺砖时铺灰
（a）溜灰；（b）扣灰；（c）甩灰

在砌丁砖时，当砌墙较高且近身砌筑时常用丢灰方法铺灰；在其他情况下，还经常用扣灰方法铺灰，如图 4-22 所示。

不论采用哪一种铺灰动作，都要求铺出灰条要近似砖的外形，长度比一块砖稍长 1～2cm，宽 8～9cm，灰条距墙外面约 2cm，并与前一块砖的灰条相接。

（3）揉挤。铺好灰后，左手拿砖在离已砌好的前砖 3～4cm 处开始平放推挤，并用手轻揉。在揉砖时，眼要上边看线，下边看墙皮，左手中指随即同时伸下，摸一下上、下砖棱是否齐平。砌好一块砖后，随即用铲将挤出的砂浆刮回，放在竖缝中或随手投入灰斗中。揉砖的目的是使砂浆饱满。铺在砖上的砂浆如果较薄，揉的劲要小些；砂浆较厚时，揉的劲要稍大一些。并且根据已铺砂浆的位置要前后揉或左右揉，总之，以揉到下齐砖棱上齐线为适宜，要做到平齐、轻放、轻揉，如图 4-23 所示。

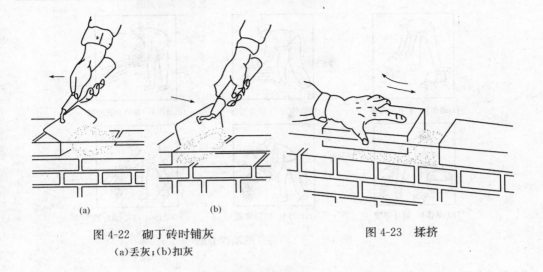

图 4-22　砌丁砖时铺灰　　　　　　　　　图 4-23　揉挤

(a)丢灰；(b)扣灰

4. "二三八一"砌筑法

"二三八一"操作法就是把砌筑工砌砖的动作过程归纳为二种步法、三种弯腰姿势、八种铺灰手法、一种挤浆动作，叫做"二三八一砌砖动作规范"，简称"二三八一"操作法。"二三八一"砌筑法把砌砖动作复合为四个：即双手同时铲灰和拿砖→转身铺灰→挤浆和接刮余灰→甩出余灰。

"二三八一"操作方法是根据人体工程学的原理，对使用大铲砌砖的一系列动作进行合并，并使动作科学化形成的，按此方法进行砌砖，不仅能提高工效，而且人也不易疲劳。

(1)两种步法，即操作者以丁字步与并列步交替退行操作。砌砖时采用"拉槽取法"，操作者背向砌砖前进方向退步砌筑。开始砌筑时，人斜站成丁字步，左足在前、右足在后，后腿紧靠灰斗。这种站立方法稳定有力，可以适应砌筑部位的远近高低变化，只要把身体的重心在前后之间变换，就可以完成砌筑任务。

后腿靠近灰斗以后，右手自然下垂，就可以方便地在灰斗中取灰。右足绕足跟稍微转动一下，又可以方便地取到砖块。

砌到近身以后，左足后撤半步，右足稍稍移动即成为并列步，操作者基本上面对墙身，又可完成 50cm 长的砖墙砌筑。在并列步时，靠两足的稍稍旋转来完成取灰和取砖的动作。

一段砌筑全部砌完后，左足后撤半步，右足后撤一步，第二次又站成丁字步，再继续重复前面的动作。每一次步法的循环，可以完成 1.5m 的墙体砌筑，所以要求操作面上灰斗的排放间距也是 1.5m。这一点与"三一"砌筑法是一样的。

(2)三种弯腰姿势，即操作过程中采用侧弯腰、丁字步弯腰与并列步弯腰三种弯腰形式进行操作。三种弯腰姿势的动作分解如图 4-24 所示。

1)侧身弯腰。当操作者站成丁字步的姿势铲灰和取砖时，应采取侧身弯腰的动作，利用后腿微弯、斜肩和侧身弯腰来降低身体的高度，以达到铲灰和取砖的目的。侧身弯腰时动作时间短，腰部只承担轻度的负荷。在完成铲灰取砖后，可借助伸直后腿和转身的动

(a)动作1：丁字步弯腰　　(b)动作2：丁字步弯腰　　(c)动作3：并列步正弯腰

(d)动作4：侧身弯腰　　(e)动作5：侧身弯腰　　(f)动作6：丁字步弯腰

图 4-24　三种弯腰的动作分解

作,使身体重心移向前腿而转换成正弯腰(砌低矮墙身时)。

2)丁字步弯腰。当操作者站成丁字步,并砌筑离身体较远的矮墙身时,应采用丁字步弯腰的动作。

3)并列步弯腰。丁字步正弯腰时重心在前腿,当砌到近身砖墙并改换成并列步砌筑时,操作者就取并列步正弯腰的动作。

(3)八种铺灰手法,即砌条砖采用甩、扣、泼三种手法,砌丁砖采用扣、溜、泼、一带二四种手法,砌角砖采用溜法。

1)砌条砖时的三种手法。

①甩法。甩法是"三一"砌筑法中的基本手法,适用于砌离身体部位低而远的墙体。铲取砂浆要求呈均匀的条状,当大铲提到砌筑位置时,将铲面转 90°,使手心向上,同时将灰顺砖面中心甩出,使砂浆呈条状均匀落下,甩灰的动作分解如图 4-25 所示。

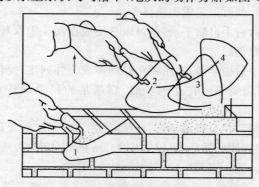

图 4-25　甩灰的动作分解

②扣法。扣法适用于砌近身和较高部位的墙体,人站成并列步。铲灰时,以后腿足跟为轴心转向灰斗,转过身来反铲扣出灰条,铲面的运动路线与甩法正好相反,也可以说是

一种反甩法,尤其在砌低矮的近身墙时更是如此。扣灰时手心向下,利用手臂的前推力和落砂浆,其动作形式,如图4-26所示。

③泼法。泼法适用于砌近身部位及身体后部的墙体,用大铲铲取扁平状的灰条,提到砌筑面上,将铲面翻转,手柄在前,平行向前推进泼出灰条,其手法如图4-27所示。

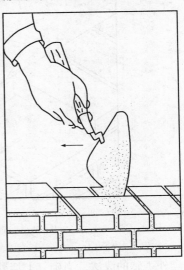

图4-26　扣灰动作分解　　　　　　　　图4-27　泼灰动作分解

2)砌丁砖时的三种手法。

①砌里丁砖的溜法。溜法适用砌一砖半墙的里丁砖,铲取的灰条要求呈扁平状,前部略厚,铺灰时将手臂伸过准线,使大铲边与墙边取平,采用抽铲落灰的办法,如图4-28所示。

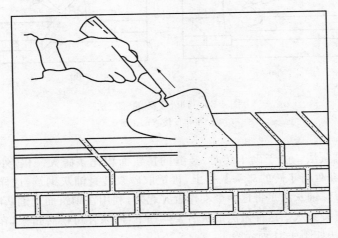

图4-28　砌里丁砖的溜法

②砌丁砖的扣法。铲灰条时,要求做到前部略低,扣到砖面上后,灰条外口稍厚,其动作如图 4-29 所示。

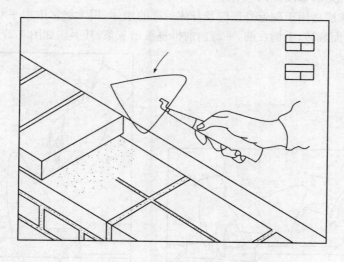

图 4-29　砌里丁砖"扣"的铺灰动作

③砌外丁砖的泼法。当砌三七墙外丁砖时可采用泼法。大铲铲取扁平状的灰条,泼灰时落点向里移一点,可以避免反面刮浆的动作。砌离身体较远的砖可以平拉反泼,砌近身处的砖采用正泼,其手法如图 4-30 所示。

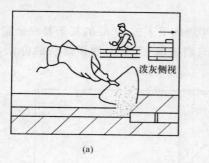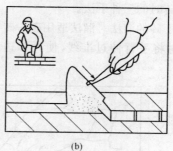

(a)　　　　　　　　　　　　　　(b)

图 4-30　砌外丁砖的"泼"法
(a)平拉反泼;(b)正泼

④一带二铺灰法。由于砌丁砖时,竖缝的挤浆面积比条砖大一倍,外口砂浆不易挤严,可以先在灰斗处将丁砖的碰头灰打上,再铲取砂浆转身铺灰砌筑,这样做就多了一次打灰动作。一带二铺灰法是将这两个动作合并起来,利用在砌筑面上铺灰时,将砖的丁头伸入落灰处接打碰头灰。这种做法铺灰后要摊一下,砂浆才可摆砖挤浆,在步法上也要作相应变换,其手法如图 4-31 所示。

3)砌角砖时的溜法。砌角砖时,用大铲铲起扁平状的灰条,提送到墙角部位并与墙边取齐,然后抽铲落灰。采用这一手法可减少落地灰,如图 4-32 所示。

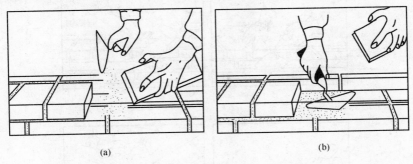

(a)　　　　　　　　　　　　　　　　(b)

图 4-31　"一带二"铺灰动作(适用于砌外丁砖)

(a)将砖的丁头接碰头灰;(b)摊铺砂浆

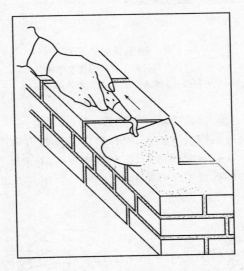

图 4-32　砌角砖"溜"的铺灰动作

(4)一种挤浆动作,即平推挤浆法。挤浆时应将砖落在灰条 2/3 的长度或宽度处,将超过灰缝厚度的那部分砂浆挤入竖缝内。如果铺灰过厚,可用揉搓的办法将过多的砂浆挤出。

在挤浆和揉搓时,大铲应及时接刮从灰缝中挤出的余浆并甩入竖缝内,当竖缝严实时也可甩入灰斗中。如果是砌清水墙,可以用铲尖稍稍伸入平缝中刮浆,这样不仅刮了浆,而且减少了勾缝的工作量和节约了材料,挤浆和刮浆的动作如图 4-33 所示。

5. 铺灰挤砌法

铺灰挤砌法是采用一定的铺灰工具,如铺灰器等,先在墙上用铺灰器铺一段砂浆,然后将砖紧压砂浆层,推挤砌于墙上的方法。铺灰挤砌法分为单手挤浆法和双手挤浆法两种,适用于砌筑各种混水实心砖墙,要求所用砂浆稠度大。灰挤砌法砂浆饱满,砌筑效率

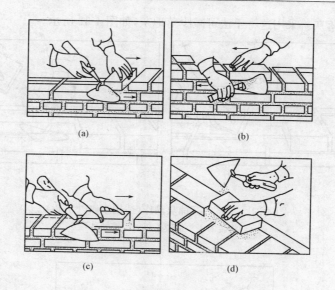

图 4-33　挤浆和刮余浆的动作
(a)挤浆刮余浆同时砌丁砖;(b)砌外条砖刮余浆;
(c)砌条砖刮余浆;(d)将余浆甩入碰头缝内

高,但砂浆易失水,黏结力差,砌筑质量有所降低。

(1)单手挤浆法。一般用铺灰器铺灰,操作者应沿砌筑方向退着走。砌顺砖时,左手拿砖距前面的砖块约 5～6cm 处将砖放下,砖稍稍蹭灰面,沿水平方向向前推挤,把砖前灰浆推起作为立缝处砂浆(俗称挤头缝),如图 4-34 所示,并用瓦刀将水平灰缝挤出墙面的灰浆刮清甩填于立缝内。

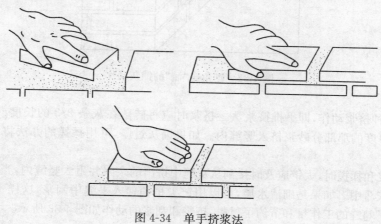

图 4-34　单手挤浆法

当砌顶砖时,将砖擦灰面放下后,用手掌横向往前挤,挤浆的砖口要略呈倾斜,用手掌横向往前挤,到将接近一指缝时,砖块略向上翘,以便带起灰浆挤入立缝内,将砖压至与准线平齐为止,并将内外挤出的灰浆刮清,甩填于立缝内。

当砌墙的内侧顺砖时,应将砖由外向里靠,水平向前挤推,这样立缝处砂浆容易饱满,同时用瓦刀将反面墙水平缝挤出的砂浆刮起,甩填于挤砌的立缝内。

挤浆砌筑时,手掌要用力,使砖与砂浆密切结合。

(2)双手挤浆法。双手挤浆法操作时,使靠墙的一只脚脚尖稍偏向墙边,另一只脚向斜前方踏出 40cm 左右(随着砌砖动作灵活移动),使两脚很自然地站成"T"字形。身体离墙约 7cm,胸部略向外倾斜。这种方法,在操作时减少了每块砖要转身、铲灰、弯腰、铺灰等动作,可大大减轻劳动强度。并还可组成两人或三人小组,铺灰、砌砖分工协作,密切结合,提高工效。

拿砖时,靠墙的一只手先拿,另一只手跟着上去,也可双手同时取砖;两眼要迅速查看砖的边角,将棱角整齐的一边先砌在墙的外侧;取砖和选砖几乎同时进行。为此操作必须熟练,无论是砌顶砖还是顺砖,靠墙的一只手先挤,另一只手迅速跟着挤砌,如图 4-35 所示。其他操作方法与单手挤浆法相同。

如砌丁砖,当手上拿的砖与墙上原砌的砖相距 5～6cm 时,砌顺砖距离约 13cm 时,把砖的一头(或一侧)抬起约 4cm,将砖插入砂浆中,随即将砖放平,手掌不要用力挤压,只需依靠砖的倾斜自坠力压住砂浆,平推前进。若竖缝过大,可用手掌稍加压力,将灰缝压实至 1cm 为止。然后看准砖面,如有不平,用手掌加压,使砖块平整。由于顺砖长,因而要特别注意砖块下齐边棱上平线,以防墙面产生凹进凸出和高低不平现象,如图 4-35 所示。

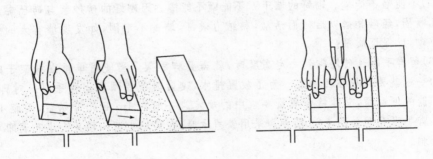

图 4-35　双手挤浆砌丁砖

采用双手挤浆法时,由于挤浆时平推平挤,使灰缝饱满,能充分保证墙体质量。但要注意,如砂浆保水性能不好时,砖湿润不合要求,操作不熟练,推挤动作稍慢,往往会出现砂浆干硬,造成砌体黏结不良。因此,在砌筑时要求快铺快砌,挤浆时严格掌握平推平挤,避免前低后高,以免把砂浆挤成沟槽使灰浆不饱满。

关键细节 8　砖砌体砌筑基本操作要点

砌砖操作要点概括为:"横平竖直,注意选砖,灰缝均匀,砂浆饱满,上下错缝,咬槎严密,上跟线,下跟棱,不游顶,不走缝"。

(1)选砖。砌筑中必须学会选砖,尤其是砌清水墙面。砖面的选择很重要。选砖时,当一块砖拿在手中用手掌托起,将砖在手掌上旋转(俗称滑砖)或上下翻转,在转动中察看哪一面完整无损。

有经验者,在取砖时,挑选第一块砖就选出第二块砖,做到"执一备二眼观三",动作轻巧自如得心应手,才能砌出整齐美观的墙面。当砌清水墙时,应选用规格一致颜色相同的砖,把表面方整光滑不弯曲和不缺棱掉角的砖放在外面,砌出的墙才能颜色灰缝一致。因此,必须练好选砖的基本功,才能保证砌筑砌墙体的质量。

(2)放砖。砌在墙上的砖必须放平。往墙上按砖时,砖必须均匀水平地按下,不能一边高一边低,造成砖面倾斜,不仅墙面不美观,而且影响砌体强度。

(3)跟线穿墙。砌砖必须跟着准线走,俗语叫"上跟线,下跟棱,左右相跟要对平"。就是说砌砖时,砖的上棱边要与线约离 1mm,下棱边要与下层已砌好的砖棱对平,左右前后位置要准。当砌完每皮砖时,看墙面是否平直,有无高出、低洼、拱出或拱进准线的现象,有了偏差应及时纠正。

不但要跟线,还要做到用眼"穿墙"。即从上面第一块砖往下穿看,穿到底,每层砖都要在同一平面上,如果有出入,应及时修整。

(4)自检。在砌筑中,要随时随地进行自检。通常要做到"三层一吊,五层一靠",即一般砌三层砖用线坠吊大角直不直,五层砖用靠尺靠一靠墙面垂直平整度。当墙砌起一步架时,要用托线板全面检查一下垂直及平整度,特别要注意墙大角要绝对垂直平整,发现有偏差应及时纠正。

(5)不能砸不能撬。砌好的墙千万不能砸不能撬。因砌好的砖砂浆与砖已黏结,甚至砂浆已凝固,经砸和撬以后砖面活动,黏结力破坏,墙就不牢固,如发现墙有大的偏差,应拆掉重砌,以保证质量。

(6)留脚手眼。砖墙砌到一定高度时,就需要脚手架。当使用单排立杆架子时,它的排木的一端就要支放在砖墙上。为了放置排木,砌砖时就要预留出脚手眼。对脚手眼的位置不能随便乱留,必须符合质量要求中的规定。一般在 1m 高处开始留,间距 1m 左右一个。脚手眼孔洞如图 4-36 所示。采用铁排木时,在砖墙上留一顶头大小孔洞即可,不必留大孔洞。

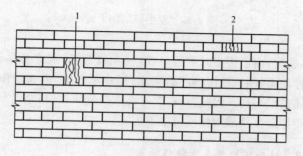

图 4-36　留脚手眼
1—木排木脚手眼;2—铁排木脚手眼

（7）留施工洞口。在施工中经常会遇到管道通过的洞口和施工用洞口。对大的施工洞口，必须留在不重要的部位。如窗台下的墙可暂时不砌，作为内外通道用；或在山墙（无门窗的山墙）中部预留洞，其形式是高度不大于 2m，下口宽 1.2m 左右，上头成尖顶形式，才不致影响墙的受力。

这些洞口必须按尺寸和部位进行预留，不允许砌完砖后凿墙开洞，凿墙开洞振动墙身，会影响墙和砖的强度和整体性。

（8）浇砖。浇砖是砌好砖墙的重要一环，如果用干砖砌墙，这样不能保证水泥硬化所需的水分，从而影响砂浆强度的增长。这对整个砌体的强度和整体性都不利。反之，如果把砖浇得过湿或当时浇砖当时砌墙，这样，砖的重量往往容易把灰缝压薄，使砖面总低于挂的小线，造成操作困难，更严重的会导致砌体变形。因此，这两种情况对砌筑质量都不能起到积极作用，必须避免。

在常温施工时，使用的黏土砖必须在砌筑前一、二天浇水浸湿，一般以水浸入砖四边 1cm 左右为宜。不要当时当时浇，更不能在架子上及地槽边浇砖，以防止造成塌方或架子增加重量而沉陷。

（9）文明操作。砌筑时要保持清洁，文明操作。当砌混水墙要当清水墙砌，每砌至 10 层砖高（白灰砂浆可砌完一步架），墙面必须用刮缝工具划好缝，划完后用笤帚扫净墙面。在铺灰挤浆时注意墙面清洁，不能污损墙面。砍砖头不要随便往下砍扔，以免伤人。落地灰要随时收起，做到工完、料净、场清，确保墙面清洁美观。

关键细节9　砖砌体砌筑必须掌握的动作要领

砖砌体是由砖和砂浆共同组成的。每砌一块砖，需经铲灰、铺灰、取砖、摆砖四个动作来完成，这四个动作就是砌筑工的基本功。

（1）铲灰。铲灰常用的工具为瓦刀、大铲、小灰桶、灰斗。在小灰桶中取灰，最适宜于披灰法砌筑。若手法正确、熟练，灰浆就容易铺得平整和饱满。用瓦刀铲灰时，一般不将瓦刀贴近灰斗的长边，而应顺长边取灰，同时还要掌握好取灰的数量，尽量做到一刀灰一块砖。

（2）铺灰。砌砖速度的快慢和砌筑质量的好坏与铺灰有很大关系，常用工具为大铲。初学者可单独在一块砖上练习铺灰，砖平放、铲一刀灰，顺着砖的长方向放上去，然后用挤浆法砌筑，根据砌砖的部位、条砖还是丁砖等情况采用的手法也不一样。

（3）取砖。砌墙时，操作者应顺墙斜站，砌筑方向是由前向后退着砌。这样易于随时检查已砌好的墙是否平直。

用挤浆法操作时，铲灰和取砖的动作应该一次完成，这样不仅节约时间，而且减少了弯腰的次数，使操作者能比较持久地操作，左手取砖与右手铲灰的动作应该一次完成，一般采用"旋转法"取砖，如图 4-37 所示。

（4）摆砖。摆砖就是按照规定的组砌形式将砖通过几次调整后摆好，一般都用"山丁檐跑"的方法。砌体能不能做到横平竖直、错缝搭接、灰浆饱满、整洁美观的要求，关键在摆砖上下工夫。

练习时可单独在一段墙上操作，操作者的身体同墙皮保持 20cm 左右的距离，手必须

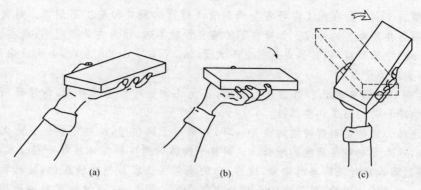

图 4-37　"旋转法"取砖

握住砖的中间部分,摆放前用瓦刀粘少量灰浆刮到砖的端头上,抹上"碰头灰",使竖向砂浆饱满。摆放时要注意手指不能碰撞准线,特别是砌顺砖的外侧面时,一定要在砖将要落墙时的一瞬间翘起大拇指。砖摆上墙以后,如果高出准线,可以稍稍揉压砖块,也可用瓦刀轻轻叩打。灰缝中挤出的灰可用瓦刀随手刮起甩入竖缝中。

　　最后是砍砖,砍砖的动作虽然不在砌筑的四个动作之内,但为了满足砌体的错缝要求,砖的砍凿是必要的。砍凿一般用瓦刀或刨锛作为砍凿工具,当所需形状比较特殊且用量较多时,也可利用扁头钢凿、尖头钢凿配合手锤开凿。开凿尺寸的控制一般是利用砖作为模数来进行画线的,其中七分头用得最多,可以在瓦刀柄和刨锛把上先量好位置,刻好标记槽,以利提高工效。

🔨 关键细节 10　坐浆砌砖法操作注意事项

　　在砌筑时应注意,砖块头缝的砂浆另外用瓦刀抹上去,不允许在铺平的砂浆上刮取,以免影响水平灰缝的饱满程度。摊尺铺灰砌筑时,当砌一砖墙时,可一人自行铺灰砌筑;墙较厚时,可组成二人小组,一人铺灰,一人砌墙,分工协作密切配合,这样会提高工效。

🔨 关键细节 11　实施"二三八一"操作法必须具备的条件

　　(1)材料、工具准备。砖必须浇水达到合适的程度,即砖的里层吸够一定水分,而且表面阴干。一般可提前 1～2d 浇水,停半天后使用。吸水合适的砖,可以保持砂浆的稠度,使挤浆顺利进行。砂子一定要过筛,不然在挤浆时会因为有粗颗粒而造成挤浆困难。除了砂浆的配合比和稠度必须符合要求外,砂浆的保水性也很重要,离析的砂浆很难进行挤浆操作。大铲是铲取灰浆的工具,砌筑时,要求大铲铲起的灰浆刚好能砌一块砖,再通过各种手法的配合才能达到预期的效果。铲面呈三角形,铲边弧线平缓,铲柄角度合适的大铲才便于使用。可以利用废带锯片根据各人的条件和需要自行加工。

　　(2)操作面的要求。同"三一"砌筑法。

　　(3)加强基本功的训练。要认真推行"二三八一"操作法,必须培养和训练操作工人。本法对于砌筑工的初学者,由于没有习惯动作,训练起来更见效。

第二节　普通砖基础砌筑

砖基础是用烧结普通砖和水泥混合砂浆(或水泥砂浆)砌筑而成。普通砖基础按其型式有带形基础和独立基础。带形基础一般设在砖墙下,独立基础一般设在砖柱下。砖的强度等级应不低于MU10,砂浆强度等级应不低于M5。

一、普通砖基础构造

普通砖基础由墙基和大放脚两部分组成。墙基与墙身同厚。大放脚即墙基下面的扩大部分,有等高式和不等高式两种。等高式大放脚是两皮一收,每收一次两边各收进1/4砖长;不等高式大放脚是两皮一收与一皮一收相间隔,每收一次两边各收进1/4砖长,如图4-38所示。

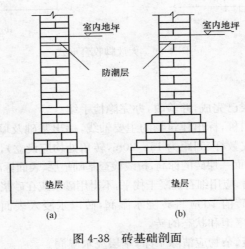

图4-38　砖基础剖面
(a)等高式;(b)不等高式

大放脚的底宽应根据设计而定。大放脚各皮的宽度应为半砖长的整倍数(包括灰缝)。

在大放脚下面为基础垫层,垫层一般用灰土、碎砖三合土或混凝土等。

在墙基顶面应设防潮层,防潮层宜用1:2.5(质量比)水泥砂浆加适量的防水剂铺设,其厚度一般为20mm,位置在底层室内地面以下一皮砖处,即离底层室内地面下60mm处。

🗡 关键细节12　大放脚基底宽度计算

当设计无规定时,大放脚及基础墙一般采用一顺一丁的组砌方式,由于有收台阶的操作过程,组砌时比墙身复杂一些。由图4-39可知,大放脚基底宽度可以按下列计算(实际应用时,还要考虑灰缝的宽度)即

$$B = b + 2L$$

式中　B——大放脚宽度；

　　　b——正墙身宽度；

　　　L——放出墙身的宽度。

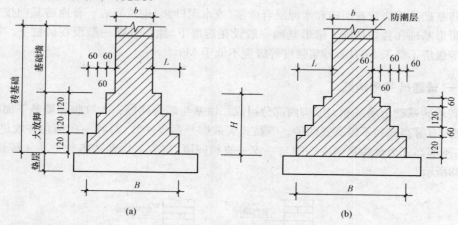

图 4-39　大放脚收台形式

二、施工作业条件

(1)基槽或基础垫层已完成,并验收,办完隐检手续。

(2)置龙门板或龙门桩,标出建筑物的主要轴线,标出基础及墙身轴线及标高,并弹出基础轴线和边线;立好皮数杆(间距为 15～20m,转角处均应设立),办完预检手续。

(3)根据皮数杆最下面一层砖的标高,拉线检查基础垫层、表面标高是否合适,如第 1 层砖的水平灰缝大于 20mm 时,应用细石混凝土找平,不得用砂浆或在砂浆中掺细砖或碎石处理。

(4)常温施工时,砌砖前 1d 应将砖浇水湿润,砖以水浸入表面下 10～20mm 深为宜;雨天作业不得使用含水率饱和状态的砖。

(5)砌筑部位的灰渣、杂物应清除干净,基层浇水湿润。

(6)砂浆配合比已经实验室根据实际材料确定。准备好砂浆试模。应按试验确定的砂浆配合比拌制砂浆,并搅拌均匀。常温下拌好的砂浆应在拌合后 3～4h 内用完;当气温超过 30℃时,应在 2～3h 内用完。严禁使用过夜砂浆。

(7)基槽安全防护已完成,无积水,并通过了质检员的验收。

(8)脚手架应随砌随搭设;运输通道通畅,各类机具应准备就绪。

三、砌筑施工

1. 施工准备

(1)材料要求。砖基础工程所用的材料应有产品的合格证书、产品性能检测报告。砖、水泥、外加剂等尚应有材料主要性能的进场复验报告。严禁使用国家或本地区明令淘汰的材料。

(2)放线尺寸校核。砌筑基础前,应校核放线尺寸,允许偏差应符合表 4-1 的规定。

表 4-1　　　　　　　　　　　　　放线尺寸的允许偏差

长度 L、宽度 B/m	允许偏差/mm	长度 L、宽度 B/m	允许偏差/mm
L(或 B)≤30	±5	60<L(或 B)≤90	±15
30<L(或 B)≤60	±10	L(或 B)>90	±20

2. 基础弹线

在基槽四角各相对龙门板的轴线标钉上拴上白线挂紧,沿白线挂线锤,找出白线在垫层面上的投影点,把各投影点连接起来,即基础的轴线。按基础表 4-1 所示尺寸,用钢尺向两侧量出各道基础底部大脚的边线,在垫层上弹上墨线。如果基础下没有垫层,无法弹线,可将中线或基础边线用大钉子钉在槽沟边或基底上,以便挂线。

3. 设置基础皮数杆

基础皮数杆的位置,应设在基础转角,如图 4-40 所示,内外墙基础交接处及高低踏步处。基础皮数杆上应标明大放脚的皮数、退台、基础的底标高、顶标高以及防潮层的位置等。如果相差不大,可在大放脚砌筑过程中逐皮调整,灰缝可适当加厚或减薄(俗称提灰或杀灰),但要注意在调整中防止砖错层。

4. 排砖摆底

排砖就是按照基底尺寸线和已定的组砌方式,不用砂浆,把砖在一段长度整个干摆一层,排砖结束后,用砂浆把干摆的砖砌起来,就叫摆底。

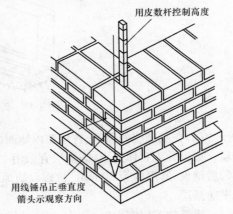

图 4-40　基础皮数杆设置示意

砌筑基础大放脚时,可根据垫层上弹好的基础线按"退台压丁"的方法先进行摆砖摆底。排砖摆底工作的好坏,影响到整个基础的砌筑质量,必须严肃认真地做好。

(1)根据基底尺寸边线和已确定的组砌方式及不同的砂浆,用砖在基底的一段长度上干摆一层。

(2)摆砖时应考虑竖缝的宽度,并按"退台压丁"的原则进行,上、下皮砖错缝达 1/4 砖长,在转角处用"七分头"来调整搭接,避免立缝重缝。

(3)为了砌筑时有规律可循,必须先在转角处将角盘起,再以两端转角为标准拉准线,并按准线逐皮砌筑。

(4)当大放脚返台到实墙后,再按墙的组砌方法砌筑。

5. 砖基础砌筑

(1)基础如深浅不一,有错台或踏步等情况时,应从深处砌起。大放脚搭接长度不少于 500m,如图 4-41 所示。

(2)收台阶。基础大放脚每次收台阶必须用尺量准尺寸,其中部的砌筑应以大角处准线为依据,不能用目测或砌块比量,以免出现误差。在收台阶完成后和砌基础墙之前,应利用龙门板的"中心钉"拉线检查墙身中心线,并用红铅笔将"中"字画在基础墙侧面,以便随时检查复核。

（3）在房屋的转角、大角处立皮数杆砌好墙角。每次盘角高度不得超过五皮砖，并需用线锤检查垂直度和用皮数杆检查其标高有无偏差。如有偏差时，应在砌筑大放脚的操作过程中逐皮进行调整（俗称提灰缝或刹灰缝）。在调整中，应防止砖错层，即要避免"螺丝墙"情况。

（4）内外墙的砖基础均应同时砌筑。如因特殊原因不能同时砌筑时，应留设斜槎（踏步槎），斜槎长度不应小于斜槎的高度。基础底标高不同时，应由低处砌起，并由高处向低处搭接；如设计无具体要求时，其搭接长度不应小于大放脚的高度，如图 4-41 所示。

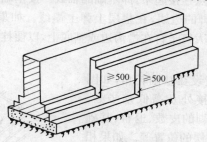

图 4-41　砖基础大放脚搭接长度

（5）在基础墙的顶部、首层室内地面（±0.000）以下一皮砖处（−0.006m），应设置防潮层。如设计无具体要求，防潮层宜采用 1∶2.5 的水泥砂浆加适量的防水剂经机械搅拌均匀后铺设，其厚度为 20mm。抗震设防地区的建筑物严禁使用防水卷材作基础墙顶部的水平防潮层。

建筑物首层室内地面以下部分的结构为建筑物的基础，但为了施工的方便，砖基础一般均只做到防潮层。

（6）基础大放脚的最下一皮砖、每个大放脚台阶的上表层砖，均应采用横放丁砌砖所占比例最多的排砖法砌筑，此时不必考虑外立面上下一顺一丁相间隔的要求，以便增强基础大放脚的抗剪强度。基础防潮层下的顶皮砖也应采用丁砌为主的排砖法。

（7）基础大放脚应错缝，利用碎砖和断砖填心时，应分散填放在受力较小的、不重要的部位。基础灰缝应密实，以防止地下水的侵入。

（8）砖基础水平灰缝和竖缝宽度应控制在 8～12mm 之间，水平灰缝的砂浆饱满度用百格网检查不得小于 80%。砖基础中的洞口、管道、沟槽和预埋件等，砌筑时应留出或预埋，宽度超过 300mm 的洞口应设置过梁。

（9）砖基础的转角处和交接处应同时砌筑，当不能同时砌筑时，应留置斜槎。

（10）地圈梁底和构造柱侧应留出支模用的"穿杠洞"，待拆模后再填补密实。

6.防潮层施工

抹基础防潮层应在基础墙全部砌到设计标高，并在室内回填土已完成时进行。防潮层的设置是为了防止土壤中水分沿基础墙中砖的毛细管上升而侵蚀墙体，造成墙身的表面抹灰层脱落，甚至墙身受潮冻结膨胀而破坏。如果基础墙顶部有钢筋混凝土地圈梁，则可以代替防潮层；如没有地圈梁，则必须做防潮层，即在砖基础上，室内地坪±0.000 以下

60mm 处设置防潮层，以防止地下水上升。

防潮层的做法，一般是铺抹 20mm 厚的防水砂浆。防水砂浆可采用 1∶2 水泥砂浆加入水泥质量的 3%～5% 的防水剂搅拌而成。如使用防水粉，应先把粉剂和水搅拌成均匀的稠浆再添加到砂浆中去，不允许用砌墙砂浆加防水剂来抹防潮层；也可浇筑 60mm 厚的细石混凝土防潮层。对防水要求高的，可再在砂浆层上铺油毡，但在抗震设防地区不能使用。抹防潮层时，应先在基础墙顶的侧面抄出水平标高线，然后用直尺夹在基础墙两侧，尺面按水平标高线找准，然后摊铺防水砂浆，待初凝后再用木抹子收压一遍，做到平实且表面拉毛。

关键细节 13　砖基础常用摺底排砖方法

常用摺底排砖方法，有六皮三收等高式大放脚，如图 4-42 所示；六皮四收间隔式大放脚，如图 4-43 所示。

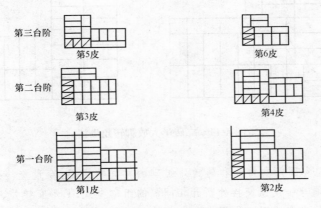

图 4-42　六皮三收等高式大放脚

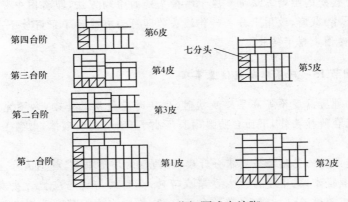

图 4-43　六皮四收间隔式大放脚

关键细节14 **基底宽度为二砖半的大放脚转角处、十字交接处的组砌方法**

(1)基底宽度为二砖半的大放脚转角处、十字交接处的组砌方法如图4-44、图4-45所示。

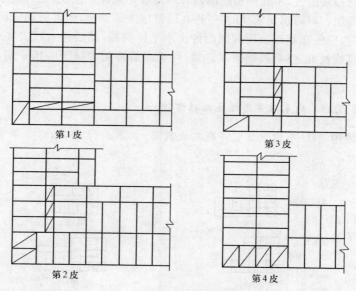

第1皮

第3皮

第2皮

第4皮

图4-44 二砖半大放脚转角砌法

(2)基础十字形、T形交接处和转角处组砌的共同特点是:穿过交接处的直通墙基础的应采用一皮砌通与一皮从交接处断开相间隔的组砌型式;T形交接处、转角处的非直通墙的基础与交接处也应采用一皮搭接与一皮断开相间隔的组砌型式,并在其端头加七分头砖(3/4砖长,实长应为177~178mm)。

(3)T字交接处的组砌方法可参照十字接头处的组砌方法,即将图中竖向直通墙基础的一端(例如下端)截断,改用七分头砖作端头砖即可。有时为了正好放下七分头砖,需将原直通墙的排砖图上错半砖长。

关键细节15 **砖基础砌筑注意事项**

(1)基础的埋置深度不等高呈踏步状时,砌砖时应先从低处砌起,不允许先砌上面后砌下面,在高低台阶接头处,下面台阶要砌长不小于50cm的实砌体,砌到上面后与上面的砖一起退台。

(2)沉降缝两边的基础墙按要求分开砌筑,两侧的墙要垂直,缝的大小上下要一致,不能贴在一起或者搭砌,缝中不得落入砂浆或碎砖,先砌的一边墙应把舌头灰刮清,后砌的一边墙的灰缝应缩进墙口,避免砂浆堵住沉降缝,影响自由沉降。为避免缝内掉入砂浆,可在缝中间塞上木板,随砌筑随将木板上提。

(3)基础预留孔必须在砌筑时留出,位置要准确,不得事后凿基础。灰缝要饱满,每次

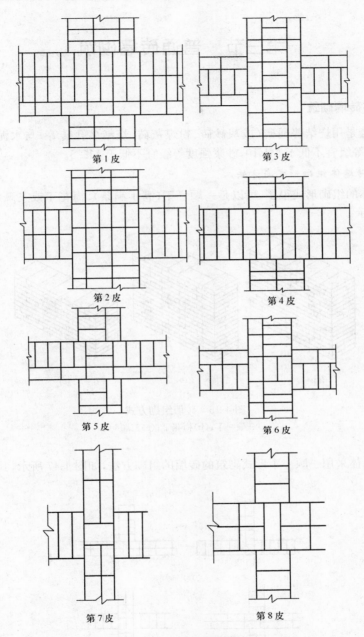

第1皮　　第3皮

第2皮　　第4皮

第5皮　　第6皮

第7皮　　第8皮

图 4-45　二砖半大放脚砌法

收砌退台时应用稀砂浆灌缝,使立缝密实,以抵御水的侵蚀。

　　(4)基础墙砌完,经验收后进行回填,回填时应在墙的两侧同时进行,以免单面填土使基础墙在土压力下变形。

第三节　普通砖墙砌筑

一、实心砖墙砌筑

实心砖墙是用烧结普通砖（或灰砂砖、粉煤灰砖、烧结多孔砖等）与水泥混合砂浆砌成，砖的强度等级宜不低于 MU10，砂浆强度等级宜不低于 M2.5。

1. 实心砖墙体组砌形式与方法

实心墙体的组砌形式很多，可以是一顺一丁（满丁满条）、梅花丁或三顺一丁砌法等，如图 4-46 所示。

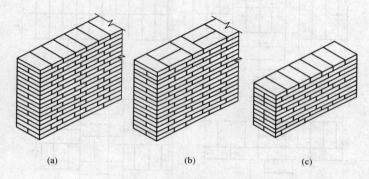

图 4-46　砖墙组砌方式
（a）一顺一丁；（b）梅花丁；（c）三顺一丁

实心砖墙体采用一顺一丁形式砌筑的砖墙的组砌方法，如图 4-47 所示，其余组砌方法依次类推。

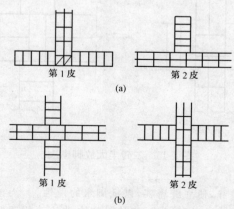

图 4-47　一顺一丁砖墙组砌方法
（a）T 字交接处组砌平面；（b）十字交接处组砌平面

2. 找平并弹墙身线

砌墙之前,应将基础防潮层或楼面上的灰砂泥土、杂物等清除干净,并用水泥砂浆或豆石混凝土找平,使各段砖墙底部标高符合设计要求;找平时,需使上下两层外墙之间不致出现明显的接缝。随后开始弹墙身线。

基础设置地圈梁时,可利用地圈梁混凝土找平。检测其标高可采用水准仪。没有地圈梁处可利用防潮层水泥砂浆找平。然后利用各主要墙上的主轴线,在防潮层面上用细线将两头拉通,沿细线每 10~15m 画红痕,再将各点连通弹出墙的主轴线,最后弹出墙的其他轴线,如图 4-48 所示。

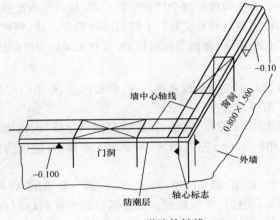

图 4-48　　弹墙体轴线

3. 排砖摆底

在砌砖前,注意选择比较标准的砖进行试摆砖,防止用偏差大的砖摆底造成上部砌筑困难,并根据已确定的砖墙组砌方式进行排砖摆底,使砖的垒砌合乎错缝搭接要求,确定砌筑所需要块数,以保证墙身砌筑竖缝均匀适度,尽可能做到少砍砖。排砖时应根据进场砖的实际长度尺寸的平均值来确定竖缝的大小。

一般外墙第一层砖摆底时,两山墙排丁砖,前后檐纵墙排条砖。

根据弹好的门窗洞口位置线,认真核对窗间墙、垛尺寸,其长度是否符合排砖模数;如不符合模数时,可将门窗口的位置左右移动。若有破活,七分头或丁砖应排在窗口中间、附墙垛或其他不明显的部位。移动门窗口位置时,应注意暖卫立管安装及门窗开启时不受影响。另外,在排砖时还要考虑在门窗口上边的砖墙合龙时也不出现破活。因此,排砖时必须做全盘考虑,前后檐墙排第一皮砖时,要考虑甩窗口后砌条砖,窗角上必须是七分头才是好活。

4. 立皮数杆并检查核对

皮数杆是一层楼墙体的标志杆,砌墙前应先立好皮数杆,皮数杆一般应立在墙的转角、内外墙交接处以及楼梯间等突出部位,其间距不应太长,以 15m 以内为宜,如图 4-49 所示。

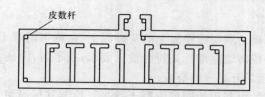

图 4-49　皮数杆设立设置

皮数杆钉于木桩上,皮数杆下面的±0.000 线与木桩上所抄测的±0.000 线要对齐,都在同一水平线上。所有皮数杆应逐个检查是否垂直,标高是否准确,在同一道墙上的皮数杆是否在同一平面内。核对所有皮数杆上砖的层数是否一致,每皮厚度是否一致,对照图样核对窗台、门窗过梁、雨篷、楼板等标高位置,核对无误后方可砌砖。

5. 立门窗框

一般门、窗有木门窗、铝合金门窗和钢门窗、彩板门窗、塑钢门窗等。门窗安装方法有"先立口"和"后塞口"两种方法。

对于木门窗一般采用"先立口"方法,即先立门框或窗框,再砌墙,对于先立框的门窗洞口砌筑,必须与框相距 10mm 左右砌筑,不要与木框挤紧,造成门框或窗框变形,如图 4-50 所示。

"后塞口"方法,即先砌墙,后安门窗;对于金属门窗一般采用"后塞口"方法,如图 4-51 所示。后立木框的洞口,应按尺寸线砌筑。根据洞口高度在洞口两侧墙中设置防腐木拉砖(一般用冷底子油浸一下或涂刷即可)。洞口高度 2m 以内,两侧各放置 3 块木拉砖,放置部位距洞口上、下边 4 皮砖,中间木砖均匀分布,即原则上木砖间距为 1m 左右。木拉砖宜做成燕尾状,并且小头在外,这样不易拉脱。不过,还应注意木拉砖在洞口侧面位置是居中、偏内还是偏外;对于金属等门窗则按图埋入铁件或采用紧固件等,其间距一般不宜超过 600mm,离上、下洞口边各 3 皮砖左右。洞口上、下边同样设置铁件或紧固件。

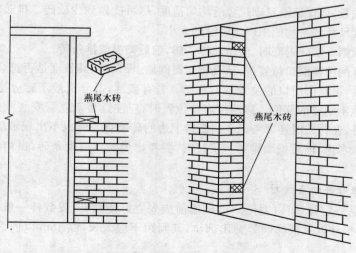

图 4-50　先立框门洞口的砌筑　　　图 4-51　后立框门洞口的砌筑

6. 盘角

墙角是控制墙面横平竖直的主要依据,所以墙角砖层厚度必须与皮数杆相吻合且必须双向垂直。为此,砌砖前应先盘角(又称立头角、把大角),然后从墙角处拉好准线。每次盘角不要超过 5 层,新盘的大角,及时进行吊、靠。如有偏差,要及时修整。盘角时要仔细对照皮数杆的砖层和标高,控制好灰缝大小,使水平灰缝均匀一致。大角盘好后再复查一次,平整和垂直完全符合要求后,再挂线砌墙。

7. 挂线

盘角完成预定高度后,要及时挂准线,以便控制盘角之间墙体的砌筑。砌筑一砖半墙必须双面挂线,如果长墙几个人均使用一根通线,中间应设几个支线点,小线要拉紧,每层砖都要穿线看平,使水平缝均匀一致,平直通顺,每砌完一皮砖后,由两端砌大角的人逐皮往上起线。

8. 墙体砌砖

(1)砌砖宜采用"三一"砌砖法,即满铺、满挤操作法。砌砖时砖要放平。里手高,墙面就要张;里手低,墙面就要背。砌砖一定要跟线,"上跟线,下跟棱,左右相邻要对平"。

(2)砌筑砂浆应随搅拌随使用,一般水泥砂浆必须在 3h 内用完,水泥混合砂浆必须在 4h 内用完,不得使用过夜砂浆。

(3)水平灰缝厚度和竖向灰缝宽度一般为 10mm,但不应小于 8mm,也不应大于 12mm。为保证清水墙面主缝垂直,不游丁走缝,当砌完一步架高时,宜每隔 2m 水平间距,在丁砖立楞位置弹两道垂直立线,可以分段控制游丁走缝。

(4)清水墙不允许有三分头,不得在上部任意变活、乱缝。砌清水墙应随砌随划缝,划缝深度为 8~10mm,深浅一致,墙面清扫干净。混水墙应随砌随将舌头灰刮尽。

(5)在操作过程中,要认真进行自检,如出现偏差,应随时纠正,严禁事后砸墙。

关键细节 16　在楼房中楼板铺设后应如何弹墙身线

在楼房中,楼板铺设后要在楼板上弹线定位。弹墙身线的方法如图 4-52 所示。

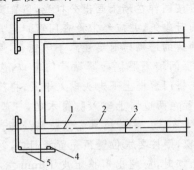

图 4-52　弹墙身线

1—轴线;2—内墙边线;3—窗口位置线;4—龙门桩;5—龙门板

关键细节 17　实心砖墙组砌时常用的挂线方法

（1）腰线砖法。挂线时要把高出的障碍物去掉，中间塌腰的地方要垫一块砖，俗称腰线砖，如图 4-53 所示。垫腰线砖应注意准线不能向上拱起。经检查平直无误后即可砌砖。

（2）挂线法。不用坠砖而将准线挂在两侧墙的立线上，俗称挂立线，一般用于砌间墙。将立线的上下两端拴在钉入纵墙水平缝的钉子上并拉紧，如图 4-54 所示。根据挂好的立线拉水平准线，水平准线的两端要由立线的里侧往外拴，两端拴的水平缝线要同纵墙缝一致，不得错层。

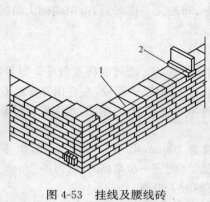
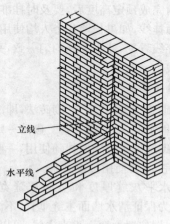

图 4-53　挂线及腰线砖　　　　　　　　　　　图 4-54　挂立线
1—准线；2—腰线砖

关键细节 18　实心砖墙门窗洞口、窗间墙如何组砌

当墙砌到窗台标高以后，开始往上砌筑窗间墙时，应对立好的窗框进行检查。察看安立的位置是否正确，高低是否一致，立口是否在一条直线上，进出是否一致，立的是否垂直等。如果窗框是后塞口的，应按图样在墙上画出分口线，留置窗洞。

砌窗间墙时，应拉通线同时砌筑，并应经常检查门窗口里角和外角是否垂直。门窗两边的墙宜对称砌筑，靠窗框两边的墙砌砖时要注意丁顺咬合，避免通缝。

（1）当门窗立好时，砌门窗间墙不要把砖紧贴着门窗口，应留出 3mm 的缝隙，免得门窗框受挤变形。在砌墙时，应将门窗框上下走头砌入卡紧，将门窗框固定。

（2）当塞口时，按要求位置在两边墙上砌入防腐木砖，一般窗高不超过 1.2m 的，每边放两块，各距上下边都为 3～4 皮砖。木砖应事先做防腐处理。木砖埋砌时，应小头在外，这样不易拉脱。如果采用钢窗，则按要求位置预先留好洞口，以备镶铁件。

（3）当窗间墙砌到门窗上口时，应超出窗框上皮 10mm 左右，以防止安装过梁后下沉压框。

安装完过梁（或发碹）以后，拉通线砌长墙，墙砌到楼板支承处，为使墙体受力均匀，楼板下的一皮砖应为丁砖层，如楼板下的一皮砖赶上顺砖层时，应改砌成丁砖层。此时则出现两层丁砖，俗称重丁。

一层楼砌完后,所有砖墙标高应在同一水平。

关键细节 19　钝(锐)角角墙的砌筑

(1)钝角(即大于90°)角墙(又称八字角或大角)砌筑。当砌筑"八字角"转角墙时,按角度的大小放出墙身角,按线的角头处将砖进行试摆。摆砖的目的是要达到错缝合理,砍砖少,收头好,角部搭接美观。八字角在砌筑时要用"七分头"来调整错缝搭接,头角处不能采用"二寸头"。八字角一般采用外"七分头",使"七分头"呈八字形,长边为 3/4 砖,短边为 1/2 砖时,应将多余部分砍去,如图 4-55 所示。

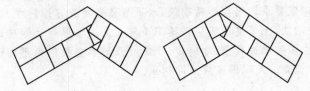

图 4-55　钝角排砖法

(2)锐角(即小于90°)角墙(又称凶角或小角)。当砌筑"凶角"转角墙时,同"八字角"一样放线和摆砖。"凶角"一般采用"内七分头",先将砖砍成锐角形,使其长边仍为一砖,短边应大于 1/2 砖。在其后再砍一块锐角砖,长边小于 3/4 砖,短边大于 1/2 砖,将其 3/4 砖长一边与第一块(头角砖)砖的短边在同一平面上,其长度要求为一砖半,如图 4-56 所示。

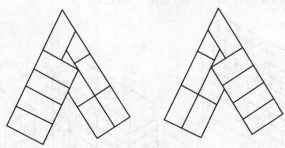

图 4-56　锐角排砖法的不同砌法

无论是钝角还是锐角墙,砌砖时,经试摆确定叠砌的方法后,都要做出角部异型砖加工样板,按样板加工异型砖。经过加工后的砖角部要平正,不应有凹凸及斜面现象。为了保证异形角墙体有足够搭接长度,其搭接长度不小于 1/4 砖长。"八字角"及"凶角"都要砌成上下垂直。经过挂线检查角部两侧墙的垂直及平整。当砌清水墙异形角墙体时要注意砖面的选择、砖的加工以及头角、墙面的垂直和平整,并使灰缝均匀。

关键细节 20　弧形墙的砌筑

弧形墙在砌筑前应按墙的弧度做木套板,若不是一个弧度组成时,应按不同的弧度增加套板。

(1)砌前按所弹的墙身线将砖进行试摆,经检查其错缝搭接符合要求后再行砌筑。

(2)砌筑时要求灰缝饱满、砂浆密实,水平缝厚 8～10mm,垂直缝最小不小于 7mm,最大不大于 12mm。

(3)当墙的弧度较大时,可采用顺砖和顶砖交错的砌法。弧度小时,宜采用顶砌法,也可采用加工成楔形砖砌法。

(4)采用楔形砌筑时,提前做出楔形砖加工样板,将样板与砖比齐放平,再在砖上画线,把线外多余部分先砍掉,然后修整。要求高的外露面有时还须磨光,加工好的砖面应平整,楔形要符合砌筑要求。用楔形砖砌筑,水平与竖直灰缝宜控制在 10mm 左右。

无论采用何种砌法,上下皮竖缝应搭接 1/4 砖长。当墙厚超过两砖时,应先砌外皮再砌内皮,然后填心。在砌筑过程中,每砌 3～5 皮用弧形木套板沿弧形墙面检查,竖向仍用线锤及托线板定点检查。发现偏差应立即纠正。

二、多孔砖墙砌筑

1. 多孔砖墙砌筑形式

多孔砖墙是用烧结多孔砖与砂浆砌成。其中代号 M 的多孔砖的砌筑形式只有全顺,每皮均为顺砖,其抓孔平行于墙面,上下皮竖缝相互错开 1/2 砖长,如图 4-57 所示。

代号 P 的多孔砖有一顺一丁及梅花丁两种砌筑形式,一顺一丁是一皮顺砖与一皮顶砖相隔砌成,上下皮竖缝相互错开 1/4 砖长;梅花丁是每皮中顺砖与顶砖相隔,顶砖坐中于顺砖,上下皮竖缝相互错开 1/4 砖长,如图 4-58 所示。

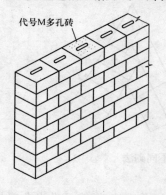

图 4-57 代号 M 多孔砖砌筑形式

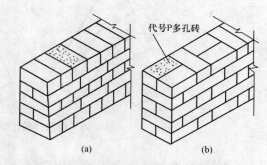

图 4-58 代号 P 多孔砖砌筑形式
(a)一顺一丁;(b)梅花丁

2. 多孔砖墙砌筑要点

多孔砖墙可采用 M 型或 P 型烧结多孔砖与水泥混合砂浆砌筑。

(1)承重多孔砖墙,砖的强度等级应不低于 M15,砂浆强度等级不低于 M2.5。砖应提前 1～2d 浇水湿润,砖的含水率宜为 10%～15%。

(2)根据建筑剖面图及多孔砖规格制作皮数杆,皮数杆立于墙的转角处或交接处,其间距不超过 15m。在皮数杆之间拉准线,依线砌筑,清理基础顶面,并在基础面上弹出墙体中心线及边线(如在楼地面上砌起,则在楼地面上弹线),对所砌筑的多孔砖墙体进行多孔砖试摆。

(3)灰缝应横平竖直,水平灰缝和竖向灰缝宽度应控制在 10mm 左右,但不应小于8mm,也不应大于 12mm。水平灰缝的砂浆饱满度不得小于 80%,竖缝要刮浆适宜,并加浆灌缝,不得出现透明缝,严禁用水冲浆灌缝。

(4)多孔砖宜采用"三一砌砖法"或"铺灰挤砌法"进行砌筑。竖缝要刮浆并加浆填灌,不得出现透明缝,严禁用水冲浆灌缝。多孔砖的孔洞应垂直于受压面(即呈垂直方向),多孔砖的手抓孔应平行于墙体纵长方向。多孔砖墙的转角处和交接处应同时砌筑,不能同时砌筑又必须留置的临时间断处应砌成斜槎。

(5)M 型多孔砖墙的转角处及交接处应加砌半砖块,对于代号 M 多孔砖,斜槎长度应不小于斜槎高度,如图 4-59 所示。

(6)P 型多孔砖墙的转角处及交接处应加砌七分头砖块,对于代号 P 多孔砖,斜槎长度应不小于斜槎高度的 2/3,如图 4-59 所示。

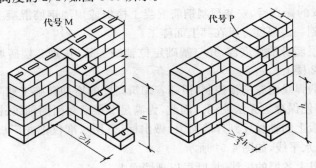

图 4-59　多孔砖斜槎

(7)非承重多孔砖墙的底部宜用烧结普通砖砌 3 皮高,门窗洞口两侧及窗台下宜用烧结普通砖砌筑,至少半砖宽。

(8)门窗洞口的预埋木砖、铁件等应采用与多孔砖横截面一致的规格。

(9)多孔砖墙每天可砌高度应不超过 1.8m,多孔砖墙中不够整块多孔砖的部位,应用烧结普通砖来补砌,不得将砍过的多孔砖填补。

3. 梁底和板底砖的处理

砖墙砌到楼板底时应砌成丁砖层,如果楼板是现浇的,并直接支承在砖墙上,则应砌低 1 皮砖,使楼板的支承处混凝土加厚,支承点得到加强。

填充墙砌到框架梁底时,墙与梁底的缝隙要用铁楔子或木楔子打紧,然后用1:2水泥砂浆嵌填密实。

(1)如果是混水墙,可以用与平面交角在 45°~60°的斜砌砖顶紧。

(2)如果填充墙是外墙,应等砌体沉降结束,砂浆达到强度后再用楔子楔紧,然后用1:2水泥砂浆嵌填密实,因为这一部分是薄弱点,最容易造成外墙渗漏,施工时要特别注意。梁板底的处理,如图 4-60 所示。

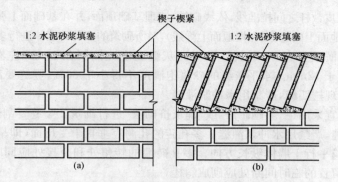

图 4-60　填充墙砌到框架梁底时的处理
(a)清水墙；(b)混水墙

4. 楼层砌砖

1 楼砌至要求的标高后,安装预制钢筋混凝土楼板或现浇钢筋混凝土楼板,现浇钢筋混凝土楼板需达到一定强度方可在其上面施工。

为了保证各层墙身轴线重合,并与基础定位轴线一致,在砌 2 楼砖墙前要将轴线、标高由 1 楼引测到 2 楼上。

基础和墙身的弹线由龙门板控制,但随着砌筑高度的增加和施工期限的延长,龙门板不能长期保存,即使保存也无法使用。因此,为满足 2 楼墙身引测轴线、标高的需要,通常用经纬仪把龙门板上的轴线反到外墙面上,做出标记;用水准仪把龙门板上的 ±0.000 翻到里外墙角,画出水平线,如图 4-61 所示。

当引测 2 层以上各层的轴线时,既可以把墙面上的轴线标记用经纬仪投测到楼层上去;也可以用线坠挂下来的方法引测。外墙轴线引到 2 层以后,再用钢尺量出各道内墙轴线,将墙身线弹到楼板上,使上下层墙重合,避免墙落空或尺寸偏移。各层楼的窗间墙、窗洞口一般也要从下层窗口用线坠吊上来,使各层楼的窗间墙、洞口上下对齐,都在同一垂直线上。

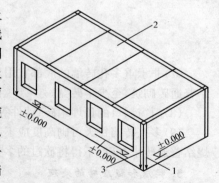

图 4-61　楼层轴线的引测
1—线锤；2—第 2 层楼板；3—轴线

当引测 2 层以上各层的标高时,有两种方法:一是利用皮数杆传递,一层一层往上接;二是由底层墙上的水平标志线用钢尺或长杆往上量,定出各墙的标高点,然后立皮数杆。立皮数杆时,上下层的皮数杆一定要衔接吻合。要求外墙砌完后,看不出上下层的分界线,水平灰缝上下要均匀一致,内墙的第一皮砖与外墙的第一皮砖应在同一水平接槎交圈。如皮数不一致发生错层,应找平后再进行砌筑。

楼层砌砖的其他步骤方法同底层砖墙。

5. 多孔砖墙窗台砌筑

窗台按位置不同有外窗台、内窗台之分。按装饰不同有清水窗台和混水窗台之分。

外窗台可采用砖砌,也可采用钢筋混凝土预制窗台;内窗台有水泥砂浆窗台、木内窗台板和预制水磨石、大理石窗台板等级。

当墙砌到接近窗洞口标高时,如果窗台是用顶砖挑出,则在窗洞口下皮开始砌窗台;如果窗台是用侧砖挑出,则在窗洞口下 2 皮开始砌窗台。砌之前按图样把窗洞口位置在砖墙面上画出分口线,砌砖时砖应砌过分口线 60～120mm,挑出墙面 60mm,出檐砖的立缝要打碰头灰。

窗台砌虎头砖时,先把窗台两边的 2 块虎头砖砌上,用 1 根小线挂在它的下皮砖外角上,线的两端固定,作为砌虎头砖的准线,挂线后把窗台的宽度量好,算出需要的砖数和灰缝的大小。虎头砖向外砌成斜坡,在窗口处的墙上砂浆应铺得厚一些,一般里面比外面高出20～30mm,以利泄水。操作方法是把灰打在砖中间,四边留 10mm 左右,一块一块地砌。砖要充分润湿,灰浆要饱满。如为清水窗台时,砖要认真进行挑选。

如果几个窗口连在一起通长砌,其操作方法与上述单窗台砌法相同。

6. 窗间墙砌筑

窗台砌完后,拉通准线砌窗间墙。操作时要求跟通线进行,并要与相邻操作者经常通气。往上砌时,位于皮数杆处的操作者要经常提醒其他操作者皮数杆上标志的预留预埋等要求。

7. 变形缝砌筑

当砌筑变形缝两侧的砖墙时,要找好垂直,缝的大小上下一致,更不能中间接触或有支撑物。砌筑时要特别注意,不要把砂浆、碎砖、钢筋头等掉入变形缝内,以免影响建筑物的自由伸缩、沉降和晃动。

8. 砖墙面勾缝

墙面有清水墙和混水墙之分。清水墙面要求勾缝,勾缝的形式常见的有平缝、斜缝、凹缝和凸缝等,如图 4-62 所示。

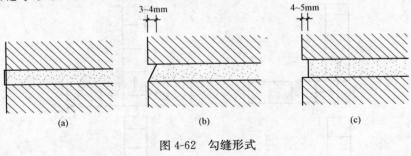

图 4-62　勾缝形式

(1)砖墙面勾缝前,应清除墙面黏结的砂浆、泥浆和杂物等,并洒水湿润。开凿瞎缝,并对缺棱掉角的部位用与墙面相同颜色的砂浆修补齐整。将脚手眼内清理干净,洒水湿润,并用与原墙相同的砖补砌严密。

(2)勾缝前对清水墙面进行一次全面检查,开缝嵌补。对个别瞎缝(两砖紧靠一起没有缝)、划缝不深或水平缝不直的都进行开缝,使灰缝宽度一致。

(3)填堵脚手眼时,要首先清除脚手眼内残留的砂浆和杂物,用清水把脚手眼内润湿,在水平方向摊平一层砂浆,内部深处也必须填满砂浆。塞砖时,砖上面也摊平一层砂浆,然后再填塞进脚手眼。填的砖必须与墙面齐平,不应有凸凹现象。

(4)勾缝分为原浆勾缝和加浆勾缝两种。勾缝的顺序是从上而下进行,先勾水平缝后勾竖缝。勾水平缝是用长溜子,自右向左右手拿溜子,左手拿托板,将托灰板顶在要勾的灰口下沿,用溜子将灰浆压入缝内(预喂缝),自右向左随勾随移动托灰板。勾完一段后,溜子自左向右,在砖缝内将灰浆压实、压平、压光,使缝深浅一致。勾立缝用短溜子,自上而下在灰板上将灰刮起(俗称叼灰),勾入竖缝,塞压密实平整。勾好的水平缝要深浅一致,搭接平整,阳角要方正,不得有凹和波浪现象,如图 4-63 所示。

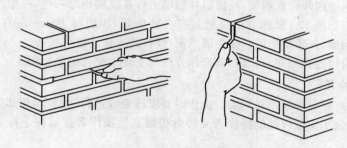

图 4-63　墙面勾缝

门窗框边的缝、门窗磕底、虎头砖底和出檐底都要勾压严实。勾完后,要立即清扫墙面,勿使砂浆沾污墙面。

关键细节 21　多孔砖墙的转角处及丁字交接处砌法

多孔砖墙的转角处及丁字交接处砌法的砌筑形式,如图 4-64 和图 4-65 所示。

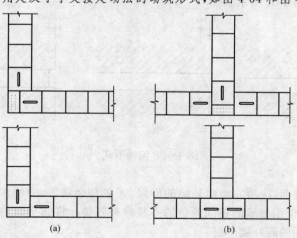

(a)　　　　　　　　　　　　(b)

图 4-64　M 型多孔砖墙的转角处及丁字交接处砌法
(a)转角处;(b)丁字交接处

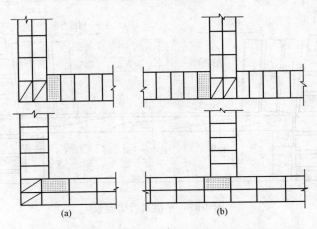

图 4-65　P 型多孔砖墙的转角处及丁字交接处砌法
(a)转角处；(b)丁字交接处

关键细节 22　砖砌平碹要求

砖平碹多用烧结普通砖与水泥混合砂浆砌成。砖的强度等级应不低于 MU10，砂浆的强度等级应不低于 M5。它的厚度一般等于墙厚，高度为一砖或一砖半，外形呈楔形，上大下小。

砌筑时，先砌好两边拱脚，当墙砌到门窗上口时，开始在洞口两边墙上留出 20～30mm 错台，作为拱脚支点(俗称碹肩)，而砌碹的两膀墙为拱座(俗称碹膀子)。除立碹外，其他碹膀子要砍成坡面，一砖碹错台上口宽 40～50mm，一砖半上口宽 60～70mm，如图 4-66 所示。

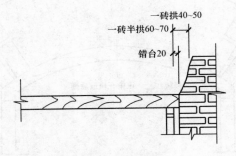

图 4-66　拱座砌筑

再在门窗洞口上部支设模板，模板中间应有 1‰ 的起拱。在模板画出砖及灰缝位置，务必使砖数为单数。然后从拱脚处开始同时向中间砌砖，正中一块砖要紧紧砌入。灰缝宽度，在过梁顶部不超过 15mm，在过梁底部不小于 5mm。待砂浆强度达到设计强度的 50% 以上时方可拆除模板，如图 4-67 所示。

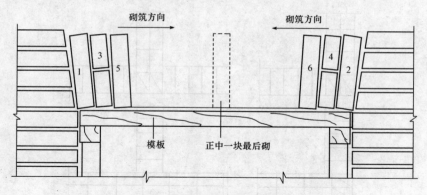

图 4-67　平拱式过梁砌筑

关键细节 23　砖砌拱碹时灰缝宽度要求

拱碹又称弧拱、弧碹,多采用烧结普通砖与水泥混合砂浆砌成。砖的强度等级应不低于 MU10,砂浆的强度等级应不低于 M5。它的厚度与墙厚相等,高度有一砖、一砖半等,外形呈圆弧形。

砌筑时,先砌好两边拱脚,拱脚斜度依圆弧曲率而定。再在洞口上部支设模板,模板中间有 1% 的起拱。在模板画出砖及灰缝位置,务必使砖数为单数,然后从拱脚处开始同时向中间砌砖,正中一块砖应紧紧砌入。

灰缝宽度:在过梁顶部不超过 15mm,在过梁底部不小于 5mm。待砂浆强度达到设计强度的 50% 以上时方可拆除模板,如图 4-68 所示。

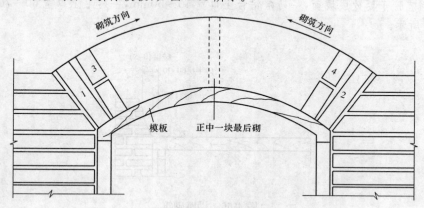

图 4-68　弧拱式过梁砌筑

关键细节 24　变形缝口部位处理

变形缝口部位的处理必须按设计要求,不能随便更改,缝口的处理要满足此缝功能上的要求。如伸缩缝一般用麻丝沥青填缝,而沉降缝则不允许填缝。墙面变形缝的处理形式如图 4-69 所示。屋面变形缝的处理,如图 4-70 所示。

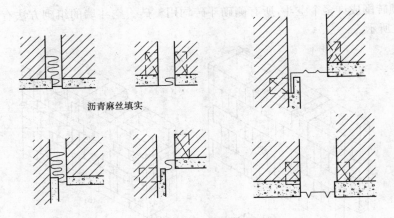

沥青麻丝填实

图 4-69 墙面变形缝处理形式

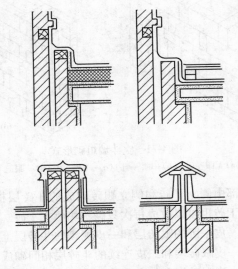

图 4-70 屋面变形缝处理

第四节 普通空斗墙砌筑

普通空斗墙是用烧结普通砖与水泥混合砂浆(或石灰砂浆)砌筑而成,在墙中形成若干空斗。空斗墙可以减轻建筑物的自重,节约材料,降低造价,并且还具有一定的隔热保温性能。一般只适用三层以下民用建筑、单层仓库和食堂等建筑的承重或非承重墙体。若层高较高、房间开间较大或上部有集中负载的砌体,应设附墙砖柱,以提高空斗墙的稳定性。

一、空斗墙的砌筑形式与方法

空斗墙是指墙的全部或大部分采用侧立丁砖和侧立顺砖相同砌筑而成,在墙中由侧立丁砖、顺砖围成许多个空斗,所有侧砌斗砖均用整砖。空斗墙的组砌方法有以下几种,如图 4-71 所示。

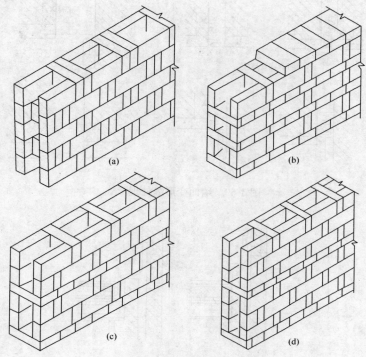

图 4-71　空斗墙组砌形式
(a)无眠空斗;(b)一眼一斗;(c)一眼二斗;(d)一眼三斗

(1)无眠空斗:是全部由侧立丁砖和侧立顺砖砌成的斗砖层构成的,无平卧丁砌的眠砖层。空斗墙中的侧立丁砖也可以改成每次只砌一块侧立丁砖。

(2)一眠一斗:是由一皮平卧的眠砖层和一皮侧砌的斗砖层上下间隔砌成的。

(3)一眠二斗:是由一皮眠砖层和二皮连续的斗砖层相间砌成的。

(4)一眠三斗:是由一皮眠砖层和三皮连续的斗砖层相间砌成的。

无论采用哪一种组砌方法,空斗墙中每一皮斗砖层每隔一块侧砌顺砖必须侧砌一块或两块丁砖,相邻两皮砖之间均不得有连通的竖缝。

二、空斗墙砌筑要求

1. 弹线

砌筑前,应在砌筑位置弹出墙边线及门窗洞口边线。为防止基础墙与上部墙错台,基础砖撂底要正确,收退大放角两边要相等,退到墙身之前要检查轴线和边线是否正确,如偏差较小可在基础部位纠正,不得在防潮层以上退台或出沿。

2. 排砖

按照图纸确定的几眠几斗先进行排砖,先从转角或交接处开始向一侧排砖,内外墙应同时排砖,纵横方向交错搭砌。空斗墙砌筑前必须进行试摆,不够整砖处,可加砌斗砖,不得砍凿斗砖。

排砖时必须把立缝排匀,砌完一步架高度,每隔 2m 间距在丁砖立棱处用托线板吊直弹线,二步架往上继续吊直弹粉线,由底往上所有七分头的长度应保持一致,上层分窗口位置时必须同下窗口保持垂直。

3. 大角砌筑

空斗墙的外墙大角,须用普通砖砌成锯齿状与斗砖咬接。盘砌大角不宜过高,以不超过 3 个斗砖为宜,新盘的大角,及时进行吊、靠。如有偏差,要及时修整。盘角时要仔细对照皮数杆的砖层和标高,控制好灰缝大小,使水平灰缝均匀一致。大角盘好后再复查一次,平整和垂直完全符合要求后,再挂线砌墙。

4. 挂线

砌筑必须双面挂线,如果长墙几个人均使用一根通线,中间应设几个支线点,小线要拉紧,每层砖都要穿线看平,使水平缝均匀一致,平直通顺;可照顾砖墙两面平整,为下道工序控制抹灰厚度奠定基础。

5. 砌砖

(1)砌空斗墙宜采用满刀披灰法。

(2)砌砖时砖要放平。里手高,墙面就要张;里手低,墙面就要背。

(3)砌砖一定要跟线,"上跟线,下跟棱,左右相邻要对平"。

(4)水平灰缝厚度和竖向灰缝宽度一般为 10mm,但不应小于 7mm,也不应大于 13mm。在操作过程中,要认真进行自检,如出现有偏差,应随时纠正,严禁事后砸墙。

(5)砌筑砂浆应随搅拌随使用,一般水泥砂浆必须在 3h 内用完,水泥混合砂浆必须在 4h 内用完,不得使用过夜砂浆。

(6)砌清水墙应随砌随划缝,划缝深度为 8～10mm,深浅一致,墙面清扫干净。混水墙应随砌随将舌头灰刮尽。

(7)空斗墙应同时砌起,不得留槎。每天砌筑高度不应超过 1.8m。

6. 预留孔洞

(1)空斗墙中留置的洞口,必须在砌筑时留出,严禁砌完后再行砍凿。空斗墙上不得留脚手眼。

(2)木砖预埋时应小头在外,大头在内,数量按洞口高度决定。洞口高在 1.2m 以内,每边放 2 块;高 1.2～2m,每边放 3 块;高 2～3m,每边放 4 块,预埋木砖的部位一般在洞口上边或下边 4 皮砖,中间均匀分布。木砖要提前做好防腐处理。

(3)钢门窗安装的预留孔、硬架支模、暖卫管道,均应按设计要求预留,不得事后剔凿。

7. 安装过梁、梁垫

门窗过梁支承处应用实心砖砌筑;安装过梁、梁垫时,其标高、位置及型号必须准确,坐浆饱满。如坐浆厚度超过 2cm 时,要用细石混凝土铺垫,过梁安装时,两端支承点的长度应一致。

8. 构造柱做法

凡设有构造柱的工程,在砌砖前,先根据设计图纸将构造柱位置进行弹线,并把构造柱插筋处理顺直。砌砖墙时，与构造柱连接处砌成马牙槎，马牙槎处砌实心砖。每一个马牙槎沿高度方向的尺寸不宜超过 30cm。马牙槎应先退后进。拉结筋按设计要求放置，设计无要求时，一般沿墙高 50cm 设置 2 根 $\phi 6$ 水平拉结筋，每边深入墙内不应小于 1m，如图 4-72 所示。

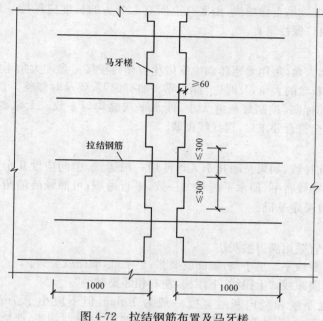

图 4-72　拉结钢筋布置及马牙槎

关键细节 25　一眠三斗空斗墙转角处与丁字交接处的砌法

一眠三斗空斗墙转角处的砌法，如图 4-73 所示。一眠三斗空斗墙丁字交接处的砌法，如图 4-74 所示。

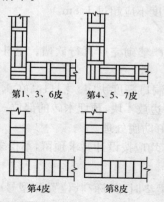

第1、3、6皮　　第4、5、7皮

第4皮　　　　第8皮

图 4-73　空斗墙转角处砌法

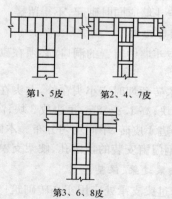

第1、5皮　　　第2、4、7皮

第3、6、8皮

图 4-74　空斗墙丁字交接处砌法

在空斗墙与空斗墙丁字交接处，应分层相互砌通，并在交接处砌成实心墙，有时需加半砖填心。

关键细节 26　空斗墙砌筑时哪些部位应砌实心墙体

空斗墙在下列部位应用眠砖或丁砖砌成实心砌体：

(1)墙的转角处和交接处。

(2)室内地坪以下的全部砌体。

(3)室内地坪和楼板面上要求砌 3 皮实心砖。

(4)3 层房屋的外墙底层的窗台标高以下部分。

(5)楼板、圈梁、搁栅和檩条等支承面下 2～4 皮砖的通长部分，且砂浆的强度等级不低于 M2.5。

(6)梁和屋架支承处按设计要求的部分。

(7)壁柱和洞口的两侧 24cm 范围内。

(8)楼梯间的墙、防火墙、挑沿以及烟道和管道较多的墙及预埋件处。

(9)作框架填充墙时，与框架拉结筋的连接宽度内。

(10)屋檐和山墙压顶下的二皮砖部分。

关键细节 27　有眠空斗墙哪些部位不应填砂浆

在有眠空斗墙中，眠砖层与丁砖接触处，除两端外，其余部分不应填塞砂浆，如图 4-75 所示。空斗墙的空斗内不填砂浆，墙面不应有竖向通缝。

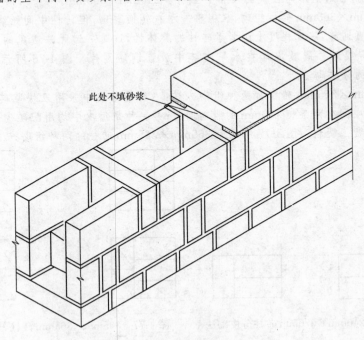

图 4-75　有眠空斗墙不填砂浆处

第五节　普通砖柱砌筑

普通砖柱是用烧结普通砖、烧结多孔砖、蒸压灰砂砖、蒸压粉煤灰砖与水泥混合砂浆（或水泥砂浆）砌筑而成。砖的强度等级应不低于 MU10,砂浆强度等级应不低于 M5。

一、砖柱的构造形式与组砌方法

砖柱主要断面形式有方形、矩形、多角形、圆形等。方柱最小断面尺寸为 365mm×365mm,矩形柱为 240mm×365mm;多角形、圆柱形最小内直径为 365mm。组砌时应符合下列要求:

(1)组砌方法应正确,一般采用满丁满条。

(2)里外咬槎,上下层错缝,采用"三一"砌砖法(即一铲灰,一块砖,一挤揉),严禁用水冲砂浆灌缝的方法。

关键细节 28　矩形砖柱的组砌方法

砖柱一般以承重砌体为多,因此,对砖柱的组砌形式要求较高,矩形砖柱分为独立柱和附墙柱两类,普通矩形砖柱截面尺寸不应小于 240mm×365mm。

(1)240mm×365mm 砖柱组砌,只用整砖左右转换叠砌,但砖柱中间始终存在一道长130mm 的垂直通缝,一定程度上削弱了砖柱的整体性,这是一道无法避免的竖向通缝;如要承受较大荷载时每隔数皮砖在水平灰缝中放置钢筋网片。图 4-76 所示为 240mm×365mm 砖柱的分皮砌法。

(2)365mm×365mm 砖柱有两种组砌方法:一种是每皮中采用三块整砖与两块配砖组砌,但砖柱中间有两条长 130mm 的竖向通缝;另一种是每皮中均用配砖砌筑,如配砖用整砖砍成,则费工费料。图 4-77 所示为 365mm×365mm 砖柱的两种组砌方法。

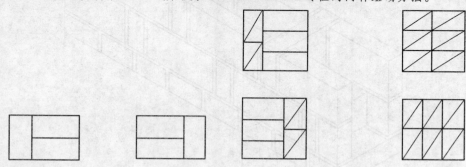

图 4-76　240mm×370mm 砖柱分皮砌法　　　图 4-77　365mm×365mm 砖柱分皮砌法

(3)365mm×490mm 砖柱有三种组砌方法。第一种砌法是隔皮用四块配砖,其他都用整砖,但砖柱中间有两道长 250mm 的竖向通缝。第二种砌法是每皮中用四块整砖、两块配砖与一块半砖组砌,但砖柱中间有三道长 130mm 的竖向通缝。第三种砌法是隔皮用一块整砖和一块半砖,其他都用配砖,平均每两皮砖用七块配砖,如配砖用整砖砍成,则费工费料。图 4-78 所示为 365mm×490mm 砖柱的三种分皮砌法。

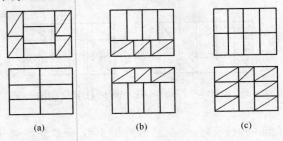

图 4-78 365mm×490mm 砖柱分皮砌法
(a)第一种砌法;(b)第二种砌法;(c)第三种砌法

(4)490mm×490mm 砖柱有三种组砌方法。第一种砌法是两皮全部整砖与两皮整砖、配砖、1/4 砖(各 4 块)轮流叠砌,砖柱中间有一定数量的通缝,但每隔一两皮便进行拉结,使之有效地避免竖向通缝的产生。第二种砌法是全部由整砖叠砌,砖柱中间每隔三皮竖向通缝才有一皮砖进行拉结。第三种砌法是每皮砖均用 8 块配砖与两块整砖砌筑,无任何内外通缝,但配砖太多,如配砖用整砖砌成,则费工费料。图 4-79 所示为 490mm×490mm 砖柱分皮砌法。

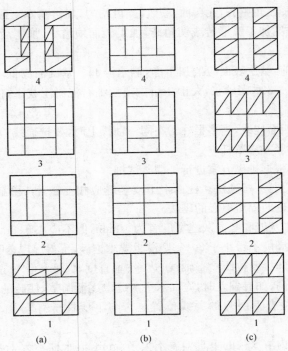

图 4-79 490mm×490mm 砖柱分皮砌法
(a)第一种砌法;(b)第二种砌法;(c)第三种砌法

(5)365mm×615mm 砖柱组砌,一般可采用图 4-80 所示的分皮砌法,每皮中都要采用整砖与配砖,隔皮还要用半砖,半砖每砌一皮后,与相邻丁砖交换一下位置。

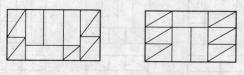

图 4-80　365mm×615mm 砖柱分皮砌法

(6)490mm×615mm 砖柱组砌,一般可采用图 4-81 所示分皮砌法。砖柱中间存在两条长 60mm 的竖向通缝。

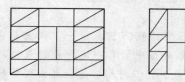

图 4-81　490mm×615mm 砖柱分皮砌法

二、砖柱砌筑要求

(1)柱砖应选择棱角整齐,无弯曲、裂纹,颜色均匀,规格基本一致的砖;对于圆柱或多角柱要按照排砌方案加工弧形砖或切角砖,加工砖面须磨平,加工后的砖应编号堆放,砌筑时对号入座。

(2)砖柱砌筑前,基层表面应清扫干净,洒水湿润。基础面高低不平时,要进行找平,小于 3cm 的要用 1∶3 水泥砂浆,大于 3cm 的要用细石混凝土找平,使各柱第一皮砖在同一标高上。

(3)砌砖柱应四面挂线,当多根柱子在同一轴线上时,要拉通线检查纵横柱网中心线,同时应在柱的近旁竖立皮数杆。

(4)排砖摆底,根据排砌方案进行干摆砖试排。

(5)砌砖宜采用"三一"砌法。柱面上下皮竖缝应相互错开 1/2 砖长以上。柱心无通天缝。严禁采用先砌四周后填心的砌法。

(6)砖柱的水平灰缝和竖向灰缝宽度宜为 10mm,但不应小于 8mm,也不大于 12mm;水平灰缝的砂浆饱满度不得小于 80%,竖缝也要求饱满,不得出现透明缝。

(7)柱砌至上部时,要拉线检查轴线、边线、垂直度,保证柱位置正确。同时还要对照皮数杆的砖层及标高,如有偏差时,应在水平灰缝中逐渐调整,使砖的层数与皮数杆一致。砌楼层砖柱时,要检查上层弹的墨线位置是否与下层柱子有偏差,以防止上层柱落空砌筑。

(8)2m 高范围内清水柱的垂直偏差不大于 5mm,混水柱不大于 8mm,轴线位移不大于 10mm。每天砌筑高度不宜超过 1.8m。

(9)单独的砖柱砌筑,可立固定皮数杆,也可以经常用流动皮数杆检查高低情况。当几个砖柱同列在一条直线上时,可先砌两头砖柱,再在其间逐皮拉通线砌筑中间部分砖柱,这样易控制皮数正确,进出及高低一致。

(10)砖柱与隔墙相交,不能在柱内留阴槎,只能留阳槎,并加连接钢筋拉结。如在砖柱水平缝内加钢筋网片,在柱子一侧要露出 1~2mm 以备检查,看是否遗漏,填置是否正确。砌楼层砖柱时,要检查上层弹的墨线位置是否和下层柱对准,防止上下层柱错位,落空砌筑。

(11)砖柱四面都有棱角,在砌筑时一定要勤检查,尤其是下面几皮砖要吊直,并要随时注意灰缝平整,防止发生砖柱扭曲或砖皮一头高、一头低等情况。

(12)砖柱表面的砖应边角整齐、色泽均匀。砖柱的水平灰缝厚度和竖向灰缝宽度宜为 10mm 左右。砖柱上不得留设脚手眼。

关键细节 29 普通砖柱砌筑中几种常见的错误砌法

矩形砖柱绝对不能采用内外不搭接的包心组砌法,图 4-82 为几种不同断面砖柱的错误砌法。

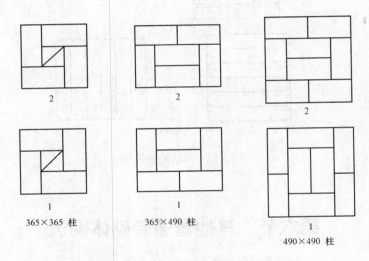

图 4-82 砖柱错误砌法

三、网状配筋砖柱砌筑

网状配筋砖柱是指水平灰缝中配有钢筋网的砖柱。网状配筋砖柱所用的砖,不应低于 MU10;所用的砂浆,不应低于 M5。

钢筋网有方格网和连弯网两种。方格网的钢筋直径为 3~4mm,连弯网的钢筋直径不大于 8mm。钢筋网中钢筋的间距,不应大于 120mm,并不应小于 30mm。钢筋网沿砖柱高度方向的间距,不应大于 5 皮砖,并不应大于 400mm。当采用连弯网时,网的钢筋方向应互相垂直,沿砖柱高度方向交错设置,连弯网间距取同一方向网的间距,如图 4-83 所示。

网状配筋砖柱砌筑时,按上述砖柱砌筑进行,在铺设有钢筋网的水平灰缝砂浆时,应分两次进行,先铺厚度一半的砂浆,放上钢筋网,再铺厚度一半的砂浆,使钢筋网置于水平灰缝砂浆层的中间,并使钢筋网上下各有 2mm 的砂浆保护层。放有钢筋网的水平灰缝厚度为10～12mm,其他灰缝厚度控制在 10mm 左右。

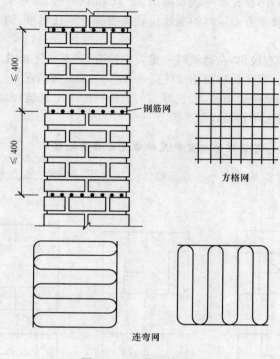

图 4-83　网状配筋砖柱

第六节　其他普通砖砌体砌筑

一、空心填充墙砌筑

在有特殊防寒要求的建筑物,为了节省砖,减少墙体的实际厚度,并能达到砖墙的隔热要求,往往在墙内填充保温性能好的材料,这就是填充墙。

空心填充墙是用普通砖砌成内外两条平行壁体,在中间留有空隙,并填入保温性能好的材料。为了保证两平行壁体互相连接,增强墙体的刚度和稳定性,以及在填入保温材料后避免墙体向外胀出,在墙的转角处要加砌斜撑或砌附外墙柱,如图 4-84 和图 4-85 所示,并在墙内增设水平隔层与垂直隔层。

水平隔层,除起联结墙体的作用外,还起到填充墙的减荷作用,防止填充墙下沉,以免墙体底部侧压力增加而倾斜,并使上下填充墙能疏密一致。

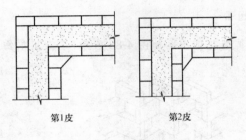

第1皮　　　　　第2皮

图 4-84　空心填充墙砌法

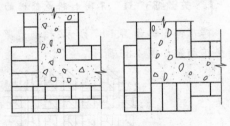

图 4-85　空心填充墙附外墙柱

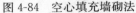关键细节30　空心填充墙水平隔层形式

（1）每隔 4～6 皮砖在保温填充墙上抹一层 8～10mm 的水泥砂浆，在其上面放置 $\phi 4\sim\phi 16$ 的钢筋，其间距为 40～60mm，然后再抹一层水泥砂浆，把钢筋埋入砂浆内，如图 4-86 所示。

（2）每隔 5 皮砖砌 1 皮顶砖层，垂直隔层是用顶砖把两平行壁体联系起来，在墙长度范围内，每隔适当距离砌筑一道垂直隔层。

二、花饰墙砌筑

花饰墙按所用材料不同有砖砌花饰、预制混凝土花饰和小青瓦组拼花饰。花饰墙多用于庭院、公园和公共建筑的围墙。

图 4-86　空心填充墙水平隔层（钢筋埋入砂浆）

花饰墙的构造一般每隔 2.5～3.5m 砌一砖柱，墙下部 1.2～1.4m 以下是砖砌实体墙，上部是花饰墙，顶部用砖或混凝土做成压顶。

1. 砖砌花饰墙施工

通常采用烧结普通砖，1∶3 水泥砂浆砌筑，以使之黏结性好。砌筑方法与砌墙体基本相同，以采用坐浆砌筑为宜。砌筑砖花饰时，先要将尺寸分配好，使砖的搭接长度一致，花饰大小相同，且均匀对称；灰缝密实均匀，砌完后要刮缝深 10mm 左右，以备勾缝；砖要安放得平稳牢固。

2. 预制混凝土花饰墙施工

预制混凝土花饰是利用混凝土的可塑性用模型浇筑而成。可根据不同的装饰部位，浇筑不同的花饰制品，待水泥达到强度后进行装配或砌筑，其砌筑方法与要求基本与砖花饰相同。

3. 小青瓦花饰墙施工

小青瓦花饰是一种传统的做法，安装时一般不用砂浆，只是利用瓦与瓦拼装并挤成一个整体，有时局部用砂浆组砌。

小青瓦花饰若刷白浆，应在组砌前进行刷白处理，组砌后此工作很难进行。

关键细节 31　不同材料花饰墙的花饰图案

砖花饰图案如图 4-87 所示;预制混凝土花饰墙花饰图案如图 4-88 所示;小青瓦花饰墙拼花图案如图 4-89 所示。

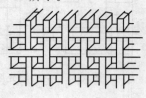
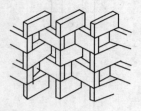

图 4-87　砖砌花饰墙图案

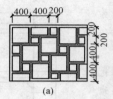
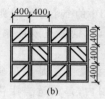
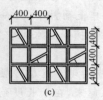

(a)　　　　　　　(b)　　　　　　　(c)

图 4-88　混凝土花饰(单位:mm)

图 4-89　小青瓦花饰

三、空心砖砌体

空心砖的品种、强度等级必须符合设计要求,并应规格一致,有出厂合格证及试验单。常用于空心砖砌体的有烧结空心砖、蒸压灰砂空心砖。

(1)选砖。检查空心砖的外观质量,有无缺棱掉角和裂缝现象,对于欠火砖和酥砖不得使用,用于清水外墙的空心砖,要求外观颜色一致,表面无压花。焙烧过火变色、变形的砖可用在不影响外观的内墙上。

(2)砌筑前,应在砌筑位置弹出墙边线及门窗洞口边线,底部至少先砌 3 皮普通砖,门窗洞口两侧一砖范围内也应用普通砖实砌。

(3)排砖摆底(干摆砖)。按组砌方法先从转角或定位处开始向一侧排砖,内外墙应同时排砖,纵横方向交错搭接,上下皮错缝,一般搭砌长度不少于60mm,上下皮错缝1/2砖长。排砖时,凡不够半砖处用普通砖补砌,半砖以上的非整砖宜用无齿锯加工制作非整砖块,不得用砍凿方法将砖打断;第一皮空心砖砌筑必须进行试摆。

(4)盘角。砌砖前应先盘角,每次盘角不宜超过3皮砖,新盘的大角,及时进行吊、靠。如有偏差,要及时修整。盘角时要仔细对照皮数杆的砖层和标高,控制好灰缝大小,使水平灰缝均匀一致。大角盘好后再复查一次,平整和垂直完全符合要求后,再挂线砌墙。

(5)挂线。砌筑必须双面挂线,如果长墙几个人均使用一根通线,中间应设几个支线点,小线要拉紧,每层砖都要穿线看平,使水平缝均匀一致,平直通顺;可照顾砖墙两面平整,为下道工序控制抹灰厚度奠定基础。

(6)砌砖。砌空心砖宜采用刮浆法。竖缝应先批砂浆再砌筑,当孔洞呈垂直时,水平铺砂浆,应先用套板盖住孔洞,以免砂浆掉入空洞内。砌砖时砖要放平。里手高,墙面就要张;里手低,墙面就要背。砌砖一定要跟线,"上跟线,下跟棱,左右相邻要对平"。

水平灰缝厚度和竖向灰缝宽度一般为10mm,但不应小于8mm,也不应大于12mm。为保证清水墙面主缝垂直,不游丁走缝,当砌完一步架高时,宜每隔2m水平间距,在丁砖立棱位置弹两道垂直立线,可以分段控制游丁走缝。

在操作过程中,要认真进行自检,如出现有偏差,应随时纠正,严禁事后砸墙。清水墙不允许有三分头,不得在上部任意变活、乱缝。砌筑砂浆应随搅拌随使用,一般水泥砂浆必须在3h内用完,水泥混合砂浆必须在4h内用完,不得使用过夜砂浆。清水墙应随砌随划缝,划缝深度为8~10mm,深浅一致,墙面清扫干净。混水墙应随砌随将舌头灰刮尽。

(7)空心砖墙应同时砌起,不得留槎。每天砌筑高度不应超过1.8m。

关键细节32　空心砖墙体的组砌方式

空心砖一般侧立砌筑,孔洞呈水平方向,特殊要求时,孔洞也可呈垂直方向。空心砖墙的厚度等于空心砖的厚度。采用全顺侧砌,错缝砌筑,上下皮竖缝相互错开1/2砖长。砌筑形式如图4-90所示。

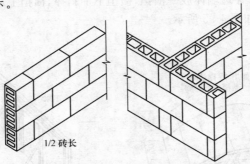

图4-90　空心砖墙砌筑形式

四、砖筒拱砌筑

1. 砖筒拱构造

砖筒拱可作为楼盖或屋盖。楼盖筒拱适用跨度为3~3.3m,高跨比为1/8左右。屋盖筒拱适用跨度为 3～3.6m,高跨比为 1/5～1/8。筒拱厚度一般为半砖。筒拱所用普通砖强度等级不低于 MU10,砂浆强度等级不低于 M5。

屋盖筒拱外墙,在拱脚处应设置钢筋混凝土圈梁,圈梁上的斜面应与拱脚斜度相吻合;也可在拱脚处外墙中设置钢筋砖圈带,钢筋直径不小于 8mm,至少 3 根,并设置钢拉杆,在拱脚下 8 皮砖应用 M5 砂浆砌筑,如图 4-91 所示。

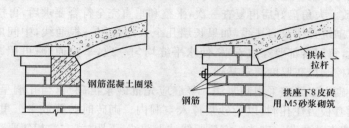

图 4-91　屋盖筒拱外墙构造

屋盖筒拱内墙,在拱脚处应使用墙砌丁砖层挑出,至少 4 皮砖,砂浆强度等级不低于 M5,两边拱体从挑层上台阶处砌起,如图 4-92 所示。

2. 筒拱模板支设

筒拱砌筑前,应根据筒拱的各部分尺寸制作模板。模板可做成 600～1000mm 长,模板宽度比开间净空少 100mm,模板起拱高度超高为拱跨的 1‰,如图 4-93 所示。

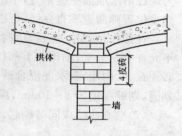

图 4-92　屋盖筒拱内墙处构造

筒拱模板有两种支设方法:一种是沿纵墙各立一排立柱,立柱上钉木梁,立柱用斜撑稳定,拱模支设在木梁上,拱模下垫木楔,如图 4-94 所示;另一种是在拱脚下 4～5 皮砖的墙上,每隔 0.8～1.0m 穿透墙体放一横担,横担下加斜撑,横担上放置木梁,拱模支设在木梁上,拱模下垫木楔,如图 4-95 所示。

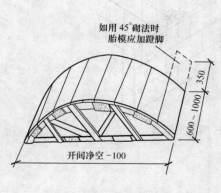

图 4-93　筒拱模板

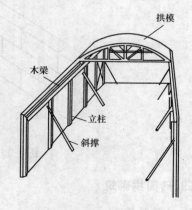

图 4-94　立柱支设拱模

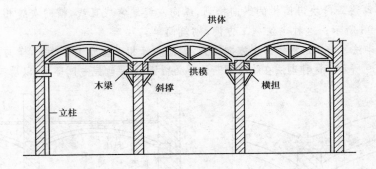

图 4-95　横担支设拱模

筒拱模板安装尺寸的允许偏差,不得超过下列数值:

(1)在任何点上的竖向偏差,不应超过该点拱高的 1/200。

(2)拱顶位置沿跨度方向的水平偏差,不应超过矢高的 1/200。

3. 砖筒拱施工要求

(1)拱脚上面 4 皮砖和拱脚下面 6～7 皮砖的墙体部分,砂浆强度达到设计强度的 50%以上时,方可砌筑筒拱。

(2)砌筑筒拱应自两侧拱脚同时向拱冠砌筑,且中间 1 块砖必须塞紧。

(3)多跨连续筒拱的相邻各跨,如不能同时施工,应采取抵消横向推力的措施。

(4)拱体灰缝应全部用砂浆填满,拱底灰缝宽度宜为 5～8mm。

(5)拱座斜面应与筒拱轴线垂直,筒拱的纵向缝应与拱的横断面垂直。

(6)筒拱的纵向两端,一般不应砌入墙内,其两端与墙面接触的缝隙,应用砂浆填塞。

(7)穿过筒拱的洞口应在砌筑时留出,洞口的加固环应与周围砌体紧密结合,已砌完的拱体不得任意凿洞。

(8)筒拱砌完后应进行养护,养护期内应防止冲刷、冲击和振动。

(9)筒拱的模板,在保证横向推力不产生有害影响的条件下,方可拆除。拆移时,应先使模板均匀下降 5～20cm,并对拱体进行检查。有拉杆的筒拱,应在拆移模板前,将拉杆按设计要求拉紧。同跨内各根拉杆的拉力应均匀。

(10)在整个施工过程中,拱体应均匀受荷。当筒拱的砂浆强度达到设计强度的 70%以上时,方可在已拆模的筒拱上铺设楼面或屋面材料。

关键细节 33　房间开间大、中间无内墙时,屋盖筒拱支承构造

如房间开间大,中间无内墙时,屋盖筒拱可支承在钢筋混凝土梁上,梁的两侧应留有斜面,拱体从斜面处砌起,如图 4-96 所示。楼盖筒拱在外墙、内墙及梁上的支承方法与屋盖筒拱基本相同,多采用在墙内设置钢筋混凝土圈梁以支承拱体,如图 4-97 所示。

关键细节 34　半砖厚的筒拱砌筑

半砖厚的筒拱有顺砖、丁砖和八字楼砌法。

(1)顺砖砌法。砖块沿筒拱的纵向排列,纵向灰缝通常成直线,横向灰缝相互错开 1/2 砖长,如图 4-98 所示。这种砌法施工方便,砌筑简单。

(2)丁砖砌法。砖块沿筒拱跨度方向排列,纵向灰缝相互错开 1/2 砖长,横向灰缝通长成弧形,如图 4-99 所示。这种砌法在临时间断处不必留槎,只要砌完一圈即可,以后接砌。

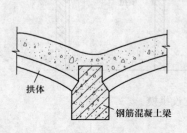

图 4-96　屋盖筒拱支于梁上

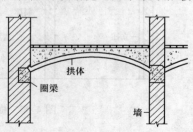

图 4-97　楼盖筒拱支承构造

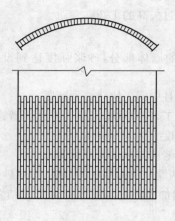

图 4-98　筒拱顺砖砌法

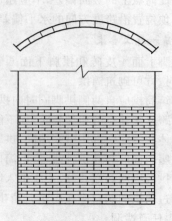

图 4-99　筒拱丁砖砌法

(3)八字槎砌法。由一端向另一端退着砌,砌时使两边长些,中间短些,形成八字槎,砌到另一端时填满八字槎缺口,在中间合拢,如图 4-100 所示。这种砌法咬槎严密,接头平整,整体性好,但需要较多的拱模。

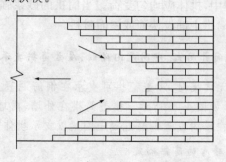

图 4-100　八字槎砌法

五、烟囱砌筑

烟囱是工业生产中排除烟、气、灰的构筑物。它的高度一般为 45～60m,较大的圆形烟囱也有高达 100m 的,但 80m 以上多采用钢筋混凝土材料。

烟囱因为其结构断面小,高度很大,与其他建筑在结构上、构造上不发生联系,具有独立、高耸的特点,所以对烟囱的砌筑方法、使用材料的性能和工具均与一般砖砌体有所不同。

1. 烟囱外形构造

烟囱的外形分圆形和方形两种,圆烟囱的筒身呈锥形,方形烟囱为角锥形。它的构造分为基础、筒身、内衬、隔热层及附属设施(如铁爬梯、护身环、箍紧圈、休息平台、避雷针及信号灯等),烟囱底部留有出灰洞,并留烟道口,以便与烟道连接。

2. 烟囱基础砌筑施工

砖砌烟囱的基础通常用现浇钢筋混凝土浇筑,筒身采用不低于 MU10 的砖砌筑,并用和易性好且不低于 M5 水泥砂浆砌筑。钢筋混凝土基础浇完后,根据水平仪测出基础面标高,在底板的侧面画出标高记号。基础面不平时,应用 1∶2 水泥砂浆找平,再以基础中心为圆心弹出烟囱基础内外径的圆周线,然后浇水湿润开始砌筑。

烟囱基础砌筑要点如下:

(1)排砖撂底。开始砌砖时应排砖撂底,砖层排列一般用全丁砌法,以减少砖所形成的弦线与圆烟囱弧线之误差,保证烟囱外形的规整,筒壁砌体砖缝交错如图 4-101 所示。只有外径较大时(一般 7m 以上)才用“一顺一丁”砌法。

(2)用半砖调整错缝。砌体上下两层砖的放射状砖缝应错开 1/4 砖,上下层环状砖缝应错开 1/2 砖。为达到错缝要求,可用半砖进行调整。

(3)灰缝。水平灰缝为 8～10mm,竖缝因排砖成放射状,故内侧灰缝小(不小于 5mm),外侧灰缝大(不大于 12mm)。

(4)基砖大放脚的收退。收退方法与砌墙相同,高度由皮数杆控制。

(5)检查垂直度。大放脚上基础墙砌成圆柱形,无收分,故可用普通靠尺板检查其砌筑中的垂直度。

(6)基础的内衬要与外壁同时砌筑,当需要填充隔热材料时,每砌 4～5 皮砖将隔热材料填塞一次。

基础砌完后,要对中心轴线、标高、垂直度、圆半径及圆周尺寸、上口水平等项目进行一次全面检查,经检查合格后方可继续向上砌筑囱身。并应按有关规定将上述各项目的检查结果填入施工日志和隐蔽工程记录。

3. 烟囱筒壁砌筑施工

(1)砖烟囱筒壁应用标准型或异型的一等烧结普通砖与水泥混合砂浆砌筑。砖的强度等级应不低于 MU10,砂浆强度等级应不低于 M5。砌筑在筒壁外表面的砖,应选用无裂缝且至少有一端是棱角完整的。将标准型烧结普通砖加工成丁砌的异型砖时,应在砖的一个侧面进行,加工后小头的宽度不宜小于 77mm。砂浆的稠度宜为 80～100mm。

(2)在常温下砌筑时,应提前将砖浇水湿润,其含水率宜为 10%～15%。砂浆应随拌随用。

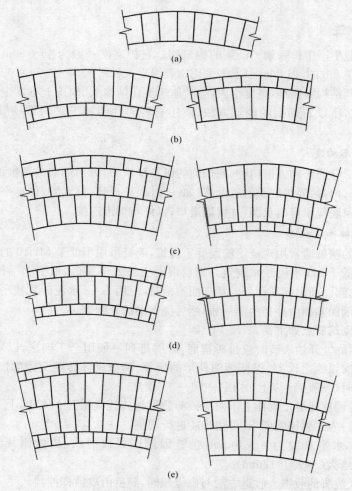

图 4-101　筒壁砌体砖缝交错
(a)一砖；(b)一砖半；(c)二砖；(d)二砖半；(e)三砖

(3)砌筑筒壁前，应重点检查基础环壁或环梁上表面的平整度，并用 1：2 水泥砂浆抹平，其水平偏差不得超过 20mm，砂浆找平层的厚度不得超过 30mm。

(4)筒身直径较大时，可用整砖；筒身直径较小时，为使灰缝均匀，可将砖砍成楔形。筒壁砌体上下皮砖的环缝应互相错开 120mm；辐射缝应互相错开 60mm（异型砖应互相错开其宽度的 1/2）。

(5)砌体的垂直灰缝宽度和水平灰缝厚度应为 10mm。在 5m² 的砌体表面上抽查 10处，只允许其中有 5 处灰缝厚度增大 5mm。但上下皮环向砖缝应交错，不得形成同心圆环。

(6)筒壁砌体的灰缝必须饱满，水平灰缝的砂浆饱满度不得低于 80%。垂直灰缝宜采用挤浆和加浆方法，使其砂浆饱满，严禁用水冲浆灌缝。

（7）砌体砖皮可砌成水平的；也可砌成向烟囱中心倾斜，其倾斜度应与筒壁外表面的斜度相同。

（8）壁厚为 $1\frac{1}{2}$ 砖的囱身外壁砌法是：第一皮半砖在外，整砖在里；第二皮则整砖在外，半砖在里。壁厚为 2 砖的外壁砌法是：砌第一皮时均用整砖，砌第二皮时内、外均用半砖，中间一圈为整砖。壁厚为 $1\frac{1}{2}$ 砖时，第一皮外圈用半砖，里面两圈用整砖；第二皮则内圈半砖，外面两圈用整砖。壁厚为 3 砖及 3 砖以上均以此类推，如图 4-101 所示。

（9）筒壁内侧砌有内衬悬臂时，应以台阶形式向内挑出，其挑出宽度应等于内衬与隔热层的厚度和，但每一台阶挑出长度应不大于 60mm（1/4 砖长），挑出部分台阶的高度应不小于 120mm（1/2 砖长）。

（10）烟囱顶部筒壁称为筒首。筒首应以台阶形式向外挑出。其砌法与内衬悬臂砌法相同，区别是内衬悬壁向里挑出。筒首向外挑出的形式，如图 4-102 所示。

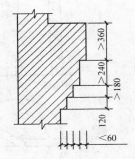

图 4-102　筒首砌法（单位：mm）

筒壁是囱身的主要部分，除应保证使用要求的各部构造组成之外，还必须有足够的强度、刚度和稳定性，因此其砌筑质量十分重要，必须注意以下事项：

1）不得用小于半砖的碎砖砌筑烟囱。

2）砌体每皮砖应为水平或稍微向内倾斜，绝对不允许向外倾斜。在砌筑过程中，应随时用水平尺检查纠正。

3）为了防止因操作人员的手法不同而产生垂直偏差、灰缝不均匀和上口不平等现象，砌筑工人操作位置应依次随时轮换，减少累计误差。每轮换一次，砌筑高度不少于 0.5m。

4）筒壁砌体每砌高 1.25m 应检查一次烟囱的中心线垂直度和筒壁外半径，检查方法可采用轮杆尺置于筒壁砌体顶部，使线坠对准烟囱中心桩后，转动轮杆，检查砌体外周是否与设计外半径相等。对检查出的偏差，应在砌筑过程中逐渐纠正，如图 4-103 所示。

筒壁砌体外表面的斜度，可采用坡度靠尺检查，靠尺斜边紧靠筒壁外表面，看靠尺上线坠是否与墨线相重合，不重合者表示斜度不对，应逐渐纠正，如图 4-104 所示。

5）砌筑筒壁时，每 5m 高度内应取一组砂浆试块，在砂浆强度等级或配合比变更时应另取试块，以检验其 28d 龄期的强度。

6）安装环箍时，在砌体砂浆强度达到 40% 后方可拧紧螺栓，使其紧贴筒壁。环箍应安装成水平，接头的位置应沿筒壁高度互相错开。

7）烟囱日砌最大高度视气温与砂浆硬化速度而定。一般日砌高度不宜超过 1.8～2.4m，日砌高度过大会因砂浆受压缩变形而引起囱身偏斜，致使稳定性差。

8）有抗震要求的烟囱配有竖向和环向钢筋，砌筑时应按设计要求认真埋置，不得遗漏。

9）烟囱的附属设施应事先涂好防锈漆，砌筑囱身时按设计位置认真埋设，嵌入壁内不得小于 24cm，卡入灰缝内用 M10 水泥砂浆卧牢，用砖压实。严禁漏埋后凿洞嵌入，以致影响整个囱壁的强度。

10)外壁灰缝应随砌随刮随勾,勾成斜缝。

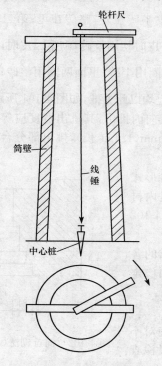

图 4-103　轮杆尺检查砌体外半径

图 4-104　用坡度靠尺检查斜度

4. 烟囱内衬砌筑施工

为了降低筒壁内外的温差,减少温度应力和防止侵蚀性气体的侵蚀,筒身和烟道内需砌筑内衬、设备隔热层,烟囱内衬和隔热层的构造如图 4-105 所示。其施工要点如下:

(1)砖烟囱内衬可在筒壁完成后砌筑,亦可与筒壁同时施工。

(2)内衬材料应按设计要求采用。当设计无规定时,可按下列规定采用:

1)烟气温度低于 400℃时,可采用 MU10 烧结普通砖和 M5 水泥混合砂浆;

2)烟气温度为 400～500℃时,可采用 MU10 烧结普通砖和耐热砂浆;

3)烟气温度高于 500℃时,可采用黏土质耐火砖和黏土火泥泥浆或耐火混凝土;

4)烟气有较强的腐蚀性时,可采用耐酸砖和耐酸胶泥或耐酸混凝土等。

(3)耐热砂浆配合比可按表 4-2 采用。

表 4-2　　　　　　　　　　　　　耐热砂浆配合比

材料名称	42.5 级普通硅酸盐水泥	掺 合 料		小于 5mm 黏土熟料	水
		黏土熟料粉	黏土火泥		
质量比(%)	16	12	12	60	外加 17.5

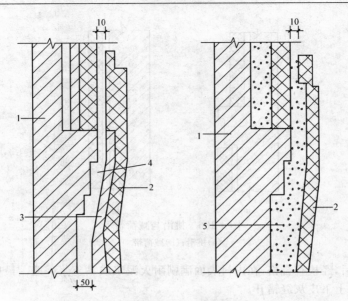

图 4-105　烟囱内衬和隔热层的构造

1—筒身;2—内衬;3—硅藻土隔热层;
4—空气隔热层;5—散粒体隔热层

（4）内衬厚度为半砖时,应采用全顺砌筑形式,上下皮垂直灰缝互相错开半砖长;内衬厚度为 1 砖时,应采用全丁砌筑形式,上下皮垂直灰缝互相错开 1/4 砖长（异型砖应错开其宽度的 1/2）。

（5）内衬灰缝的砂浆必须饱满。水平灰缝的砂浆饱满度:烧结普通砖不得低于 80%;黏土质耐火砖和耐酸砖不得低于 90%。垂直灰缝宜采用挤浆和加浆方法,使其砂浆饱满。内衬灰缝厚度及其允许增大值和数量,不应超过表 4-3 的规定。

表 4-3　　　　　　　内衬灰缝厚度及其允许增大值和数量

项次	内衬种类	灰缝厚度/mm	灰缝厚度的允许增大值/mm	在 5m² 的表面上抽查 10 处允许增大灰缝的数量（处）
1	烧结普通砖和硅藻土砖	8	+4	7
2	黏土质耐火砖和耐酸砖	4	+2	5

（6）囱身与内衬间的空气隔热层内不允许落入砂浆或砖屑等杂物,以免影响隔热效果。若采用填充材料隔热层时,应每砌 4～5 皮砖填充一次,并轻轻捣实。为减轻隔热材料太高时在自重作用下体积压缩（愈往下压缩愈严重）过分密实而影响隔热效果,故沿内衬高度 2～2.5m 砌一圈减荷带。当囱身砌到内衬顶面或外壁厚度减薄时,囱壁向内砌出挑沿（悬臂）盖住隔热层入口,以免灰尘落入其内。内衬减荷带与外壁挑沿,如图 4-106 所示。

（7）为加强内衬的牢固和稳定性,在水平方向沿囱身周长每隔 1m,垂直方向每隔 0.5m,上下交错地从内衬挑出一块砖顶住烟囱壁。

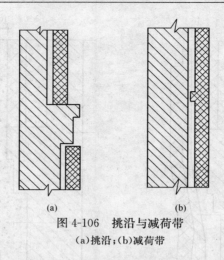

图 4-106   挑沿与减荷带

(a)挑沿；(b)减荷带

内衬砌好后，经检查合格，在内衬表面满刷耐火泥浆或黏土浆一遍。最后铺砌烟囱底部耐火砖，并使上下皮灰缝错开。

关键细节 35   方烟囱与圆烟囱特点比较

方烟囱受力不如圆烟囱好，承受的风压比圆烟囱大，故砌筑高度受到一定限制，一般在 15m 左右。方烟囱及其内衬的砌筑方法、操作要领、质量要求、使用工具以及标高、中心轴和垂直度的控制基本与圆烟囱相同。方烟囱与圆烟囱相比较，其特点如下：

(1)踏步式收分。砌圆烟囱允许每皮砌体稍微向内倾斜，砌方烟囱则要求每皮砌体水平。这样向上砌筑收分时上下相邻两皮砖则出现错台，这种收分称踏步式。

砌前按烟囱的坡度事先算好每皮收分量(即错台量)。例如烟囱坡度为 2.5%，每 1.0m 高按 16 皮计，则每皮收分(错台)为：$1000 \times 2.5\% \div 16 \approx 1.6$mm。这样砌筑过程心中有数。

(2)检查外接圆半径。检查圆烟囱不同高度时的横截面尺寸(圆半径)，一般将圆周分成 6 等份，在囱身圆周上取 6 点，并作相对固定，以此 6 点进行检查圆半径。

方烟囱主要检查四角顶至中心的距离(即方烟囱的外接圆半径)，因此所用引尺的划数应将不同标高的方形断面的边长乘以 $\sqrt{2}/2$(即 0.707)。

(3)坡度检查方法不同。检查圆烟囱的坡度，用坡度靠尺板在上述六个点上进行。检查方烟囱的坡度，除在四角顶处外，还应在每边的中点上进行。

(4)方烟囱组砌方式。可根据壁厚选择三顺一丁、一顺一丁、梅花丁和三三一式等砌法。为了达到错缝要求，须砍成 3/4 砖(即七分头)，但由于方烟囱皮皮踏步收分，砍砖不能因收分把转角处砖砍掉，转角处仍应保留 3/4 砖，需砍部分在囱身中间调整。

(5)一般不留通气孔。圆烟囱留通气孔，一般竖向每隔 0.5m(8 皮砖)，在囱身水平方向每隔 1m 留一个，且呈梅花形布置，上下左右错开。

方烟囱一般不留通气孔，需要留通气孔时，应避开四个顶角，因转角受力大且复杂，以免削弱该处强度，对烟囱整体强度和稳定性不利。

铁爬梯、避雷针等的埋设与圆烟囱相同，但应避开四个顶角，按设计要求埋设，如设计未作规定,最好设在常年背风的一面。

(6)筒壁不设箍紧圈。方烟囱由于筒内气温不高,通常在筒壁上不设箍紧圈。

关键细节 36 烟囱砌筑定位和竖直中心轴线的控制

在钢筋混凝土基础底板浇捣完毕尚未凝固时,将烟囱基坑两对互相垂直的龙门板用经纬仪校核无误后,用小线拉紧相对两龙门板上中点处,相交点就是烟囱的中心点。将该交叉点用线锤垂直投影到混凝土基础底板面上,并对准该点预埋铁件。在混凝土凝固后,校核一次并用铅油标出中心点位置。

烟囱在砌筑过程中,每砌高 0.5m(约 8 皮砖)要校核中心轴线一次,其方法如下:

(1)在砌筑的上口安装引尺架。

(2)引尺架吊钩挂大线坠,移动引尺架使坠尖对准中心点。

(3)套上引尺,根据烟囱高度与相应的直径,引尺绕中心一周,观察收分后引尺的刻度是否与实砌烟囱上口圆周符合,即可判断出烟囱身中心偏离误差值。

关键细节 37 烟囱砌筑垂直度控制

烟囱的筒壁在构造上都有收分,一般收分坡度为 1.5%～2.5%(沿垂直向上方向,每升高 1m,每侧向内收 1.5～2.5cm,即半径减少 1.5～2.5cm)。保证烟囱垂直度符合规定要求,砌筑过程中要用坡度靠尺板(托线板)来检查。用于砌烟囱的托线板,按坡度加工成坡度托线板。若烟囱坡度为 2.5%,用长 1.5m 的托线板,则应该制成如图 4-107 所示的尺寸。使用时将坡度托线板贴于烟囱外壁,若线锤的小线正对准托线板上的墨线,说明烟囱垂直度是正确的;若坡度大了,则线锤偏离墨线向里;若坡度小了,则线锤偏离墨线向外,以此校正砌筑时囱身偏离的误差,如图 4-107 所示。

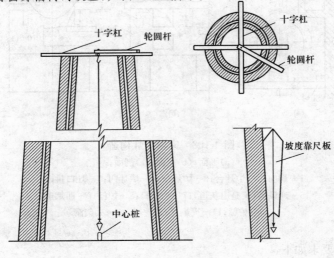

(a)

图 4-109 检查烟囱的工具与方法(一)

(a)检查烟囱的工具

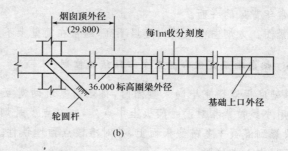

图 4-109　检查烟囱的工具与方法(二)

(b)十字框大样图

六、家用炉灶施工

1. 炉灶的构造与规格

炉灶是人们日常生活中和工业生产中常见的一种设施,一般家用炉灶有三角形(位于墙角)和方形两种,外观形状虽然不同,但其内部构造与砌筑方法都一样。

家用炉灶的种类比较多,按采用的燃料不同,有硬柴灶、稻草灶、煤饼灶、沼气灶、太阳能灶等。一般烧柴灶,锅底距炉膛底(即炉栅)9～16cm,烧煤的距离为 7～18cm。炉膛底的尺寸为锅径的 1/2～1/3(例如 40cm 直径的锅,其炉膛底应为 14～20cm 见方),上口约为 40cm。炉膛深度:40cm 直径的锅深为 20cm,那么烧柴的炉膛深应为 20cm＋(9～16)cm,即 29～36cm;烧煤的炉膛深应为 20cm＋(7～18)cm,即 27～38cm,如图 4-108 所示。

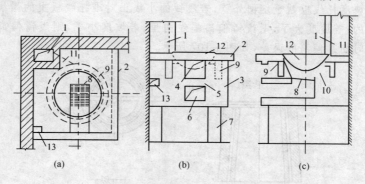

(a)　　　　　　(b)　　　　　　(c)

图 4-108　家用炉灶构造

(a)平面;(b)立面;(c)剖面;

1—烟囱;2—炉灶台;3—炉灶身;4—炉灶门;5—灶口挑砖;

6—通风道(又是出灰道);7—炉灶脚;8—炉栅;9—回烟道;

10—炉膛;11—火焰道;12—锅;13—火柴洞

炉灶的规格要求如下:

(1)高度。一般以 75cm 为宜(即 12 皮砖再加上抹面厚),最高不得超过 80cm。

(2)宽度(沿灶口向烟囱方向)。(2×10＋锅直径)cm,即锅边距灶口 10cm,对面锅边距烟囱 10cm,再加上锅的直径。

（3）长度（与宽度相垂直方向）。（2×25＋锅直径）cm，即锅边距灶边各 25cm。

（4）每增加一个同样大小的锅，锅间净距为 30cm；有环的锅净距为 37cm，其余尺寸不变。若两锅大小不等，则以大锅为准。

2. 炉灶砌筑准备工作

（1）砌筑家用炉灶时，首先要确定炉灶的形式和炉灶的大小，再根据炉灶形式和大小放线定好炉座的位置。

（2）了解使用锅的数量、直径及所用燃料，进行平面布置的定位放线。

（3）材料、工具准备。不仅要准备好常用的砖、水泥、石灰膏等材料，计算砌筑用料数量（砖、灰、砂、黏土、水泥和麻刀灰或纸筋灰），更要准备好炉、红胶泥等砌筑炉灶的专用材料。

（4）屋内已有现成烟道时，砌前应用手试探是否通风良好，或用烟火在洞口检验能否通风。若通风不良，进行疏通和修理后方可使用。

3. 砌筑步骤与方法

（1）按放线的位置砌炉座，炉座根据锅的个数决定砌几道：1 个锅砌 2 道，2 个锅砌 3 道。为了保证两口锅在灶面上的净距要求，下部中间的炉座墙可砌成包心墙，中间填碎砖和黏土。

炉座墙厚一般为 18～24cm，高 30～40cm（一般砌 5～6 层砖或用中型砌块），长较炉面缩进 12cm。炉座墙间距一般为 20～25cm。

（2）砌风槽和铺炉栅。当炉座砌到最后一层时，开始挑砖合龙。以两炉座墙内的中心线作为风槽中心位置，并在合龙层上画一个记号，接着继续往上砌两层砖并挑出 6cm。砌至风槽位置时，按中心线留出宽 12～15cm，长 15～30cm，不砌而形成风槽。留风槽时应观察烟囱方向，以便决定风槽位置的进出。

风槽处铺好炉栅，炉栅与下部合龙砖之间形成出灰槽。炉栅铺深应注意烟囱位置，以保证火焰始终保持在锅的中心。继之用样棒对准风槽中心，定出炉膛底及炉门位置，再砌炉身和炉膛。

（3）炉身及炉膛的砌筑。用菜刀砖（楔形砖）砌 1 皮压牢炉栅。炉门墙厚一般 12～18cm，当砌到风槽处时要按中心线留出宽 12～15cm、长 15～20cm 不砌，留空作为风槽，而且要根据烟囱方向决定其位置的进出，并在炉门墙里侧缺口处排放炉栅。

炉膛应从底部往上向四周放坡，放坡的上口绕炉膛设回烟道，回烟道为宽 6cm、高 12cm 的槽口，砌砖工作完成后，要将炉膛表面涂抹上一层具有耐火性能的胶泥，以保证烧火旺盛，并接烟囱。

（4）处理好炉膛后，应将铁锅放上。锅放到炉灶上时，锅上口的边沿与炉膛壁接触最好以 30cm 为宜，太高时火被接触面挡住，锅火不旺。

（5）砌灶面砖。灶面砖为 1 皮，四周挑出 6cm，用水泥砂浆刮糙抹平。安锅后试烧，合格后抹面压光。

为了使用方便，在灶的正面常设几个小洞储放火柴、火钳等，底板下可储放煤饼。

4. 砌筑烟囱和烟道

烟囱和烟道的构造形式如图 4-109 所示。

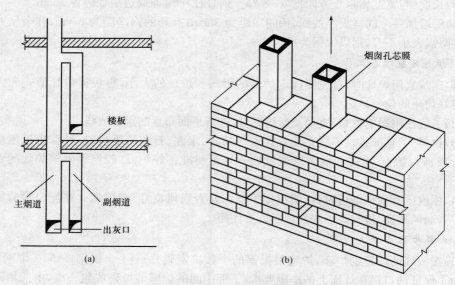

图 4-109   烟囱和烟道的构造形式

家用炉灶的烟囱主要是指墙心烟囱或附墙烟囱,砌筑时,要注意从灶口起就要留出口烟道槽口,绕炉膛从侧向接通烟囱。为防止碎砖与砂浆掉入烟道堵塞囱孔,砌筑烟囱时最好采用木板钉成囱芯大小的模板,并边砌边向上抽提模板。

从炉膛至烟囱的过渡段要砌成弧形,以减少抽烟阻力。多锅的炉灶共用一个烟囱时,应将烟道隔开,使烟从各自的烟道通入烟囱,以免相互串通引起串烟。

5. 试火

炉灶与烟道、烟囱砌筑完成并干燥一段时间后,便可在灶上放锅试火。点火后进行仔细观察,若灶口不冒烟,又无漏烟、无回烟,灶内烟能从回烟道顺利排入烟囱,说明回烟道通风良好,能保证火力旺盛,则炉灶砌筑成功。

关键细节 38   炉灶砌筑注意事项

(1)炉灶面高度一般不超过 80cm,太高会使工作人员操作不便,易疲劳。

(2)多锅炉灶在砌筑前按其用途及主次合理排列布置,一般把主要锅安放在离烟道较远处,使抽风效果好,炉火旺。

(3)多锅炉灶可共用一个烟囱,但各自烟道应分别进入烟囱,以防互相串通,引起冒烟。

(4)炉灶要挑出炉灶座 5cm,炉灶面(锅台)又较炉灶挑出 6cm,使人站在灶边,脚不碰炉灶座。

(5)锅上口边沿与炉膛壁接触以 3cm 为宜,太多时火易被接触面挡住。

(6)炉条或炉栅(家用烧木柴时)应向里倾斜,便于火焰向里集中。

(7)烧煤炉灶,鼓风机送风时,烟囱高过屋脊即可。

(8)回烟道的断面一般为 6cm×12cm；大型炉灶回烟道宽以 9～16cm、高 18～25cm 为宜。

(9)农村炉灶主要烧杂草或树枝，易燃烧，故为保温起见，不设通风道及回烟道。

第七节　烧结多孔砖砌体砌筑

一、烧结多孔砖砌体砌筑形式

(1)规格 190mm×190mm×90mm 的承重多孔砖一般是整砖顺砌，上下皮竖缝相互错开 1/2 砖长(100mm)。如有半砖规格的，也可采用每皮中整砖与半砖相隔的梅花丁砌筑形式，如图 4-110 所示。

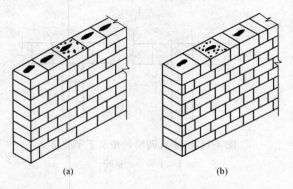

图 4-110　190mm×190mm×90mm 多孔砖砌筑形式
(a)整砖顺砌；(b)梅花丁砌筑

(2)规格为 240mm×115mm×90mm 的承重多孔砖一般采用一顺一丁或梅花丁砌筑形式，如图 4-111 所示。

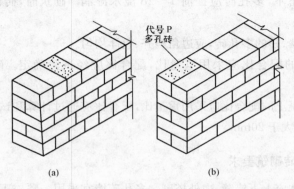

图 4-111　240mm×115mm×90mm 多孔砖砌筑形式
(a)一顺一丁；(b)梅花丁

（3）规格为 240mm×180mm×115mm 的承重多孔砖一般采用全顺或全丁砌筑形式。

关键细节 39　多孔砖墙的转角及丁字交接处组砌形式

多孔砖墙的转角及丁字交接处，应加砌半砖，使灰缝错开。转角处半砖砌在外角上，丁字交接处半砖砌在横墙端头，如图 4-112 所示。

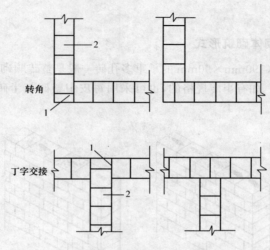

图 4-112　多孔砖墙转角及丁字交接

1—半砖；2—整砖

二、烧结多孔砖砌筑准备

（1）多孔砖在运输、装卸过程中，严禁倾倒和抛掷。经验收的砖，应分类堆放整齐，堆置高度不宜超过 2m。

（2）在常温状态下，多孔砖应提前 1～2d 浇水湿润。砌筑时，砖的含水率宜控制在 10%～15%。

（3）砌筑清水墙、柱的多孔砖，应边角整齐、色泽均匀。

（4）砌筑砂浆的配合比应采用重量比，配合比应经试验确定。砂浆稠度宜控制在 60～80mm。

（5）构造柱混凝土的配合比应采用重量比，配合比应通过计算和试配确定。混凝土所用石子的粒径不宜大于 20mm。

三、烧结多孔砖砌筑要求

（1）多孔砖砌体应上下错缝、内外搭砌。多孔砖墙宜采用一顺一丁或梅花丁的组砌形式。对抗震设防地区的多孔砖砌体，应采用"一铲灰、一块砖、一揉压"的"三一"砌砖法砌筑。对非地震区的多孔砖砌体,可采用铺浆法砌筑,铺浆长度不得超过 750mm;当施工期间最高气温高于 30℃时,铺浆长度不得超过 500mm。

(2)砌筑砌体时,多孔砖的孔洞应垂直于受压面,砌筑前应试摆。

(3)砌体的灰缝应横平竖直。水平灰缝厚度和竖向灰缝宽度宜为 10mm,但不应小于 8mm,也不应大于 12mm。

(4)砌体灰缝砂浆应饱满。水平灰缝的砂浆饱满度不得低于 80%,竖向灰缝宜采用加浆填灌的方法,使其砂浆饱满,严禁用水冲浆灌缝。

(5)砌体接槎时,必须将接槎处的表面清理干净,浇水湿润,并填实砂浆,保持灰缝平直。

(6)设置构造柱的墙体应先砌墙,后浇混凝土。浇灌构造柱混凝土前,必须将砖砌体和模板浇水湿润,并将模板内的落地灰、砖渣等清除干净。

(7)浇捣构造柱混凝土时,宜采用插入式振动器。振捣时,振捣棒不应直接触碰砖墙。构造柱混凝土分段浇灌时,在新旧混凝土接槎处,应先用水冲洗、湿润,再铺 10~20mm 厚的水泥砂浆(用原混凝土配合比去掉石子),方可继续浇灌混凝土。

(8)搁置预制板的墙顶面应找平,并应在预制板安装时坐浆。

(9)砖柱和宽度小于 1m 的窗间墙,应选用整砖砌筑。

(10)砌体相邻工作段的高度差,不得超过一层楼的高度,也不宜大于 4m。工作段的分段位置,宜设伸缩缝、沉降缝、防震缝、构造柱或门窗洞口处。

(11)尚未安装楼板或屋面板的墙和柱,当可能遇大风时,其允许自由高度不得超过规定。当超过限值时,必须采用临时支撑等有效措施。

(12)施工中需在多孔砖墙中留设临时洞口,其侧边离交接处的墙面不应小于 0.5m;洞口顶部宜设置钢筋砖过梁或钢筋混凝土过梁。

(13)设有钢筋混凝土抗风柱的建筑物,应在柱顶与屋架间以及屋架间的支撑均已连接固定后,方可砌筑山墙。

(14)多孔砖砌体不应用于 ±0.000 以下标高的墙体和基础。多孔砖砌体中应准确预留槽洞位置,不得在已砌墙体上凿槽打洞;不应在墙面上留(凿)水平槽、斜槽或埋设水平暗管和斜暗管。

(15)墙体中的竖向暗管宜预埋,无法预埋需留槽时,墙体施工时预留槽的深度及宽度不宜大于 95mm×95mm。管道安装完后,用强度等级不低于 C10 的细石混凝土或 M10 水泥砂浆填塞。

关键细节 40　什么情况下应采取斜槎

除设置构造柱的部位外,砌体的转角处和交接处应同时砌筑,对不能同时砌筑而又必须留置的临时间断处,应砌成斜槎。临时间断处的高度差,不得超过一步脚手架的高度,如图 4-113 所示。

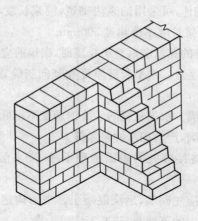

图 4-113　多孔砖砌体斜槎

第五章　砌块砌体砌筑

第一节　加气混凝土砌块砌筑

一、加气混凝土砌块构造要求

加气混凝土砌块可砌成单层墙或双层墙体。单层墙是将加气混凝土砌块立砌,墙厚为砌块的宽度。双层墙是将加气混凝土砌块立砌两层中间夹以空气层,两层砌块间,每隔500mm墙高在水平灰缝中放置4～6mm的钢筋扒钉,扒钉间距为600mm,空气层厚度为70～80mm,如图5-1所示。

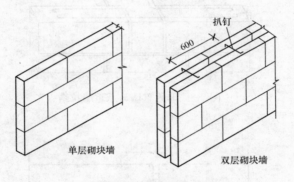

图5-1　加气混凝土砌块墙

（1）加气混凝土砌块砌筑前,应根据建筑物的平面图、立面图绘制砌块排列图。在墙体转角处设置皮数杆,并在相对砌块上边线间拉准线,依据线砌筑。

（2）承重加气混凝土砌块墙的外墙转角处、墙体交接处,均应沿墙高1m左右,在水平灰缝中放置拉结钢筋,拉结钢筋为3φ6,钢筋伸入墙内不小于1000mm,如图5-2所示。

（3）承重墙与非承重墙交接处,应沿墙高每隔1m左右用2φ6或3φ4钢筋与承重墙拉结,每边伸入墙内长度不小于700mm,如图5-3所示。

（4）砌体与框架柱交接处,应每隔1m左右在框架柱上种2φ6的拉结钢筋。种钢筋深度不小于80mm,伸入墙内不小于700mm,如图5-4所示。

（5）非承重墙与框架柱交接处,除了上述布置拉结筋外,还应用φ8钢筋套过框架柱后插入砌块顶的孔洞内,孔洞内用粘结砂浆分两次灌密实,如图5-5所示。

（6）加气混凝土砌块墙的转角处,应使纵墙的砌块相互搭砌,隔皮砌块露断面。

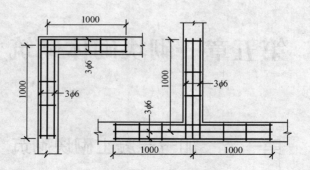

图 5-2　承重砌块墙的拉结钢筋

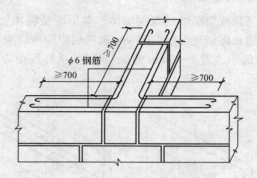

图 5-3　非承重墙与承重墙拉结

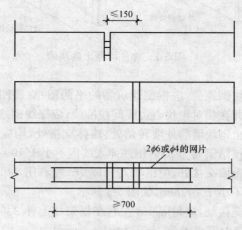

图 5-4　加气混凝土砌块墙中拉结筋

　　(7)不同干容重和强度等级的加气混凝土砌块不应混砌,也不得用其他砖或砌块混砌。

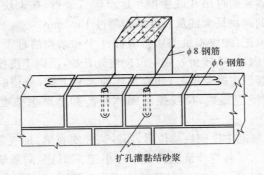

图 5-5　非承重墙与框架柱拉结

![关键细节1] **关键细节1**　**如何防止加气混凝土砌块砌体开裂**

为防止加气混凝土砌块砌体开裂,在墙体洞口的下部应放置 2φ6 钢筋,伸过洞口两侧边的长度,每边不得少于 500mm,如图 5-6 所示。

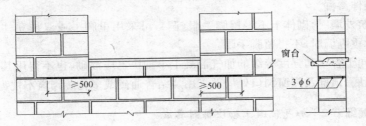

图 5-6　砌块墙窗口下配筋

二、加气混凝土小砌块砌筑要点

加气混凝土小砌块一般采用铺灰刮浆法,即先用瓦刀或专用灰铲在墙顶上摊铺砂浆,在已砌的砌块端面刮浆,然后将小砌块放在砂浆层上并与前块挤紧,随手刮去挤出的砂浆。也可采用只摊铺水平灰缝的砂浆,竖向灰缝用内外临时夹板灌浆。

(1)做好砌筑准备。

1)墙体施工前,应将基础顶面或楼层结构面按标高找平,依据图纸放出第 1 皮砌块的轴线、砌体的边线及门窗洞口位置线。

2)砌块提前 2d 进行浇水湿润,浇水时把砌块上的浮尘冲洗干净。

3)砌筑墙体前,应根据房屋立面及剖面图、砌块规格等绘制砌块排列图(水平灰缝按 15mm,垂直灰缝按 20mm),按排列图制作皮数杆,根据砌块砌体标高要求立好皮数杆,皮数杆立在砌体的转角处,纵向长度一般不应大于 15m 立一根。

4)配制砂浆:按设计要求的砂浆品种、强度等级进行砂浆配制,配合比由实验室确定。采用重量比,计量精度为水泥±2%,砂、石灰膏控制在±5%以内,应采用机械搅拌,搅拌时间不少于 1.5min。

（2）将搅拌好的砂浆通过吊斗或手推车运至砌筑地点，在砌块就位前用大铁锹、灰勺进行分块铺灰，较小的砌块最大铺灰长度不得超过 1500mm。

（3）砌块就位与校正：砌块砌筑前应把表面浮尘和杂物清理干净，砌块就位应先远后近，先下后上，先外后内，应从转角处或定位砌块处开始，吊砌 1 皮校正 1 皮。

（4）砌块就位与起吊应避免偏心，使砌块底面水平下落，就位时由人手扶控制对准位置，缓慢地下落，经小撬棍微撬，拉线控制砌体标高和墙面平整度，用托线板挂直，校正为止。

（5）竖缝灌砂浆：每砌 1 皮砌块就位后，用砂浆灌实直缝，加气混凝土砌块墙的灰缝应横平竖直，砂浆饱满，水平灰缝砂浆饱满度不应小于 90%；竖向灰缝砂浆饱满度不应小于 80%。水平灰缝厚度宜为 15mm，竖向灰缝宽度宜为 20mm。随后进行灰缝的勒缝（原浆勾缝），深度一般为 3～5mm。

（6）加气混凝土砌块的切锯、钻孔打眼、镂槽等应采用专用设备、工具进行加工，不得用斧、凿随意砍凿；砌筑上墙后更要注意。

（7）外墙水平方向的凹凸部分（如线脚、雨篷、窗台、檐口等）和挑出墙面的构件，应做好泛水和滴水线槽，以免其与加气混凝土砌体交接的部位积水，造成加气混凝土盐析、冻融破坏和墙体渗漏。

（8）砌筑外墙时，砌体上不得留脚手眼（洞），可采用里脚手或双排立柱外脚手。砌筑外墙及非承重隔墙时，不得留脚手眼。

（9）不同干容重和强度等级的加气混凝土小砌块不应混砌，也不得用其他砖或砌块混砌。填充墙底、顶部及门窗洞口处局部采用烧结普通砖或多孔砖砌筑不视为混砌。

关键细节 2　加气混凝土砌块排列要求

（1）应根据工程设计施工图纸，结合砌块的品种规格，绘制砌体砌块的排列图，经审核无误后，按图进行排列。砌块排列应按设计的要求进行，砌筑外墙时，应避免与其他墙体材料混用。

（2）排列应从基础顶面或楼层面进行，排列时应尽量采用主规格的砌块，砌体中主规格砌块应占总量的 80% 以上。

（3）砌块排列上下皮应错缝搭砌，搭砌长度一般为砌块长度的 1/3，也不应小于 150mm。

（4）砌体的垂直缝与窗洞口边线要避免同缝。外墙转角处及纵横墙交接处，应将砌块分皮咬槎，交错搭砌，砌体砌至门窗洞口边非整块时，应用同品种的砌块加工切割成。不得用其他砌块或砖镶砌。

（5）砌体水平灰缝厚度一般为 15mm，如果加网片筋的砌体水平灰缝的厚度为 20～25mm，垂直灰缝的厚度为 20mm，大于 30mm 的垂直灰缝应用 C20 级细石混凝土灌实。

（6）凡砌体中需固定门窗或其他构件以及搁置过梁、搁扳等部位，应尽量采用大规格和规则整齐的砌块砌筑，不得使用零星砌块砌筑。

（7）砌块砌体与结构构件位置有矛盾时，应先满足构件要求。

关键细节 3　当加气混凝土砌块用于砌筑具有保温要求的砌体时应如何处理

　　当加气混凝土砌用于砌筑具有保温要求的砌体时,对外露墙面的普通钢筋混凝土柱、梁和挑出的屋面板、阳台板等部位,均应采取局部保温处理措施,如用加气混凝土砌块外包等,可避免贯通式"热桥";在严寒地区,加气混凝土砌块应用保温砂浆砌筑,如图 5-7所示,在柱上还需每隔 1m 左右的高度甩筋或加柱箍钢筋与加气混凝土砌块砌体连接。

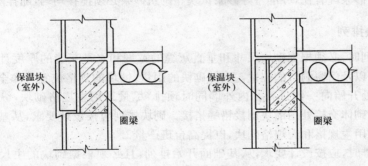

图 5-7　外墙局部保温处理

关键细节 4　哪些部位不得使用加气混凝土砌块墙

　　加气混凝土砌块墙如无切实有效措施,不得使用于下列部位:
　　(1)建筑物室内地面标高以下部位。
　　(2)长期浸水或经常受干湿交替影响部位。
　　(3)受化学环境侵蚀(如强酸、强碱)或高浓度二氧化碳等环境。
　　(4)砌块表面经常处于 80℃以上的高温环境。

第二节　混凝土小型空心砌块砌筑

一、施工准备

　　(1)材料、工具准备:进场的砌块要经过验收,应按设计要求选择合格的砌块,龄期不足 28d 及潮湿的小砌块不得进行砌筑。施工中所需准备的主要机具有塔吊、卷扬机、搅拌机、吊斗、砖笼、手推车、大铲、小撬棍、瓦刀、托线板、线坠、水平尺、工具袋等。
　　(2)运到现场的小砌块,应分规格、分等级堆放,堆放场地必须平整,并做好排水。小砌块的堆放高度不宜超过 1.6m。
　　注:对于砌筑承重墙的小砌块应进行挑选,剔出断裂小砌块或壁肋中有竖向凹形裂缝的小砌块。
　　(3)龄期不足 28d 及潮湿的小砌块不得进行砌筑。普通混凝土小砌块不宜浇水;当天气干燥炎热时,可在砌块上稍加喷水润湿;轻集料混凝土小砌块可洒水,但不宜过多。
　　(4)清除小砌块表面污物和芯柱用小砌块孔洞底部的毛边。砌筑底层墙体前,应对基础进行检查,清除防潮层顶面上的污物。

(5)根据砌块尺寸和灰缝厚度计算皮数,制作皮数杆。皮数杆上应注明门窗洞口、木砖、拉结筋、圈梁、过梁的尺寸和标高。皮数杆间距不宜超过 15m。

(6)搭设好操作和卸料架子,准备好所需的拉结钢筋或钢筋网片。

(7)根据小砌块搭接需要,准备一定数量的辅助规格的小砌块。

(8)申请砂浆配合比,并准备好砂浆试块。砌筑砂浆必须搅拌均匀,随拌随用。

二、砌块排列

砌块排列时,必须根据砌块尺寸和垂直灰缝的宽度和水平灰缝的厚度计算砌块砌筑皮数和排数,以及门窗洞口的位置,主、铺砌块的用量,铺块的规格位置等作全盘考虑。从转角或定位处开始向一侧进行。内外墙同时预排,尽量采用主规格砌块,纵横墙交接丁形、十字形等砌体交接处用铺块调接错缝搭接。砌块排列应按设计要求,从基础面开始排列,尽可能采用主规格和大规格砌块,以提高台班产量。

砌块预排时,应按设计要求,从基础面开始排列,且必须根据砌块的主尺寸和垂直水平灰缝的厚度计算砌块砌体的皮数,通常混凝土小型空心砌块要求对孔错缝搭砌,搭接长度为砌块长度的 1/2,且不小于 9mm,如图 5-8 所示。

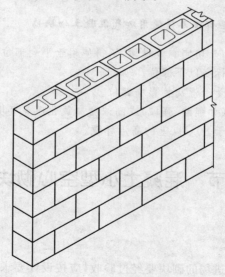

图 5-8 混凝土小型空心砌块形式

关键细节 5 混凝土小型空心砌块排列要求

砌块预排时,必须根据砌块的主尺寸和垂直水平灰缝的厚度计算砌块砌体的皮数,以及门窗洞口的位置,主、铺砌块的用量,铺块的规格位置等全盘考虑。

(1)外墙转角处和纵横墙交接处,砌块应分皮咬槎,交错搭砌,以增加房屋的刚度和整体性。砌块墙与后砌隔墙交接处,应沿墙高每隔 400mm 在水平灰缝内设置不少于 2φ4、横筋间距不大于200mm的焊接钢筋网片,钢筋网片伸入后砌隔墙内不应小于600mm,如图5-9所示。

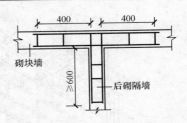

图5-9　砌块墙与后砌隔墙交接处钢筋网片

(2)砌块排列应对孔错缝搭砌,搭砌长度为砌块长度的1/2且不应小于90mm,如果搭接错缝长度满足不了规定的要求,应采取压砌钢筋网片或设置拉结筋等措施,具体构造按设计规定。

(3)对设计规定或施工所需要的孔洞口、管道、沟槽和预埋件等,应在砌筑时预留或预埋,不得在砌筑好的墙体上打洞、凿槽。

(4)砌体的垂直缝应与门窗洞口的侧边线相互错开,不得同缝,错开间距应大于150mm,且不得采用砖镶砌。砌体水平灰缝厚度和垂直灰缝宽度一般为10mm,但不应大于12mm,也不应小于8mm。

(5)在楼地面砌筑1皮砌块时,应在芯柱位置侧面预留孔洞。为便于施工操作,预留孔洞的开口一般应朝向室内,以便清理杂物、绑扎和固定钢筋。

关键细节6　设有芯柱的T形接头砌块应如何排列

设有芯柱的T形接头砌块第1皮至第6皮排列平面,如图5-10所示。第7皮开始又重复第1皮至第6皮的排列,但不用开口砌块,其排列立面如图5-11所示。设有芯柱的L形接头第1皮砌块排列平面,如图5-12所示。

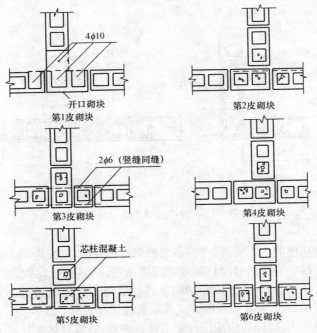

图5-10　T形芯柱接头砌块排列平面图

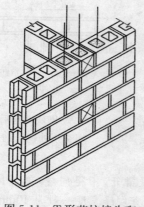

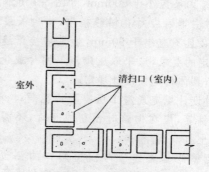

图 5-11　T 形芯柱接头砌
块排列立面图

图 5-12　L 形芯柱接头第
1 皮砌块排列平面图

三、芯柱设置

（1）芯柱截面不宜小于 120mm×120mm，宜用不低于 Cb20 的细石混凝土浇灌。

（2）钢筋混凝土芯柱每孔内插竖筋不应小于 1ϕ10，底部应伸入室内地面以下 500mm 或与基础圈梁锚固，顶部与屋盖圈梁锚固。

（3）在钢筋混凝土芯柱处，沿墙高每隔 600mm 应设 ϕ4 钢筋网片拉结，每边伸入墙体不小于 600mm，如图 5-13 所示。

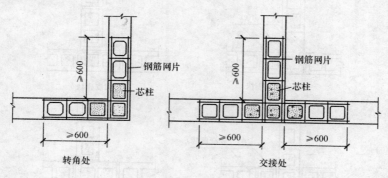

图 5-13　钢筋混凝土芯柱处拉筋

（4）芯柱应沿房屋的全高贯通，并与各层圈梁整体现浇，可采用图 5-14 所示的做法。

（5）芯柱竖向插筋应贯通墙身且与圈梁连接；插筋不应小于 1ϕ12。芯柱应伸入室外地下 500mm 或锚入浅于 500mm 基础圈梁内。芯柱混凝土应贯通楼板，当采用装配式钢筋混凝土楼板时，可用如图 5-15 所示的方式采取贯通措施。

（6）当设有混凝土芯柱时，应按设计要求设置钢筋，其搭接接头长度不应小于 40d。芯柱应随砌随灌随捣实。当砌体为无楼板时，芯柱钢筋应与上、下层圈梁连接，并按每一层进行连续浇筑。

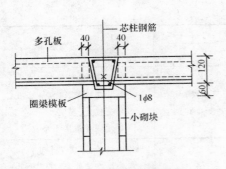

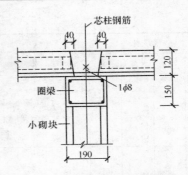

图 5-14　芯柱贯穿楼板的构造　　　　　图 5-15　芯柱贯通楼板措施

(7)芯柱部位宜采用不封底的通孔小砌块,当采用半封底小砌块时,砌筑前应打掉孔洞毛边。

(8)混凝土浇筑前,应清理芯柱内的杂物及砂浆用水冲洗干净,校正钢筋位置,并绑扎或焊接固定后,方可浇筑。浇筑时,每浇灌 400~500mm 高度捣实一次,或边浇灌边捣实。

(9)芯柱混凝土的浇筑,必须在砌筑砂浆强度大于 1MPa 以上时,方可进行浇筑。同时要求芯柱混凝土的坍落度控制在 120mm 左右。

关键细节 7　墙体宜设置芯柱的部位

(1)在外墙转角、楼梯间四角的纵横墙交接处的三个孔洞,宜设置素混凝土芯柱。

(2)五层及五层以上的房屋,应在上述的部位设置钢筋混凝土芯柱。

关键细节 8　抗震设防区混凝土小型空心砌块房屋芯柱设置要求

多层小砌块房屋应按表 5-1 的要求设置钢筋混凝土芯柱。对外廊式和单面走廊式的多层房屋,应根据房屋增加一层的层数按表 5-1 设置钢筋混凝土芯柱,且单面走廊两侧的纵墙均应按外墙处理;对横墙较少的房屋,应根据房屋增加一层的层数按表 5-1 设置钢筋混凝土芯柱;对各层横墙很少的房屋,应按增加两层的层数对待。

表 5-1　　　　　　　　　　　多层小砌块房屋芯柱设置要求

房屋层数				设置部位	设置数量
6 度	7 度	8 度	9 度		
四、五	三、四	二、三		外墙转角,楼、电梯间四角,楼楼斜梯段上下端对应的墙体处; 大房间内外墙交接处; 错层部位横墙与外纵墙交接处; 隔 12m 或单元横墙与外纵墙交接处	外墙转角,灌实 3 个孔; 内外墙交接处,灌实 4 个孔; 楼梯斜段上下端对应的墙体处,灌实 2 个孔
六	五	四		同上; 隔开间横墙(轴线)与外纵墙交接处	

（续）

房屋层数				设置部位	设置数量
6度	7度	8度	9度		
七	六	五	二	同上； 各内墙（轴线）与外纵墙交接处； 内纵墙与横墙（轴线）交接处和洞口两侧	外墙转角，灌实 5 个孔； 内外墙交接处，灌实 4 个孔； 内墙交接处，灌实 4～5 个孔； 洞口两侧各灌实 1 个孔
	七	≥六	≥三	同上； 横墙内芯柱间距不大于 2m	外墙转角，灌实 7 个孔； 内外墙交接处，灌实 5 个孔； 内墙交接处，灌实 4～5 个孔； 洞口两侧各灌实 1 个孔

注：外墙转角、内外墙交接处、楼电梯间四角等部位，应允许采用钢筋混凝土构造柱替代部分芯柱。

四、砌块砌筑要求

混凝土空心小砌块宜采用铺灰反砌法进行砌筑，砌筑要求如下：

（1）小砌块砌筑应从转角或定位处开始，内外墙同时砌筑，纵横墙交错搭接；外墙转角处应使小砌块隔皮露端面。墙体不得采用砌块与普通砖混和砌筑，严禁断裂砌块用于承重墙体。

（2）小砌块应对孔错缝搭砌。上下皮小砌块竖向灰缝相互错开190mm。个别情况下无法对孔砌筑时，普通混凝土小砌块错缝长度不应小于 90mm，轻集料混凝土小砌块错缝长度不应小于 120mm；当不能保证此规定时，应在水平灰缝中设置 2φ4 钢筋网片，钢筋网片每端均应超过该垂直灰缝，其长度不得小于 300mm，如图 5-16 所示。

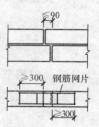

图 5-16　水平灰缝中拉结筋

（3）砌块应逐块铺砌，采用满铺、满挤法。灰缝应做到横平竖直，全部灰缝均应填满砂浆。水平灰缝宜用坐浆满铺法。垂直缝可先在砌块端头铺满砂浆（即将砌块铺浆的端面朝上依次紧密排列），然后将砌块上墙挤压至要求的尺寸；也可在砌好的砌块端头刮满砂浆，然后将砌块上墙进行挤压，直至所需尺寸。

（4）砌块砌筑一定要跟线，"上跟线，下跟棱，左右相邻要对平"。同时应随时进行检查，做到随砌随查随纠正，以便返工。每当砌完一块，应随后进行灰缝的勾缝（原浆勾缝），勾缝深度一般为 3～5mm。

（5）须移动砌体中砌块或砌块被撞动时，应清除原有砂浆，重铺砂浆砌筑，确保砌块粘结牢固。需要移动已砌好的砌块时，应清除原有砂浆，重新铺砂浆砌筑。空心砌块墙每天的砌筑高度应控制在 1.5m 或一步脚手架高度内。

（6）小砌块用于框架填充墙时，应与框架中预埋的拉结钢筋连接。当填充墙砌至顶面最后 1 皮，与上部结构相接处宜用实心小砌块（或在砌块孔洞中填 CB15 混凝土）斜砌挤紧。

对设计规定的洞口、管道、沟槽和预理件等，应在砌筑时预留或预埋，严禁在砌好的墙体上打凿。在小砌块墙体中不得留水平沟槽。

（7）安装预制梁、板时，必须坐浆垫平，不得干铺。当设置滑动层时，应按设计要求处理。板缝应按设计要求填实。

砌体中设置的圈梁应符合设计要求，圈梁应连续地设置在同一水平上，并形成闭合状，且应与楼板（屋面板）在同一水平面上，或紧靠楼板底（屋面板底）设置；当不能在同一水平上闭合时，应增设附加圈梁，其搭接长度应不小于圈梁距离的 2 倍，同时也不得小于 1m；当采用槽形砌块制作组合圈梁时，槽形砌块应采用强度等级不低于 Mb10 的砂浆砌筑。

（8）对墙体表面的平整度和垂直度、灰缝的均匀程度及砂浆饱满程度等，应随时检查并校正所发现的偏差。在砌完每一楼层以后，应校核墙体的轴线尺寸和标高，在允许范围内的轴线和标高的偏差，可在楼板面上予以校正。

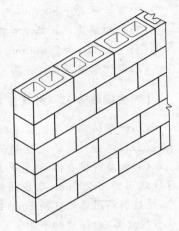

图 5-17　混凝土空心小砌块墙的立面组砌形式

关键细节 9　混凝土空心小型砌块墙组砌形式

混凝土空心小砌块墙的立面组砌形式仅有全顺一种，上、下竖向相互错开 190mm；双排小砌块墙横向竖缝也应相互错开 190mm，如图 5-17 所示。

关键细节 10　小砌块墙转角处及 T 字交接处砌法

T 形交接处应使横墙小砌块隔皮露端面，纵墙在交接处改砌两块辅助规格小砌块（尺寸为 290mm×190mm×190mm，一头开口），所有露端面用水泥砂浆抹平，如图 5-18 所示。

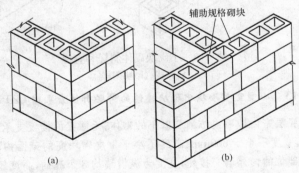

（a）　　　　　　　　　　　（b）

图 5-18　小砌块墙转角处及 T 字交接处砌法
（a）转角处；（b）交接处

关键细节 11　墙体的哪些部位不得留设脚手眼

小砌块墙体内不宜留脚手眼，如必须留设，可用 190mm×190mm×190mm 小砌块侧砌，利用其孔洞作脚手眼，墙体完工后用 C15 混凝土填实。在墙体下列部位不得留设脚手眼：

（1）过梁上部，与过梁呈 60°角的三角形及过梁跨度 1/2 范围内。

（2）宽度不大于 800mm 的窗间墙。

（3）梁和梁垫下及其左右各 500mm 的范围内。

（4）门窗洞口两侧 200mm 内和墙体交接处 400mm 的范围内。

（5）设计规定不允许设脚手眼的部位。

关键细节 12　　外墙转角留槎处理

（1）外墙转角处严禁留直槎，宜从两个方向同时砌筑。

（2）墙体临时间断处应砌成斜槎。斜槎长度不应小于高度的 2/3。

（3）如留斜槎有困难，除外墙转角处及抗震设防地区，墙体临时间断处不应留直槎外，可从墙面伸出 200mm 砌成阴阳槎，并沿墙高每 3 皮砌块（600mm）设拉结钢筋或钢筋网片，拉结钢筋用 2 根直径 6mm 的 HPB300 级钢筋；钢筋网片用 ϕ4 的冷拔钢丝。埋入长度从留槎处算起，每边均不小于 600mm，如图 5-19 所示。

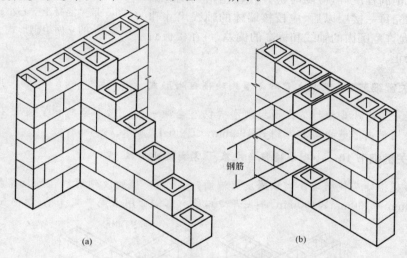

图 5-19　小砌块砌体斜槎和直槎
(a)斜槎；(b)阴阳槎

关键细节 13　　小型空心砌块中砌块墙体的哪些部位应采用 C20 的混凝土灌实孔洞

砌块墙体的中底层室内地面或防潮层以下的砌体；无圈梁的楼板支承面下的顶皮砌块；无梁垫的次梁支承处，宽度不小于 600mm、高度不小于 1 皮砌块高的范围内；挑梁悬挑长度不小于 1.2m 时，其支承部位的内外墙交接处，宽度为纵横墙均 3 个孔洞，高度不小于 3 皮砌块高的范围内等部位，应采用 C20 的混凝土灌实孔洞后的砌块砌筑，以便提高砌块墙的承载能力。

第三节　粉煤灰砌块砌筑

粉煤灰砌块墙砌筑前，应按设计图绘制砌块排列图，并在墙体转角处设置皮数杆。粉煤灰砌块的砌筑面适量浇水。

一、粉煤灰砌块组砌形式

(1)粉煤灰砌块的主规格长度为 880mm,宽度有 380mm、430mm 两种。

(2)墙厚等于砌块宽度,其立面的组砌方式只有全顺方式一种,即每皮砌块均为顺砌,上下错缝。相互错开砌块长度的 1/3 以上,并不小于 150mm。

如不能满足上述要求,则应在水平灰缝中设置 2 根 $\phi6$ 的钢筋或 1 道 $\phi4$ 钢筋网片加强,加强筋长度不小于 700mm,如图 5-20 所示。

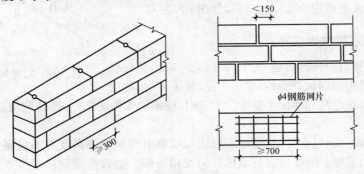

图 5-20　粉煤灰砌块墙砌筑形式

(3)粉煤灰砌块墙的转角处及丁字交接处,可使隔皮砌块露头,但应锯平灌浆槽,使砌块端面为平整面,如图 5-21 所示。

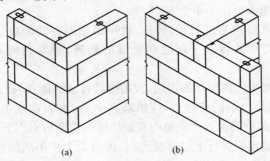

图 5-21　粉煤灰砌块墙转角处、交接处的砌法
(a)转角处;(b)交接处

(4)砌块排列尽量不镶砖或少镶砖,需要镶砖时,应用整砖镶砌,而且尽量分散、均匀布置,使砌体受力均匀。砖的强度等级应不小于砌块的强度等级。镶砖应平砌,不宜侧砌或竖砌,墙体的转角处和纵横墙交接处,不得镶砖;门窗洞口不宜镶砖,如需镶砖,应用整砖镶砌,不得使用半砖镶砌。

在每一楼层高度内需镶砖时,镶砌的最后一皮砖和安置有格栅、楼板等构件下的砖层须用顶砖镶砌,而且必须用无横断裂缝的整砖。

二、粉煤灰砌块砌筑方法

粉煤灰砌块砌筑时可采用"铺灰灌浆法"：先在墙顶上摊铺砂浆，然后将砌块按砌筑位置摆放到砂浆层上，并与前一块砌块靠拢，留出不大于 20mm 的空隙；待砌完 1 皮砌块后，在空隙两旁装上夹板或塞上泡沫塑料条，在砌块的灌浆槽内灌砂浆，直至灌满；等到砂浆开始硬化不流淌时，即可卸掉夹板或取出泡沫塑料条，如图 5-22 所示。

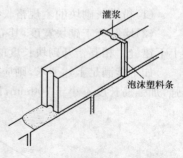

图 5-22　粉煤灰砌块砌筑

三、粉煤灰砌块砌筑要点

（1）砌块砌筑应先远后近，先下后上，先外后内。每层应从转角处或定位砌块处开始，应吊 1 皮，校正 1 皮，皮皮拉麻线控制砌块标高和墙面平整度。砌筑时，应采用无榫法操作，即将砌块直接安放在平铺的砂浆上。

（2）内外墙应同时砌筑，相邻施工段之间或临时间断处的高度差不应超过 1 个楼层，并应留阶梯形斜槎。附墙垛应与墙体同时交错搭砌。砌筑应做到横平竖直，砌体表面平整清洁，砂浆饱满，灌缝密实。

（3）粉煤灰砌块是立砌的，立面组砌形式只有全顺一种。上下皮砌块的竖缝相互错开 440mm，个别情况下相互错开不小于 150mm。粉煤灰砌块墙水平灰缝厚度应不大于 15mm，竖向灰缝宽度应不大于 20mm（灌浆槽处除外），水平灰缝砂浆饱满度应不小于 90％，竖向灰缝砂浆饱满度应不小于 80％。

校正时，不得在灰缝内塞进石子、碎片，也不得强烈振动砌块；砌块就位并经校正平直、灌垂直缝后，应随即进行水平灰缝和竖缝的勒缝（原浆勾缝），勒缝的深度一般为 3～5mm。

（4）粉煤灰砌块墙中门窗洞口的周边，宜用烧结普通砖砌筑，砌筑宽度应不小于半砖。粉煤灰砌块墙与承重墙（或柱）交接处，应沿墙高 1.2m 左右在水平灰缝中设置 3 根直径 4mm 的拉结钢筋，拉结钢筋伸入承重墙内及砌块墙的长度均不小于 700mm。

（5）粉煤灰砌块墙砌到接近上层楼板底时，因最上 1 皮不能灌浆，可改用烧结普通砖或煤渣砖斜砌挤紧。

（6）砌筑粉煤灰砌块外墙时，不得留脚手眼。每一楼层内的砌块墙应连续砌完，尽量不留接槎。如必须留槎，应留成斜槎，或在门窗洞口侧边间断。

（7）当板跨大于 4m 并与外墙平行时，楼盖和屋盖预制板紧靠外墙的侧边宜与墙体或圈梁拉结锚固，如图 5-23 所示。

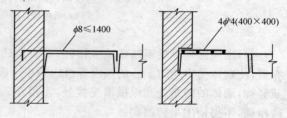

图 5-23　非支承向板锚固筋

对于钢筋混凝土预制楼板相互之间以及板与梁、墙与圈梁的连接更要注意加强。

关键细节 14　粉煤灰砌块排列方法与要求

按砌块排列图在墙体线范围内分块定尺、画线，排列砌块的方法和要求如下：

（1）砌块排列时尽可能采用主规格的砌块，砌体中主规格的砌块应占总量的75%～80%。其他副规格砌块（如580mm×380mm×240mm、430mm×380mm×240mm、280mm×380mm×240mm）和镶砌用砖（标准砖或承重多孔砖）应尽量减少，分别控制在5%～10%以内。

（2）砌筑前，应根据工程设计施工图，结合砌块的品种、规格，绘制砌体砌块的排列图，经审核无误，按图排列砌块。

（3）砌块排列上下皮应错缝搭砌，搭砌长度一般为砌块的1/2；不得小于砌块高的1/3，也不应小于150mm。如果搭接缝长度满足不了要求，应采取压砌钢筋网片的措施，具体构造按设计规定。

（4）墙转角及纵横墙交接处，应将砌块分层咬槎，交错搭砌，如果不能咬槎，按设计要求采取其他的构造措施；砌体垂直缝与门窗洞口边线应避开同缝，且不得采用砖镶砌。

（5）砌体水平灰缝厚度一般为15mm，如果加钢筋网片的砌体，水平灰缝厚度为20～25mm，垂直灰缝宽度为20mm；大于30mm的垂直缝，应用Cb20的细石混凝土灌实。

第六章 石砌体砌筑

第一节 毛石砌体砌筑

一、毛石基础砌筑

毛石基础是用乱毛石或平毛石与水泥混合砂浆或水泥砂浆砌成。毛石基础可作墙下条形基础或柱下独立基础。毛石基础按其断面形状有矩形、梯形和阶梯形等。基础顶面宽度应比墙基底面宽度大 200mm,即每边比基础厚度宽出 100mm,基础底面宽度依设计计算而定。梯形基础坡角应大于 60°。阶梯形基础每阶高不小于 300mm,每阶挑出宽度不大于 200mm,如图 6-1 所示。

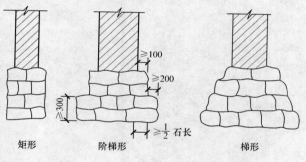

图 6-1 毛石基础

（1）砌第 1 皮毛石时,应选用有较大平面的石块,先在基坑底铺设砂浆,再将毛石砌上,并使毛石的大面向下。砌筑时,应分皮卧砌,并应上下错缝,内外搭砌,不得采用先砌外面石块后中间填心的砌筑方法。石块间较大的空隙应先填塞砂浆,后用碎石嵌实,不得采用先摆碎石后塞砂浆或干填碎石的方法。

（2）砌筑第 2 皮及以上各皮时,应采用坐浆法分层卧砌,砌石时首先铺好砂浆,砂浆不必铺满,可随砌随铺,在角石和面石处,坐浆略厚些,石块砌上去将砂浆挤压成要求的灰缝厚度。

（3）砌石时搬取石块应根据空隙大小、槎口形状选用合适的石料先试砌试摆一下,大、中、小毛石应搭配使用,尽量使缝隙减少,接触紧密。但石块之间不能直接接触形成干研缝,同时也应避免石块之间形成空隙。

砌石时,先砌里外两面,长短搭砌,后填砌中间部分,但不允许将石块侧立砌成立斗石,也不允许先把里外皮砌成长向两行(牛槽状)。

(4)有高低台的毛石基础,应从低处砌起,并由高台向低台搭接,搭接长度不小于基础高度。毛石基础每 0.7m² 且每皮毛石内间距不大于 2m 设置一块拉结石,上下两皮拉结石的位置应错开,立面砌成梅花形。拉结石宽度:如基础宽度等于或小于 400mm,拉结石宽度应与基础宽度相等;如基础宽度大于 400mm,可用两块拉结石内外搭接,搭接长度不应小于 150mm,且其中一块长度不应小于基础宽度的 2/3。

阶梯形毛石基础,上阶的石块应至少压砌下阶石块的 1/2,如图 6-2 所示;相邻阶梯毛石应相互错缝搭接。

(5)毛石基础最上 1 皮,宜选用较大的平毛石砌筑。转角处、交接处和洞口处应选用较大的平毛石砌筑。

(6)毛石基础转角处和交接处应同时砌起,如不能同时砌起又必须留槎时,应留成斜槎,斜槎长度应不小于斜槎高度,斜槎面上毛石不应找平,继续砌时应将斜槎面清理干净,浇水湿润。

1/2石长

图 6-2　阶梯形毛石基础砌法

▨ 关键细节 1　立线杆和拉准线方法

毛石基础砌筑前要挂两条基准线,其目的是根据龙门板上的基础轴线来确定基础边线的位置,挂线的主要方法有如下两种:

(1)方法一:在基槽两端的转角处,每端各立两根木杆,再横钉一木杆连接,在立杆上标出各放大脚的标高。在横杆上钉上中心线钉及基础边线钉,根据基础宽度拉好立线,如图 6-3 所示。然后根据边线和阴阳角(内、外角)处先砌两层较方整的石块,以此固定准线。砌阶梯形毛石基础时,应将横杆上的立线按各阶梯宽度向中间移动,移到退台所需的宽度,再拉水平准线。

(2)方法二:砌矩形或梯形断面的基础时,按照设计尺寸用 50mm×50mm 的小木条钉成基础断面形状(称样架),立于基槽两端,在样架上注明标高,两端样架相应标高用准线连接作为砌筑的依据,如图 6-4 所示。立线控制基础宽窄,水平线控制每层高度及平整。砌筑时应采用双面挂线,每次起线高度大放脚以上 800mm 为宜。

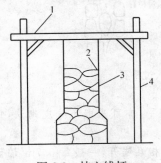

图 6-3　挂立线杆

1—横杆;2—准线;3—立线;4—立杆

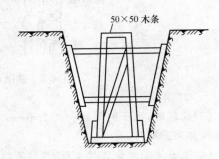

50×50木条

图 6-4　断面样架

二、毛石墙砌筑

毛石墙是用平毛石或乱毛石与水泥混合砂浆或水泥砂浆砌成,墙面灰缝不规则,外观要求整齐的墙面,其外皮石材可适当加工。毛石墙的转角可用料石或平毛石砌筑。毛石墙的厚度应不小于350mm。

毛石墙砌筑应采用铺浆法,用较大的平毛石,先砌转角处、交接处和门洞处,再向中间砌筑。

坐浆法或又称浆砌法,其与砖砌体砌筑方法基本相同,即每个石块上下左右的砌缝应坐满砂浆,由砂浆胶结牢固,传递压力。坐浆法又分灌浆法和挤浆法。灌浆法适用于基础砌筑,该方法是按层铺放石块,然后再灌入流动性砂浆,并边灌边捣;挤浆法是先铺一层3.5cm厚砂浆,然后铺放石块使部分砂浆挤出,待石块砌平后再铺砂浆,并把砂浆灌入石缝中,然后再砌上面一层石块。由于石块表面多有凹凸不平,砌筑时要求石块上下叠砌面和接触面上的凹凸高低不超过10cm。因石材吸水率小和自重大,要求砌筑用砂浆稠度相对小,且灰缝应饱满。要求灰缝厚度控制在20～30mm。

▌关键细节2　毛石墙砌筑关键点

砌筑毛石墙应根据基础的中心线放出墙身里外边线,挂线分皮卧砌,每皮高250～350mm。

(1)砌筑准备。砌前应先试摆,使石料大小搭配,大面平放,外露表面要平齐,斜口朝内,逐块卧砌坐浆,使砂浆饱满。石块间较大的空隙应先填塞砂浆,后用碎石嵌实。灰缝宽度一般控制在20～30mm,铺灰厚度40～50mm。

(2)上下皮毛石应相互错缝,内外搭砌,石块间较大的空隙应先填塞砂浆,后用碎石嵌实。严禁使用先填塞小石块后灌浆的做法。墙体中间不得有铁锹口石(尖石倾斜向外的石块)、斧刃石和过桥石(仅在两端搭砌的石块),铁锹口石、斧刃石、过桥石如图6-5所示。

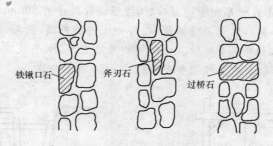

图6-5　铁锹口石、斧刃石、过桥石

(3)砌筑时,毛石的形状和大小不一,难以每皮砌平,亦可采取不分皮砌法,每隔一定高度大体砌平即可。

(4)毛石墙必须设置拉结石,拉结石应均匀分布,相互错开,一般每0.7m²墙面至少设1块,且同皮内的中距不大于2m。墙厚等于或小于400mm时,拉结石长度等于墙厚;墙厚大于400mm时,可用2块拉结石内外搭砌,搭接长度不小于150mm,且其中1块长度不小于墙厚的2/3。

(5)墙中门窗洞可砌砖平拱或放置钢筋混凝土过梁,并应与窗框间预留10mm下沉高度。在毛石与砖的组合墙中,毛石墙与砖墙应同时砌筑,并每隔4～6皮砖用2～3皮砖与毛石墙拉结砌合,两种墙体间的空隙应用砂浆填满,如图6-6所示。

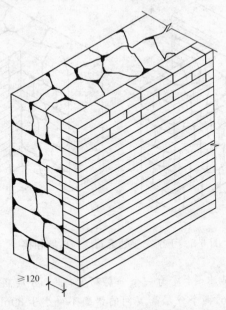

≥120

图6-6　毛石与砖组合墙

　　(6)毛石墙与砖墙相接的转角处和交接处应同时砌筑,对不能同时砌筑而又必须留置的临时间断处,应砌成踏步槎。在转角处,应自纵墙(或横墙)每隔4～6皮砖高度引出不小于120mm的阳槎与横墙相接,如图6-7所示。在丁字交接处,应自纵墙每墙4～6皮砖高度引出不小于120mm与横墙相接,如图6-8所示。

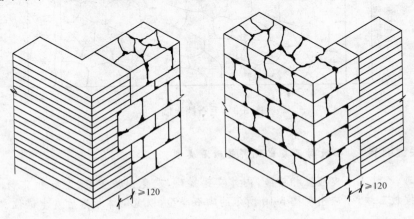

≥120　　　　　　　　≥120

图6-7　转角处毛石墙与砖墙相接

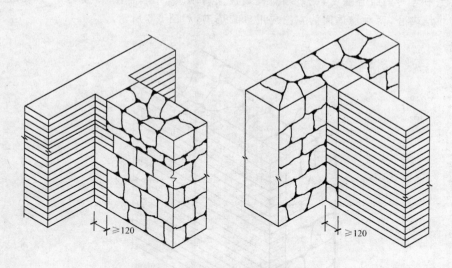

图 6-8　丁字交接处毛石墙与砖墙相接

（7）砌毛石挡土墙，每砌 3～4 皮为一个分层高度，每个分层高度应找平 1 次。外露面的灰缝厚度不得大于 40mm，两个分层高度间的错缝不得小于 80mm，如图 6-9 所示。毛石墙每日砌筑高度不应超过 1.2m。毛石墙临时间断处应砌成斜槎。

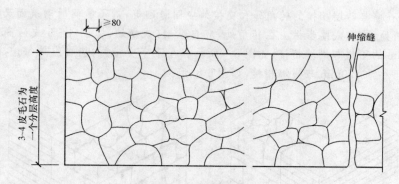

图 6-9　毛石挡土墙

关键细节 3　砌筑时不应出现哪些砌石类型

砌筑时，石块上下皮应互相错缝，内外交错搭砌，避免出现重缝、空缝和孔洞，同时应注意合理摆放石块，不应出现图 6-10 所示的砌石类型，以免砌体承重后发生错位、劈裂、外鼓等现象。

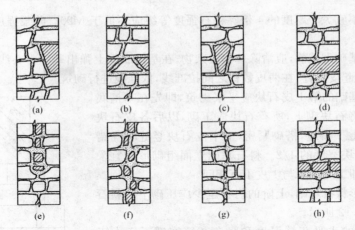

图 6-10　错误的砌石类型
(a)刀口裂(1);(b)刀口裂(2);(c)劈合型;(d)桥型;
(e)马槽型;(f)夹心型;(g)对合型;(h)分层型

第二节　料石砌体砌筑

一、料石基础砌筑

料石基础是用毛料石或粗料石与水泥混合砂浆或水泥砂浆砌筑而成。料石基础有墙下的条形基础和柱下独立基础等,依其断面形状有矩形、阶梯形等,如图 6-11 所示。阶梯形基础每阶挑出宽度不大于 200mm,每阶为 1 皮或 2 皮料石。

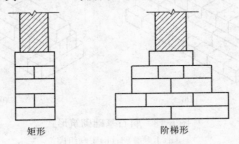

矩形　　　　　　　阶梯形

图 6-11　料石基础断面形状

(1)砌筑准备。放好基础的轴线和边线,测出水平标高,立好皮数杆。皮数杆间距以不大于 15m 为宜,在料石基础的转角处和交接处均应设置皮数杆。砌筑前,应将基础垫层上的泥土、杂物等清除干净,并浇水湿润。拉线检查基础垫层表面标高是否符合设计要求。如第 1 皮水平灰缝厚度超过 20mm,应用细石混凝土找平,不得用砂浆或在砂浆中掺碎砖或碎石代替。

(2)料石基础宜用粗料石或毛料石与水泥砂浆砌筑。料石的宽度、厚度均不宜小于

200mm，长度不宜大于厚度的 4 倍。料石强度等级应不低于 M20。砂浆强度等级应不低于 M5。

（3）料石基础砌筑前，应清除基槽底杂物；在基槽底面上弹出基础中心线及两侧边线；在基础两端立起皮数杆，在两皮数杆之间拉准线，依准线进行砌筑。

（4）料石基础的第 1 皮石块应坐浆砌筑，即先在基槽底摊铺砂浆，再将石块砌上，所有石块应丁砌，以后各皮石块应铺灰挤砌，上下错缝，搭砌紧密，上下皮石块竖缝相互错开应不少于石块宽度的 1/2。料石基础立面组砌形式宜采用一顺一丁，即 1 皮顺石与 1 皮丁石相间。

（5）阶梯形料石基础，上阶的料石至少应压砌下阶料石的 1/3，如图 6-12 所示。

料石基础的水平灰缝厚度和竖向灰缝宽度不宜大于 20mm。灰缝中砂浆应饱满。

料石基础宜先砌转角处或交接处，再依准线砌中间部分，临时间断处应砌成斜槎。

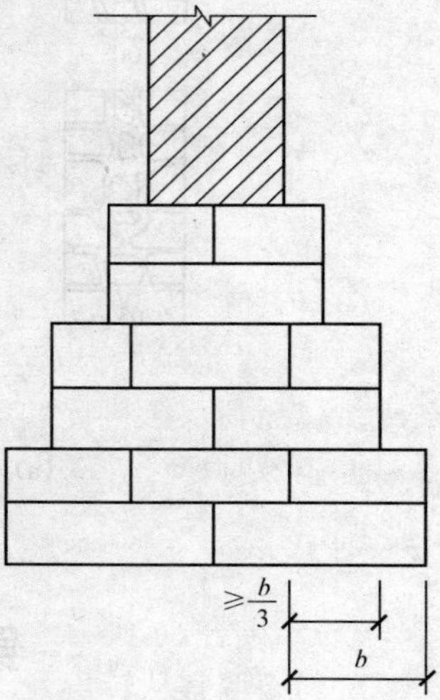

关键细节 4　料石基础的砌筑形式

料石基础砌筑形式有顶顺叠砌和顶顺组砌。顶顺叠砌是 1 皮顺石与 1 皮顶石相隔砌成，上下皮竖缝相互错开 1/2

图 6-12　阶梯形料石基础

石宽；顶顺组砌是同皮内 1～3 块顺石与 1 块顶石相隔砌成，顶石中距不大于 2m，上皮顶石坐中于下皮顺石，上下皮竖缝相互错开至少 1/2 石宽，如图 6-13 所示。

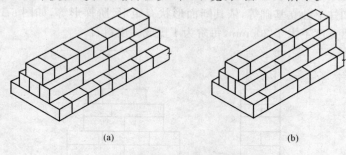

(a)　　　　　　　　　　　　　(b)

图 6-13　料石基础砌筑形式

（a）丁顺叠砌；（b）丁顺组砌

二、料石墙砌筑

料石墙是用料石与水泥混合砂浆或水泥砂浆砌成。料石用毛料石、粗料石、半细料石、细料石均可。

（1）料石墙砌筑准备工作。

1）在基础顶面放好墙身中线与边线及门窗洞口位置线，测出水平标高，立好皮数杆。皮数杆间距以不大于 15m 为宜，在料石墙体的转角处和交接处均应设置皮数杆。

2）砌筑前，应将基础顶面的泥土、杂物等清除干净，并浇水湿润。

3)拉线检查基础顶面标高是否符合设计要求。如第 1 皮水平灰缝厚度超过 20mm,应用细石混凝土找平,不得用砂浆或在砂浆中掺碎砖或碎石代替。

4)常温施工时,砌石前 1d 应将料石浇水湿润。

5)操作用脚手架、斜道以及水平、垂直防护设施已准备妥当。

(2)料石砌筑前,应在基础顶面上放出墙身中线和边线及门窗洞口位置线并抄平,立皮数杆,拉准线,并按照组砌图将料石试排妥当后才能开始砌筑。

(3)料石墙厚度等于 1 块料石宽度时,可采用全顺砌筑形式。料石墙厚度等于两块料石宽度时,可采用两顺一丁或十字组砌的砌筑形式。

(4)料石墙的第 1 皮及每个楼层的最上 1 皮应丁砌。

(5)料石墙采用铺浆法砌筑,料石灰缝厚度:毛料石和粗料石墙砌体不宜大于 20mm,细料石墙砌体不宜大于 5mm。砂浆铺设厚度略高于规定灰缝厚度,其高出厚度:细料石为 3~5mm,毛料石、粗料石宜为 6~8mm。

(6)砌筑时,应先将料石里口落下,再慢慢移动就位,校正垂直与水平。在料石砌块校正到正确位置后,顺石面将挤出的砂浆清除,然后向竖缝中灌浆。

(7)在料石和砖的组合墙中,料石墙和砖墙应同时砌筑,并每隔 2~3 皮料石用丁砌石与砖墙拉结砌合,丁砌石的长度宜与组合墙厚度相等,如图 6-14 所示。

(8)料石墙宜从转角处或交接处开始砌筑,再依准线砌中间部分,临时间断处应砌成斜槎,斜槎长度应不小于斜槎高度。料石墙每日砌筑高度宜不超过 1.2m。

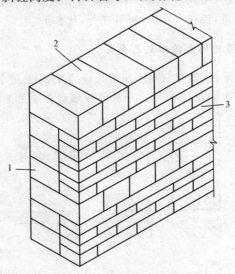

图 6-14　料石和砖组合墙
1—料石;2—料石丁砌层;3—砖

关键细节 5　料石墙的砌筑形式

料石墙砌筑形式有以下几种,如图 6-15 所示。

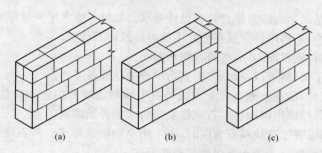

图 6-15　料石墙砌筑形式

(a)丁顺叠砌；(b)丁顺组砌；(c)全顺叠砌

(1)丁顺叠砌。1 皮顺砌石与 1 皮丁砌石相隔砌成，上下皮顺石与丁石间竖缝相互错开 1/2 石宽。这种砌筑形式适合于墙厚等于石长时。

(2)丁顺组砌。同皮内每 1~3 块顺石与 1 块顶石相间砌成，上皮丁石座中于下皮顺石，上下皮竖缝相互错开至少 1/2 石宽，丁石中距不超过 2m。这种砌筑形式适合于墙厚等于或大于 2 块料石宽度时。

(3)全顺叠砌。每皮均为顺砌石，上下皮竖缝相互错开 1/2 石长。此种砌筑形式适合于墙厚等于石宽时。

料石还可以与毛石或砖砌成组合墙。料石与毛石的组合墙，料石在外，毛石在里；料石与砖的组合墙，料石在里，砖在外，也可料石在外，砖在里。

关键细节 6　料石墙面勾缝形式与要求

(1)石墙勾缝形式有平缝、凹缝、凸缝，凹缝又分为平凹缝、半圆凹缝，凸缝又分为平凸缝、半圆凸缝、三角凸缝，如图 6-16 所示。一般料石墙面多采用平缝或平凹缝。

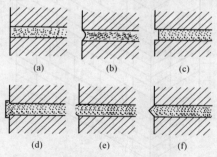

图 6-16　石墙勾缝形式

(2)料石墙面勾缝时应采用加浆勾缝，并宜采用细砂拌制 1：1.5 水泥砂浆，也可采用水泥石灰砂浆或掺入麻刀(纸筋)的青灰浆。有防渗要求的，可用防水胶泥材料进行勾缝。

(3)料石墙面勾缝前要先剔缝，将灰缝凹入 20~30mm。墙面用水喷洒湿润，不整齐处应修整。

（4）勾平缝时，用小抿子在托灰板上刮灰，塞进石缝中严密压实，表面压光。勾缝应顺石缝进行，缝与石面齐平，勾完一段后，用小抿子将缝边毛槎修理整齐。

（5）勾平凸缝（半圆凸缝或三角凸缝）时，先用 1∶2 水泥砂浆抹平，待砂浆凝固后，再抹一层砂浆，用小抿子压实、压光，稍停等砂浆收水后，用专用工具捋成 10～25mm 宽窄一致的凸缝。

（6）料石墙面勾缝应从上向下、从一端向另一端依次进行。勾缝缝路顺石缝进行，且均匀一致，深浅、厚度相同，搭接平整通顺。阳角勾缝两角方正，阴角勾缝不能上下直通。严禁出现丢缝、开裂或粘结不牢等现象。

（7）勾缝完毕，清扫墙面或柱面，表面洒水养护，防止干裂和脱落。

三、石柱砌筑

料石柱是用半细料石或细料石与水泥混合砂浆或水泥砂浆砌成。

（1）整石柱所用石块其四侧应弹出石块中心线。料石柱砌筑前，应在柱座面上弹出柱身边线，在柱座侧面弹出柱身中心线。

（2）砌整石柱时，应将石块的叠砌面清理干净。先在柱座面上抹一层水泥砂浆，厚约10mm，再将石块对准中心线砌上，以后各皮石块砌筑应先铺好砂浆，对准中心线，将石块砌上。石块如有竖向偏斜，可用铜片或铝片在灰缝边缘内垫平。

（3）砌筑料石柱时，应按规定的组砌形式逐皮砌筑，上下皮竖缝相互错开，无通天缝，不得使用垫片，并应随时用线坠检查整个柱身的垂直，如有偏斜应拆除重砌，不得用敲击方法去纠正。

料石柱每天砌筑高度不宜超过 1.2m。砌筑完后应立即加以围护，严禁碰撞。

（4）灰缝要横平竖直。灰缝厚度：细料石柱不宜大于 5mm；半细料石柱不宜大于10mm。砂浆铺设厚度应略高于规定灰缝厚度，其高出厚度为 3～5mm。

关键细节 7　料石柱组砌形式

料石柱有整石柱和组砌柱两种。整石柱每 1 皮料石是整块的，即料石的叠砌面与柱断面相同，只有水平灰缝，无竖向灰缝。柱的断面形状多为方形、矩形或圆形。组砌柱每皮由几块料石组砌，上下皮竖缝相互错开，柱的断面形状有方形、矩形、T 形或十字形，如图 6-17 所示。

四、石过梁砌筑

石过梁有平砌式过梁、石平拱和石圆拱三种。平砌式过梁用料石制作，过梁厚度应为 200～450mm，宽度与墙厚相等，长度不超过 1.7m，其底面应加工平整。当砌到洞口顶时，即将过梁砌上，过梁两端各伸入墙内长度应不小于 250mm。过梁上续砌石墙时，其正中石块长度应不小于过梁净跨度的 1/3，其两旁应砌上不小于过梁净跨 2/3 的料石，如图 6-18 所示。

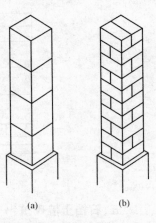

图 6-17　料石柱
(a)整石柱；(b)组砌柱

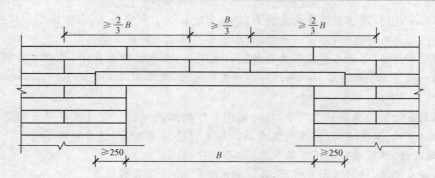

图 6-18　平砌式石过梁

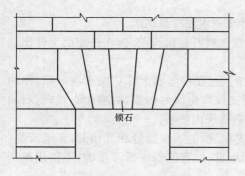

图 6-19　石平拱

石平拱所用料石应按设计要求加工,如无设计规定,则应加工成楔形(上宽下窄)。平拱的拱脚处坡度以 60°为宜,拱脚高度为 2 皮料石高。平拱的石块应为单数,石块厚度与墙厚相等,石块高度为 2 皮料石高。砌筑平拱时,应先在洞口顶支设模板。从两边拱脚处开始,对称地向中间砌筑,正中一块锁石要挤紧。所用砂浆的强度等级应不低于 M10,灰缝厚度为 5mm,如图 6-19 所示。砂浆强度达到设计强度 70％时拆模。

石圆拱所用料石应进行细加工,使其接触面吻合严密,形状及尺寸均应符合设计要求。砌筑时应先在洞口顶部支设模板,由拱脚处开始对称地向中间砌筑,正中一块拱冠石要对中挤紧,如图 6-20 所示。所用砂浆的强度等级应不低于 M10,灰缝厚度为 5mm。砂浆强度达到设计强度 70％时方可拆模。

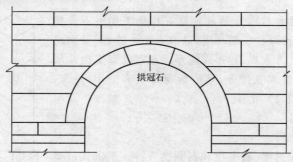

图 6-20　石圆拱

五、石挡土墙砌筑

石挡土墙有毛石挡土墙和料石挡土墙。

(1)砌筑毛石挡土墙应符合下列要求:

1)毛石的中部厚度不宜小于200mm。

2)每砌3~4皮毛石为一个分层高度,每个分层高度应找平一次。

3)外露面的灰缝厚度不得大于40mm,两个分层高度间的错缝不得小于80mm,如图6-21所示。

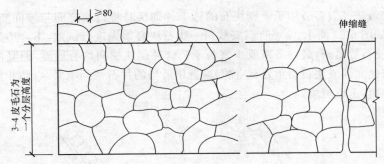

图 6-21　毛石挡土墙立面

(2)砌筑料石挡土墙应符合下列要求:

1)砌筑料石挡土墙,宜采用梅花丁组砌形式(同皮内丁石与顺石相同)。当中间部分用毛石填砌时,丁砌料石伸入毛石部分的长度不应小于200mm。

2)砌筑石挡土墙,应按设计要求收坡或收台,设置伸缩缝和泄水孔。

3)泄水孔应均匀设置,在挡土墙每米高度上间隔2m左右设置一个泄水孔。泄水孔可采用预埋钢管或硬塑料管方法留置。泄水孔周围的杂物应清理干净,并在泄水孔与土体间铺设长宽各为300mm、厚200mm的卵石或碎石作疏水层。

4)挡土墙内侧回填土必须分层填实,分层填土厚度应为300mm,墙顶土面应有适当坡度使水流向挡土墙外侧面。

第三节　干砌石砌筑

干砌是指不用胶结材料而将砌体砌筑起来的一种砌筑方法。干砌石包括干砌块(片)石和干砌卵石。干砌石不宜用于砌筑墩、台、桥、涵或其他主要受力的部位,一般仅用于护坡(土坝的临水面护坡、渠系建筑物进出口护坡及渠道衬砌)、护底(水闸的上下游护坦等)以及河道防冲部分的护岸等工程。

一、干砌块石砌筑常用方法

常采用的干砌块石的施工方法有两种,即花缝砌筑法和平缝砌筑法。

1. 花缝砌筑法

花缝砌筑法多用于干砌片(毛)石。砌筑时,依石块原有形状,使尖对拐、拐对尖,相互联系砌成。砌石不分层,一般多将大面向上,如图6-22所示。

采用花缝砌筑法砌筑表面比较平整,故可用于流速不大、不承受风浪淘刷的渠道护坡工程。同时这种砌法存在底部空虚,容易被水流淘刷变形,稳定性较差,且不能避免重缝、迭缝、翘口等毛病。

2. 平缝砌筑法

平缝砌筑法一般多适用于干砌块石的施工。砌筑时将石块宽面与坡面竖向垂直,与横向平行,如图 6-23 所示。砌筑前,安放每一块石块必须先进行试放,不合适处应用小锤修整,从而使石缝紧密,最好不塞或少塞石子。这种砌法横向均有通缝,但竖向直缝必须错开。如砌缝底部或块石拐角处有空隙,应选用适当的片石塞满填紧,以防止底部砂砾垫层由缝隙淘出,造成坍塌。

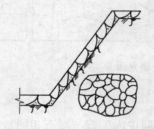

图 6-22 花缝砌筑法

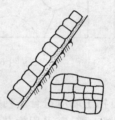

图 6-23 平缝砌筑法

关键细节 8 干砌石封边要求

干砌块石是依靠石块之间的摩擦力来维持其整体稳定的。若砌体发生局部移动或变形,将会导致整体破坏。边口部位是最易损坏的地方,因此,封边工作十分重要。

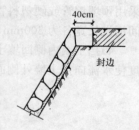

图 6-24 干砌石封边

一般工程中,对护坡水下部分的封边,常采用深度均为 0.8m 左右的大块石单层或双层干砌封边,然后将边外部分用黏土回填夯实。有时,也可采用深宽均为 0.4m 左右的浆砌石埂进行封边。对护坡水上部分的顶部封边,则常采用比较大的方正块石砌成 0.4m 左右宽的平台,台后所留的空隙用黏土回填夯实,如图 6-24 所示。对于挡墙、闸翼墙等重力式墙身顶部,一般用厚度 5cm 左右的混凝土封闭。

二、干砌块石砌筑注意事项

干砌石就是无浆的块石砌体,干砌石施工必须注意以下几个方面:

(1)干砌石工程在施工前应进行基础清理工作,凡受水流冲刷和浪击作用的干砌石工程,都应采用竖立砌法(即石块的长边与水平面或斜面呈垂直方向)砌筑,以期空隙达到最小。

(2)重力式墙身或坝体施工,严禁采用先砌好里外砌石面,中间用乱石充填并留下空隙和蜂窝等的错误施工方法。

(3)干砌块石的墙体露出面必须设丁石(拉结石),丁石要均匀分布。同一层的丁石长度:如墙厚等于或小于40cm,丁石长度应等于墙厚;如墙厚大于40cm,则要求同一层内外的丁石相互交错搭接,搭接长度不小于15cm,其中一块的长度不小于墙厚的2/3。

(4)大体积的干砌块石挡墙或其他建筑物,在砌体每层转角和分段部位,应先采用大而平整的块石砌筑。

(5)如用料石砌墙,则两层顺砌后应有一层丁砌,同一层采用丁顺组砌时,丁石间距不宜大于2m。

(6)用干砌块石作基础,一般下大上小,呈阶梯状,底层应选择比较方整的大块石,上层阶梯至少压住下层阶梯块石宽度的1/3。

(7)回填在干砌块石基础前后和挡墙后部的土石料,应分层回填并夯实。用干砌块石砌筑的单层斜面护坡或护岸,在砌筑块石前要先按设计要求平整坡面。如块石砌筑在土质坡面上,要先夯实土层,并按设计规定铺放碎石或细砾石。

(8)干砌石护坡的每块石面一般不应低于设计位置5cm,不高出设计位置15cm。护坡干砌工程,应自坡脚开始自下而上进行。

(9)砌体缝口要砌紧,空隙应用小石填塞紧密,防止砌体在受到水流的冲刷或外力撞击时滑脱沉陷,以保持砌体的坚固性。一般规定,干砌石砌体空隙率应不超过30%～35%。

关键细节9　造成干砌石工程缺陷的主要原因与缺陷表现

造成干砌石工程缺陷的主要原因是由于砌筑技术不良、工作马虎、施工管理不善以及测量放样错漏等。缺陷主要表现有缝口不紧、底部空虚、鼓心凹肚、重缝、飞口(即石块很薄的边口未经砸掉便砌在坡上)、翘口(上下两块都是一边厚一边薄石料的薄口部分互相搭接)、悬石(两石相接不是面的接触,而是点的接触)、浮塞、叠砌、严重蜂窝以及轮廓尺寸走样等,如图6-25所示。

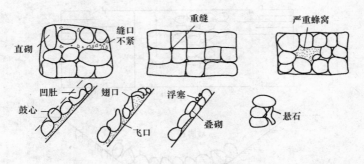

图6-25　干砌石缺陷

无论是毛石或河卵石铺砌的护坡或护底,其底下都应设置垫层。垫层的作用是:使石块能通过垫层均匀地压在土层上,使其表面保持平整和减少下沉;同时,有了垫层可减少水流对土层的冲刷力,保护了土层,不致使石块下的土被水流淘空。

三、渠道干砌卵石衬砌施工

卵石的特点是表面光滑,没有棱角,与其他石料相比,单个卵石的大小尺寸和重量都比较小,形状不一,在外力作用下,稳定性较差,但由于卵石能够就地取材,造价低廉,在砌筑技术上比较简单,容易养护。因此,卵石砌筑施工早已应用于某些砂质土壤或砂砾地带的渠道抗冲和一般小型水利工程的防护工程中。

1. 清基与垫层

(1)渠道挖成以后,要进行必要的清基工作。

(2)为了避免砌筑中有个别大卵石抵住基土使砌体表面不平整,开挖时需比衬砌厚度略大3~5cm。一般要求开挖面的凹凸度不超过±5cm。

(3)基土内的杂质和局部软基必须清除干净,或作相应处理。否则,将会降低工程质量,增加砌筑困难。

(4)基土若为一般土壤,垫层应为两层,一层为粗砂,一层为砾石,各层厚度约15cm;基土若为砂砾时,只铺一层砾石即可。

(5)为了防止较高流速的水流对基土的淘刷,需在卵石层下铺设垫层(反滤层),流速越大,铺设垫层工作越重要,质量要求也更严格。

2. 砌筑

(1)衬砌渠道用的卵石应根据当地产石情况,尽可能挑选符合要求的卵石。一般外形稍带扁平而且大小均匀的卵石为最好,其次是椭圆形或块状的卵石,圆球形卵石不易砌筑,禁止使用,三角石或其他扁长不合规格的石块仅用于水上部分。

(2)为避免产生大于卵石长度的顺水缝子,使小个的卵石也可以很坚固地夹在大卵石的中间,保证整个砌石断面的稳定和安全。砌筑渠底时,应将卵石较宽面的侧面垂直水流方向立砌,如图6-26所示。

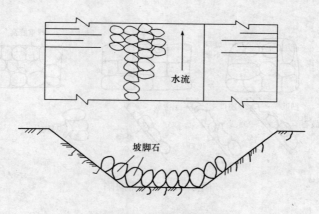

水流

坡脚石

图 6-26 铺底的正确砌法

为了避免局部漩涡水流可能产生的破坏,砌筑时要严禁将卵石平铺散放,而应由下游向上游一排紧挨一排地铺砌。同一排卵石的厚薄应尽量一致,每块卵石应略向下游倾斜,禁止砌成逆水缝子。

　　另外,要求底面一定要铺设得平整,且最好每隔 10～15m 浆砌一道卵石截墙。截墙宽 40～50cm,以增加铺底的整体稳定,这种截墙对质量不好的渠道,可以防止局部破损处的迅速扩大,以便对砌体及时进行抢修。

　　(3)干砌卵石衬砌渠道的边坡是最容易受到损坏的部位。因此,砌坡是渠道衬砌的关键工序,必须严格掌握坡面整齐、石头紧密、互相错缝等原则。

　　砌筑时,坡面要挂坡线,按坡线自下而上分层砌筑。卵石的长径轴线方向要垂直坡面,一律立砌,严禁平铺,如图 6-27 所示。从基脚第一层石头(坡脚石)开始,就要为坡面立砌创造条件。当卵石大小不一时,应由下而上,先砌大的,逐渐砌小的。

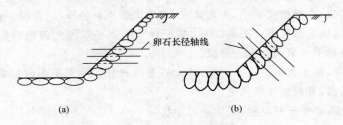

图 6-27　干砌卵石护坡砌筑
(a)不正确砌法;(b)正确砌法

　　(4)灌缝。为了增强砌体的密实性,铺砌卵石时应将较大的砌缝用小石塞紧,进行灌缝和卡缝工作。灌缝用的石子应尽量大一些,使水流不易淘走。缝不必灌满,一般要求灌半缝,但要求落实,不要架在中间。灌缝以后再进行卡缝。卡缝是用小石片、木榔头或石块轻轻砸入缝隙中,用力不宜过猛,以防砌体震松。

　　上述工作完毕后,必须进行养护。养护的方法是先将砌体普遍扬铺一层砂砾,然后放少量的水进行放淤,一边过水,一边投放砂砾和碎土,直至石缝被泥沙填实为止。

⚒ 关键细节 10　卵石砌筑的关键要求

　　卵石砌筑的关键,是要求砌缝紧密、不易松动。为此在砌筑时应符合下列要求:

　　(1)按整齐的梅花形砌法,六角靠紧,只准有三角缝,不得有四角眼或"鸡抱蛋"(即中间一块大石,四周一圈小石),如图 6-28 所示。

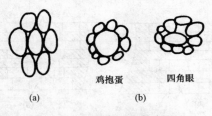

鸡抱蛋　　　四角眼
(a)　　　　　(b)

图 6-28　干砌卵石砌筑方法
(a)正确;(b)错误

（2）卵石长径与渠底或边坡应垂直，即采用立砌法。石块不得前伏后仰、左右歪斜或砌成台阶，否则卵石不能靠紧，容易松动。

（3）砌筑时要注意挑选石料，每行卵石力求长短厚薄相近，行列力求整齐，相邻各行卵石也应力求大体均匀，以便行与行之间均匀地错缝并对准叉口，使结合紧密。不准乱插花，不要砌成"鸡抱蛋"。

（4）卵石一律应坐落在垫层上，不能由一两颗小石支撑悬空。

（5）相邻卵石接触点最好大致在一个平面上，建议一律小头朝外，大头朝里。

关键细节 11　渠道砌筑时为何应先砌渠底、后砌渠坡

根据施工实践，在渠道砌筑中，先砌渠底、后砌渠坡比较合理，这是因为：

（1）渠底比渠坡更为重要。先砌渠底，在石料选择上可以优先满足渠底砌筑要求；质量稍次的石料可留下最后砌在水上部位。

（2）先砌渠底，便于底坡之间的衔接，减少明显的接缝。特别是在砌筑渠底时，可事先把坡脚石安放稳固，有利渠坡的稳定。

（3）先砌渠底，便于石料运输，减少施工干扰。

第四节　石坝砌筑

砌石坝作为一种古老的坝型，在我国古代就得到了应用和发展。现代砌石坝，无论是在坝体结构、坝身材料，还是施工工艺方面，都已得到了很大的发展。

一、拱坝砌筑

目前，全国各地拱坝的砌筑方法大致可分为以下几种。

1. 全拱逐层砌筑平衡上升法

对于浆砌石拱坝，基条石的摆放可以是一层顺石（与坝轴线平行方向）、一层丁石（径向）。这种砌法上下层可以错缝，坝体的整体性及防渗性较好，但顺料占 50%，受力条件较差。一层顺多层丁（如一层顺二层丁、一层顺三层丁、一层顺五层丁等）可改善受力条件，但上下两层错缝稍难，不注意则容易造成通缝。此法多用于小型工程，如图 6-29 所示。

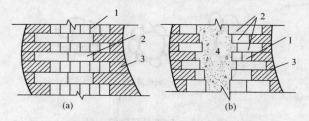

图 6-29　全拱逐层整体上升砌筑

1—顺砌石；2—丁砌石；3—面石；4—混凝土芯墙

2. 全拱按面石、腹石分开砌筑

在拱坝较高,拱圈横断面较大,坝体砌筑工程量较多,而又不易开采条石的地区,多用这种砌筑方法。此法内、外拱圈面石多用丁、顺相间安砌,用扇形灰缝使料石砌体外缘成拱形,如图6-30所示。

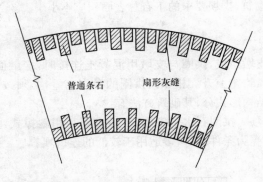

图6-30　扇形灰缝砌内外拱圈

腹石可以在内、外拱圈同时砌筑,也可滞后于面石1~3层再砌腹石。在这种情况下,面石砌筑需达到一定强度(2.45MPa)后,再用细石混凝土砌筑腹石,而把面石当作模板。用此法砌筑坝体不易形成水平层缝。

3. 全拱径向分厢砌筑

一些工程将拱圈顺径向分成外弧长约3m的若干厢块,隔厢砌筑,如图6-31所示。安砌程序是先以条石砌筑厢块的四周,每厢两侧边线与拱圈径线吻合,然后在厢内用水泥砂浆砌条石或细石混凝土砌块石。坝顶全拱圈由几块或数十块拱形厢块组成。上下层的分厢线应错位,错位间距不小于15~20cm。这种分厢安砌方法,便于劳力组合安排,对拱跨较大的工程可加快砌筑进度,但增加了径向施工通缝。

4. 浆砌条石框边、埋石混凝土填厢砌筑

在开采石比较困难的地区,可采用水泥砂浆砌条石框边与埋石混凝土填厢结合的方法来砌筑拱坝,如图6-32所示。其具体砌筑方法是:内、外拱用条石丁砌厚约1m的拱框

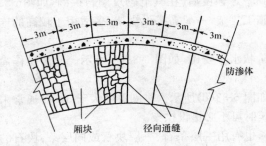

图6-31　全拱径向分厢砌筑示意图

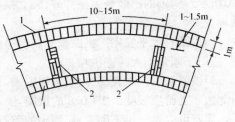

图6-32　条石框边、埋石混凝土填厢坝体
1—条石框边;2—条石分厢墙

边,再砌条石墙分成外弧长为 10~15m 的厢,墙端与迎水面拱圈内缘间距 1~1.5m,厢高 2~3m,厢内埋石混凝土隔厢浇筑,每期必须一次浇筑成拱。按常规来说,此法可加快施工进度、减少砌缝,对增强坝体的整体性及防渗性能有利。虽然水泥用量增加,但对有些工程造价增加并不显著。

不管用什么方法砌筑,拱坝要求的丁石总表面积应不小于 1/3。

二、连拱坝砌筑

连拱坝由拱圈与支墩组成,拱圈与支墩用混凝土连接时,接触面按施工缝处理;诸拱圈砌筑时,应对称进行,均衡上升。相邻两拱圈的允许高差,必须按支墩稳定要求核算确定。按拱圈与支墩的结构形式分,其砌筑方法有:

(1)直立拱式连拱坝。拱圈石水平安砌,支墩砌石采用斜撑式,如图 6-33(a)所示,施工一般不搭拱架,支墩受力条件亦好,多适用于较低的连拱坝。

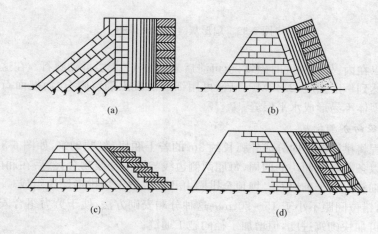

图 6-33　连拱坝拱圈安砌形式

(2)倾斜拱式连拱坝。

1)拱圈石倾斜安砌。待拱座混凝土达到一定强度后,在其上砌筑倾斜拱圈,如图6-33(b)所示。斜砌的拱圈受力条件好,较立拱施工复杂,一般需搭设拱架,多适用于较高的连拱坝。

2)拱圈石水平安砌。拱圈按倾斜度呈阶状水平安砌,如图 6-33(c)所示。此法操作简便,适用于倾角不大的连拱坝。

3)拱圈外层倾斜安砌、内层水平安砌,如图 6-33(d)所示。拱圈厚度大于 3m 时通常采用此法。上游坝坡陡于 1:0.8 的拱圈,砌筑时可不必搭设拱架。

面石可以是一层丁砌、一层顺砌的条石,也有用一层条石、一层块石或同层条、块石的丁顺相间或多层丁一层顺的砌筑方法,如图 6-34 所示,但要求丁石的砌筑总表面积不少于 1/5。

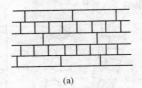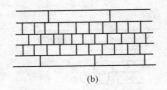

(a)　　　　　　　　　　　　　(b)

图 6-34　重力坝面石错缝砌筑示意图
(a)—一层丁一层顺；(b)—多层丁一层顺

关键细节 12　坝基与基岩结合面处理

坝基与基岩结合面处理得好坏与否，直接关系到大坝的安全，因此在施工操作上，对结合面的处理必须认真细致地做好，使之达到设计要求。通常在砌筑之前，应先对砌筑基面进行检查验收，符合要求时才允许在其上砌筑。砌筑前应先铺一层厚 3～5cmM10 以上的水泥砂浆，然后浇筑厚度宜在 0.3m 以上、强度等级在 C10～C15 之间的混凝土垫层，以改善基础的受力状态和砌体与基岩之间的结合。有的工程在垫层混凝土初凝以前立即铺砌一层石料，以加强砌石与垫层混凝土面的结合。多数工程则待垫层混凝土达到一定强度后再进行坝体的砌筑，开砌前将垫层混凝土面按施工缝进行处理。

砌体与两岸坝肩基岩之间的混凝土垫层浇筑，一般是先进行坝体砌石，在坝体砌石与基岩之间留下混凝土垫层厚度的空隙(0.5～1.5m)，每砌石 1～2 层高度后，进行一次混凝土垫层的浇筑。有些拱坝，为加强拱座与基岩的整体性，常布设构造钢筋和锚筋。

关键细节 13　双曲拱坝倒悬坡砌法

坝体每砌高 2～3m，须用仪器检查放样一次，纠正误差。双曲拱坝倒悬坡一般有三种砌法：

(1)水平安砌法。倒悬坡的面石，其外露面按坝体不同高程的不同倒悬度逐块加工并编号，以便对号安砌。要求外露面凹凸不得大于 1.5cm。由于石料表面已加工成倒悬坡面，故石料均可水平安砌，且与腹石能直接结合。这种砌筑方法不需搭脚手架，坝体外表美观，勾缝方便，但石料加工成本较高。水平安砌法多用于未设防渗面板的中型砌石拱坝工程。

(2)倒阶梯逐层挑出安砌法。为节省石料加工费用，有的工程采取逐层按倒悬度挑出成倒阶梯形的方法砌筑，施工亦方便。挑出之倒阶梯三角部分应在设计线以外，以保证坝体满足设计断面尺寸，如图 6-35 所示，但要求每层挑出尺寸不得超过该条石长度的 1/5～1/4。这种安砌方法的缺点是坝面勾缝不便，质量不易保证。

(3)面石斜砌安砌法。面石稍加修整，按设计倒悬度倾斜安砌，如图 6-36 所示，砌筑斜面石后，应及时浇筑背后的混凝土或砌腹石。砌筑时应特别注意：下一层面石的胶结材料强度，未达到 2.45MPa 以上时，不能砌筑上一层倾斜面石，以防倒塌。

当倒悬度大于 0.3 时，应搭设临时支撑，以策安全。

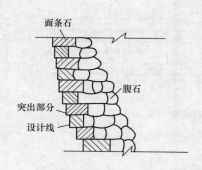

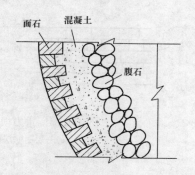

图 6-35　倒阶梯逐层挑出安砌法　　　　　图 6-36　面石倾斜安砌法

关键细节 14　浆砌条石溢流面砌筑方法

溢流面是砌石坝的过水部分，它经常遭受高速水流冲刷与磨蚀，为了使浆砌料石溢流面有足以抵御负压力及高速水流的冲蚀与磨蚀，必须对石料、胶结材料及溢流面不平整度进行严格的选择与控制。溢流面的料石强度等级应不低于 MU80，砂浆不低于 M15，经过选择的条石，外露面需进行细加工，石料表面和相邻石料间的凹凸不平整度不能大于 5mm，严禁用不合格的石料砌筑溢流面。

溢流面的砌筑方法有两种：一是与坝体同层整体砌筑，即溢流面石先安砌就位，再砌坝体；二是先砌坝体，预留出溢流面砌石部分（其垂直厚度不小于 1m），待溢流段坝体砌筑完成后，再砌筑溢流面面石。后一砌筑方法，要求坝体砌筑时以台阶收坡，有利于和溢流面面石的整体结合，如图 6-37 所示。

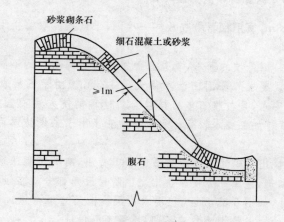

图 6-37　溢流段面石与坝体结合

溢流面可以全部用不短于 60cm 的长、短条石丁砌，也可以丁顺相间安砌，但在水流方向及垂直水流方向均需错缝，并应仔细灌饱灰缝。每砌高约 3m 后，用不低于 M20 的水泥砂浆深匀平缝（缝深不小于 6cm），砂浆的稠度一般不大于 2cm。

关键细节15 坝面勾缝注意事项

坝面勾缝的施工方法大致可以归纳为以下两种形式：一是坝体每砌完一级（约2m左右），进行一次勾缝；二是随砌随勾缝。一般的施工顺序是开缝、冲洗、勾缝和养护共四道工序。勾缝时应注意以下几点：

(1)嵌缝用砂浆强度等级一般高于坝体砌石胶结材料的强度等级，砂料粒径控制在0.25mm以下，灰水比一般为1:0.3～1:0.4，灰砂比为1:1.5～1:2。

(2)一般每砌一级进行一次勾缝。勾缝时，为了人工操作的安全，需要搭设勾缝安全脚手架。勾缝的时间选择在石料砌缝中胶结材料初凝时进行，以有利于勾缝砂浆与砌体缝隙中胶结材料的紧密结合。

(3)当坝面岩石坚硬凿打不易时，常在坝面砌石坐浆缝面的外沿用木条支垫，勾缝前拆除木条，露出宽为3～4cm、深为3～5cm的嵌缝。多数工程因此法在水平砌缝中支垫木条，施工麻烦，而多按坐浆形成的水平缝和摆砌石块预留的竖缝进行勾缝防渗。勾缝前对缝隙进行捣毛，除去石屑、砂浆、洗刷干净，保持湿润即可进行勾缝。为加强深勾缝防渗效果，有的工程在上游面石的背后也进行砂浆嵌缝。

第七章 配筋工程施工

大自然对无筋砌体的检验,使人们创造出了抗侧力较好的配筋砌体,在对配筋砌体的研究基础上,人们用配筋小砌块兴建于地震区的建筑已达 28 层。在砌体中配置钢筋的砌体,以及砌体和钢筋砂浆或钢筋混凝土组合成的整体,可统称为配筋砌体。

第一节 配筋砌体施工

在砌体结构中,由于建筑及一些其他要求,有些墙柱不宜用增大截面来提高其承载能力,用改变局部区域的结构形式也不经济,在此种情况下,采用配筋砌体是一个较好的解决方法。

一、配筋砌体构造

在砖砌体中设置横向钢筋网片在砂浆中能约束砂浆和砖的横向变形,延缓砖块的开裂及其裂缝的发展,阻止竖向裂缝的上下贯通,从而可避免砖砌体被分裂成若干小柱导致的失稳破坏。网片间的小段无筋砌体在一定程度上处于三向受力状态,因而能较大程度提高承载力,且可使砖的抗压强度得到充分的发挥。

配筋砌体又可分为配纵筋的、直接提高砌体抗压、抗弯强度的砌体(如图 7-1 所示的组合砌体、图 7-2 所示的配筋砌块砌体)和配横向钢筋网片的、间接提高砌体抗压强度的砌体。

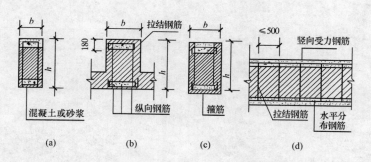

图 7-1 组合砖砌体构件截面

(a)、(c)组合柱;(b)组合垛;(d)组合墙

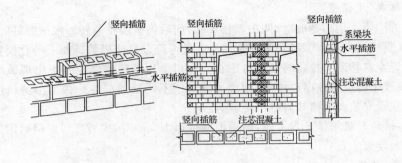

图 7-2　配筋砌块砌体

二、网状配筋砖砌体

网状配筋砖砌体是在砖砌体的水平灰缝中配置钢筋网,有网状配筋砖柱(图 7-3)、网状配筋墙等。网状配筋砖砌体所用烧结普通砖强度等级不应低于 MU10,砂浆强度等级不应低于 M7.5。

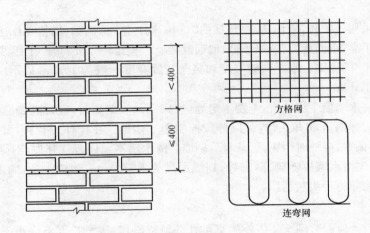

图 7-3　网状配筋砖柱

1. 选砖、浇水湿润

砌清水墙应选择棱角整齐,无弯曲、无变形、无裂纹,颜色均匀,规格基本一致的砖。敲击时声音响亮,焙烧过火变色、变形的砖可用在基础及不影响外观的内墙上。

必须在砌筑前一天浇水湿润,一般以水浸入砖四边 1.5m 为宜,含水率为 10%～15%,常温施工不得用干砖上墙。

2. 组砌

砌体一般采用一顺一丁(满丁、满条)、梅花丁或三顺一丁砌法。砖柱不得采用先砌四周后填芯的包芯砌法。

3. 砖摆底（干摆砖）

一般外墙第 1 层砖摆底时，两山墙排丁砖，前后檐纵墙排条砖。根据弹好的门窗洞口位置线，认真核对窗间墙、垛尺寸，判断其长度是否符合排砖模数。如不符合模数，可将门窗口的位置左右移动。排砖时还要考虑在门窗口上边的砖墙合龙时不出现破活，如有破活，七分头或丁砖应排在窗口中间，附墙垛或其他不明显的部位。移动门窗口位置时，应注意暖卫立管安装及门窗开启时不受影响。

另外，排砖时必须做全盘考虑，前后檐墙排第 1 皮砖时，要考虑甩窗口后砌条砖，窗角上必须是七分头。

4. 盘角、挂线

砌砖前应先盘角，盘角时要仔细对照皮数杆的砖层和标高，控制好灰缝大小，使水平灰缝均匀一致，且每次盘角不要超过五层，新盘的大角应及时进行吊、靠。如有偏差要及时修整。大角盘好后再复查一次，平整和垂直完全符合要求后，再挂线砌墙。

砌筑一砖半墙必须双面挂线，如果长墙几个人均使用一根通线，中间应设几个支线点，小线要拉紧，每层砖都要穿线看平，使水平缝均匀一致，平直通顺；砌一砖厚混水墙时宜采用外手挂线，可照顾砖墙两面平整，为下道工序控制抹灰厚度奠定基础。

5. 砌砖

砌砖宜采用一铲灰、一块砖、一挤揉的"三一"砌砖法，即满铺、满挤操作法。砌砖时砖要放平。里手高，墙面就要张；里手低，墙面就要背。砌砖一定要符合"上跟线，下跟棱，左右相邻要对平"的原则。水平灰缝厚度和竖向灰缝宽度一般为 10mm，但不应小于 8mm，也不应大于 12mm。

为保证清水墙面主缝垂直，不游丁走缝，当砌完一步架高时，宜每隔 2m 水平间距，在丁砖立楞位置弹两道垂直立线，可以分段控制游丁走缝。在操作过程中，要认真进行自检，如发现有偏差，应随时纠正，严禁事后砸墙。清水墙不允许有三分头，不得在上部任意变活、乱缝。砌清水墙应随砌、随划缝，划缝深度为 8～10mm，深浅一致，墙面清扫干净。混水墙应随砌随将舌头灰刮掉。

6. 留槎

外墙转角处应同时砌筑。内外墙交接处必须留斜槎，槎子长度不应小于墙体高度的 2/3，槎子必须平直、通畅。分段位置应在变形缝或门窗口角处，隔墙与墙或柱不同时砌筑时，可留阳槎加预埋拉结筋。沿墙高按设计要求每 50cm 预埋 φ6 钢筋 2 根，其埋入长度从墙的留槎处算起，一般每边均不小于 50cm 端应加 90°弯钩。施工洞口也应按以上要求留水平拉结筋。隔墙顶应用砖斜砌顶紧。

关键细节 1　网状配筋砖砌体钢筋网配置要求

（1）网状配筋砖砌体有配筋砖柱、砖墙，即在烧结普通砖砌体的水平灰缝中配置钢筋网（图 7-4）。网状配筋砌体所用的砖，不应低于 MU10，砂浆不应低于 M7.5。

（2）钢筋网可采用方格网或连弯网。方格网是将纵、横方向的钢筋点焊成钢筋网，网格为方形，钢筋直径宜采用 3～4mm。连弯网是将钢筋连弯成格栅形，分为纵向连弯网和横向连弯网,钢筋直径不应大于 8mm。钢筋网中钢筋的间距,不应大于 120mm,并不应小于 30mm。钢筋网在砖砌体中的竖向间距,不应大于 5 皮砖高,并不应大于 400mm。当采用连弯网时,网的钢筋方向应互相垂直,沿砖柱高度交错设置,钢筋网的间距是指同一方向网的间距(图 7-4)。

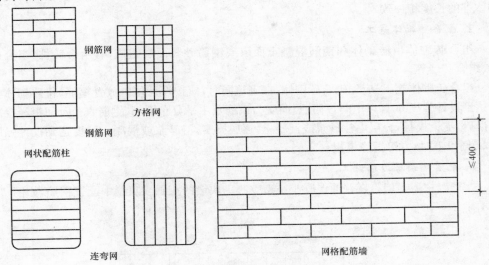

图 7-4　网状配筋砖砌体

(3)配有钢筋网的水平灰缝厚度应保证钢筋上下至少各有 2mm 的砂浆层。钢筋网应置于砂浆层中间,钢筋网边缘的钢筋的砂浆保护层应不小于 15mm。

(4)配筋砌块砌体剪力墙中,采用搭接接头的受力钢筋搭接长度不应小于 $35d$,且不应小于 300mm。设置在砌体水平灰缝中钢筋的锚固长度不宜小于 $50d$,且其水平或垂直弯折段的长度不宜小于 $20d$ 和 150mm;钢筋的搭接长度不应小于 $55d$。

三、组合砌体施工

1. 组合砌体施工一般要求

(1)面层施工前,应清除面层底部的杂物,并浇水湿润砌体表面(指面层与砌体的接触面)。

(2)受力钢筋的保护层厚度,不应小于表 7-1 中的规定。受力钢筋距砌体表面的距离不应小于 5mm。

表 7-1　　　　　　　　　　受力钢筋的保护层厚度　　　　　　　　　　mm

类别	环境条件		室内正常环境	露天或室内潮湿环境
墙			15	25
柱	混合砂浆		25	35
	水混砂浆		20	30

（3）受力钢筋的锚固。组合砌体的顶部及底部，以及牛腿部位，必须设置混凝土垫块，受力钢筋伸入垫块的长度，必须满足锚固的要求。

（4）先按常规砌筑砌体，在砌筑同时，按规定的间距在砌体的水平灰缝内放置箍筋或拉结钢筋。箍筋或拉结钢筋应埋于砂浆层中，使其砂浆保护层厚度不小于 2mm，两端伸出砌体外的长度相一致。

2. 组合砖砌体施工

组合砖砌体由砖砌体和钢筋混凝土面层或钢筋砂浆面层组成，有组合砖柱、组合砖垛、组合砖墙等。

组合砖砌体施工，应先砌筑砖砌体，在砌筑同时，应按设计位置放置箍筋，待砖砌体强度达到设计强度 50% 以上时，绑扎竖向受力钢筋及水平分布钢筋，钢筋直径及间距经检查无误后，支设模板，分层灌注砂浆或混凝土，逐层捣实，待砂浆或混凝土强度达到设计强度的 30% 以上时，方可拆除模板。

3. 配筋砌块剪力墙施工

配筋砌块剪力墙是在普通混凝土小型空心砌块墙的孔洞或灰缝中配置钢筋，如图 7-5 所示。

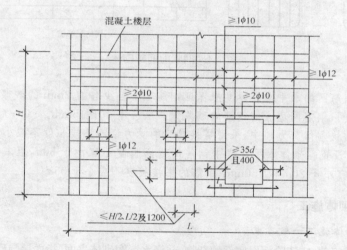

图 7-5　配筋砌块剪力墙构造配筋

配筋砌块剪力墙所用小砌块强度等级不应低于 MU10；砌筑砂浆不应低于 M7.5；灌孔混凝土不应低于 C20。墙的厚度不应小于 190mm。

钢筋的直径不宜大于 25mm，当设置在灰缝中时不应小于 4mm。设置在灰缝中钢筋的直径不宜大于灰缝厚度的 1/2。两平行钢筋间的净距不应小于 25mm。孔洞中竖向钢筋的净距不宜小于 40mm。

灰缝中钢筋外露砂浆保护层不宜小于 15mm。位于砌块孔洞中的钢筋保护层，在室外或潮湿环境不宜小于 30mm；在室内正常环境不宜小于 20mm。

4. 配筋砌块梁施工

配筋砌块梁由不同块形组成或由部分砌块和部分混凝土组成,其截面一般为矩形,梁宽 b 为块厚,梁高宜为块高的倍数,对 90mm 宽梁不应小于 200mm,对 190mm 宽梁,不宜小于 400mm。

配筋砌块梁的配筋应符合下列构造要求:

(1)纵向钢筋。纵向钢筋应通长设置,对梁宽 b=90mm,可只配一根钢筋;对一般梁宽 b≥190mm,当配一根钢筋时不应小于 1φ12,配两根时不小于 2φ10;对裙梁和剪力墙连梁,当跨高比小于 2.5 时,除上、下对称配筋外,尚应沿梁高每 200mm 配置不小于 2φ10 的水平分布钢筋;当裙梁或连梁由混凝土和砌块组成且截面≤600mm 时,可不配水平构造钢筋;钢筋应在支座处锚固,对一般梁不宜小于 12d,且不小于 200mm;对裙梁不宜小于 35d 和 400mm。

图 7-6 箍筋形式示意图

(2)箍筋。对过梁及跨度和荷载较小的梁($0.8f_{VG}h_0 > 1.5V$),可不设箍筋;对需要设置箍筋的梁,箍筋直径应不小于 6mm,箍筋间距:距支座边的第一个箍筋不应大于 $h_0/4$,其他部位最大间距不应大于 $h_0/2$;对剪力墙连梁或裙梁,则分别不宜大于 100mm 和 600mm。箍筋可采用双弯钩单肢箍,一端单钩,一端 90°平钩,长度≥12d 或 U 形;采用变形钢筋的箍筋也应按规定弯折。箍筋形式如图 7-6 所示。

(3)配筋率。纵向钢筋配筋率,对一般砌块梁不小于 0.15%,对配筋砌块剪力墙连梁不小于 0.2%;连梁配箍率不小于 0.15%。

5. 配筋砌块柱施工

配筋砌块柱是在普通混凝土小型空心砌块柱的孔洞配置钢筋,如图 7-7 所示。配筋砌块柱截面边长不宜小于 400mm,柱高度与截面短边之比不宜大于 30。

柱的纵向受力钢筋不宜小于 4φ12,全部纵向受力钢筋的配筋率不宜小于 0.2%。

纵向受力钢筋　　　　　　　箍筋

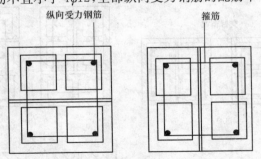

图 7-7 配筋砌块柱截面

关键细节 2　组合砖砌体构造要求

(1)面层混凝土强度等级宜采用 C15 或 C20。面层水泥砂浆强度等级不低于 M7.5。砌筑砂浆的强度等级不低于 M5,砖强度等级不低于 MU10。

(2)砂浆面层的厚度可采用 30~45mm。当面层厚度大于 45mm 时,其面层宜采用混凝土。

（3）受力钢筋的保护层厚度，不应小于表 7-1 的规定，受力钢筋距砖砌体表面的距离不应小于 5mm。

（4）受力钢筋宜采用 HPB300 级钢筋，对于混凝土面层，亦可采用 HRB335 级钢筋。受压钢筋一侧配筋率：对砂浆面层，不宜小于 0.1%；对混凝土面层，不宜小于 0.2%。受拉钢筋的配筋率不应小于 0.1%。受力钢筋的直径不应小于 8mm。钢筋的净间距不应小于 30mm。

（5）当组合砖砌体一侧的受力钢筋多于 4 根时，应设置附加箍筋或拉结钢筋。

（6）箍筋的直径不宜小于 4mm 及 0.2 倍受压钢筋直径，并不宜大于 6mm。箍筋的间距不应大于 20 倍受压钢筋的直径及 500mm，并不应小于 120mm。组合砖墙应采用穿通墙体的拉结钢筋作为箍筋，同时设置水平分布钢筋。水平分布钢筋的垂直间距及拉结钢筋的水平间距均不应大于 500mm。

（7）组合砖砌体的顶部、底部，以及牛腿部位，必须设置钢筋混凝土垫块。受力钢筋伸入垫块的长度必须满足锚固要求。

关键细节 3　配筋砌块剪力墙的构造配筋规定

（1）应在墙的转角、端部和洞口的两侧配置竖向连续的钢筋，钢筋直径不宜小于 12mm。

（2）应在洞口的底部和顶部设置不小于 $2\phi10$ 的水平钢筋，其伸入墙内的长度不宜小于 $35d$（d 为钢筋直径）和 400mm。

（3）其他部位的竖向和水平钢筋的间距不应大于墙长、墙高之半，也不应大于 1200mm。对局部灌孔的墙体，竖向钢筋的间距不大于 600mm。

关键细节 4　配筋砌块柱的常见形式及配筋示意

图 7-8 给出了配筋砌块柱的常见形式及配筋。

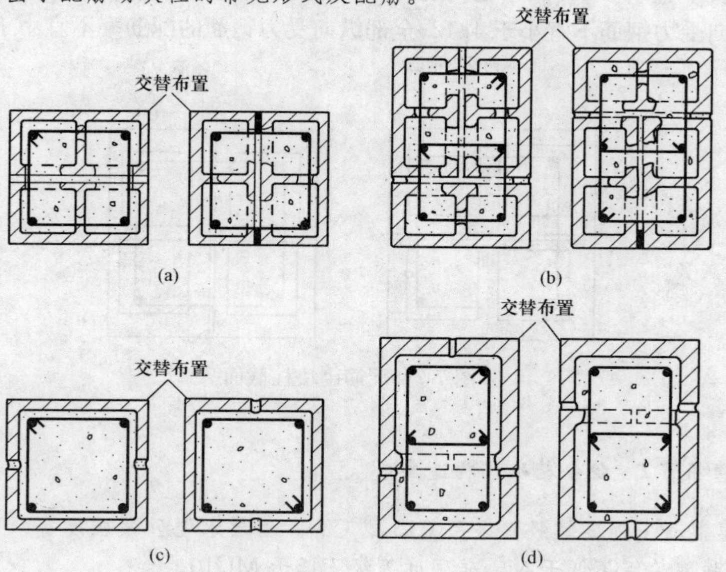

图 7-8　配筋砌块柱的常见形式及配筋（一）

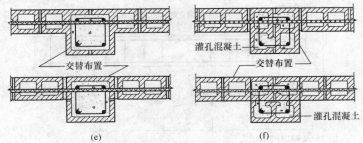

图 7-8　配筋砌块柱的常见形式及配筋（二）

（a）两个标准块局部破肋砌成；（b）三个标准块局部破肋砌成；（c）蒸发量形块砌成；
（d）由异形块局部破肋砌成；（e）由壁柱块砌成；（f）由标准块局部破肋砌成

关键细节 5　柱中箍筋的设置确定

（1）当纵向钢筋的配筋率大于 0.25%，且柱承受的轴向力大于受压承载力设计值的 25% 时，柱应设箍筋；当配筋率不大于 0.25% 时，或柱承受的轴向力小于受压承载力设计值的 25% 时，柱中可不设置箍筋。

（2）箍筋直径不宜小于 6mm。箍筋的间距不应大于 16 倍的纵向钢筋直径、48 倍箍筋直径及柱截面短边尺寸中较小者。

（3）箍筋应设置在灰缝或灌孔混凝土中，箍筋应封闭，端部应弯钩。

关键细节 6　配筋砌块梁中常见截面的配筋砌块梁的截面及配筋

图 7-9 给出了几种截面的配筋砌块梁的截面及配筋示意。

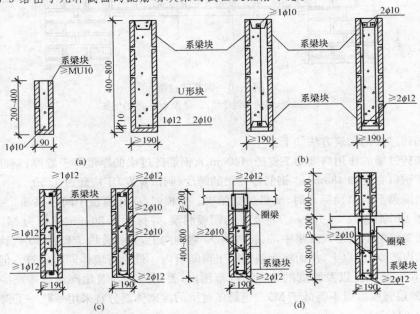

图 7-9　配筋砌块梁面及配筋示意图（一）

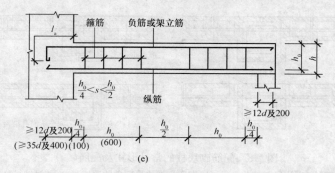

图 7-9　配筋砌块梁面及配筋示意图（二）

（a）过梁及荷载较小的梁（无箍筋）；（b）一般梁（有箍筋）；

（c）裙梁或连梁（无楼盖）；（d）组合梁或连梁；（e）梁与筋示意图

四、钢筋砖过梁砌筑

钢筋砖过梁用普通砖平砌而成，其底部配以钢筋。钢筋直径不应小于 5mm，间距不宜大于 120mm，钢筋伸入砖墙内的长度不宜小于 240mm，保护钢筋的砂浆层厚度不宜小于 30mm，如图 7-10 所示。

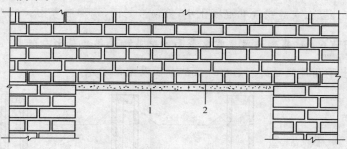

图 7-10　钢筋砖过梁

1—30mm 厚的水泥砂浆；2—3 根 $\phi6$～$\phi8$ 的钢筋

钢筋砖过梁的砌筑方法如下：

钢筋砖过梁的作用高度为 7 皮砖（440mm）；钢筋砖过梁的厚度等于墙厚；钢筋砖过梁长度等于洞口宽度加 480mm。钢筋砖过梁的跨度（洞口宽度）不应超过 1.5m。

窗间墙砌至洞口顶标高时，支搭过梁胎模。支模时，应让模板中间起拱 0.5‰～1‰，如窗口宽 1m，则起拱 5～10mm。将支好的模板润湿，并抹上厚 20mm、强度为 M10 砂浆。同时把加工好的钢筋埋入砂浆中，钢筋两端 90°弯钩向上，并将砖块卡砌在 90°弯钩内。钢筋伸入墙内 240mm 以上，从而将钢筋锚固于窗间墙内。最后与墙体同时砌筑。但需要注意的是，在钢筋长度以及跨度的 1/4 高度范围内，要用强度等级比砌筑墙体高一级的砂浆，而且砂浆强度等级不得低于 M5。钢筋砖过梁的砖砌体部分宜采用一顺一丁砌法，第 1 皮砖宜用丁砖砌筑。

钢筋砖过梁部分的灰缝宽度及砂浆饱满度要求同砖墙部分;钢筋砖过梁底部的模板,应在底部砂浆层的砂浆强度不低于设计强度的 50%时才可拆除。

五、钢筋砖圈梁砌筑

钢筋砖圈梁是在砖圈梁的水平灰缝内配置通长的钢筋。钢筋砖圈梁的高度为 4～6 皮砖,宽度等于墙厚。纵向钢筋不宜少于 6 根直径 6mm 钢筋,水平间距不宜大于120mm,分上下两层设在圈梁顶部和底部的水平灰缝内,如图 7-11 所示。

钢筋砖圈梁应采用不低于 MU10 的砖及不低于 M5 的砂浆砌筑。

钢筋砖圈梁宜连续地设在同一水平面上,并形成封闭状。钢筋砖圈梁施工如同砌砖墙,只是在砌到纵向钢筋放置,应均匀地放上钢筋,钢筋应埋入砂浆层中间,钢筋的保护层至少为 2mm,为此有钢筋的水平灰缝厚度应不小于10mm。对于一砖墙,纵向钢筋下面的 1 皮砖宜为丁砌。

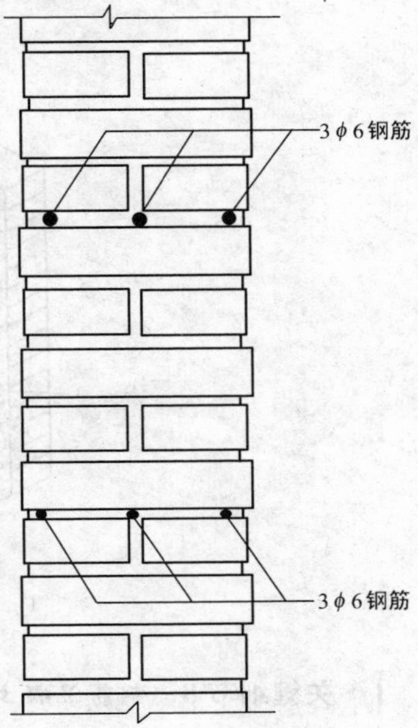

3φ6钢筋

3φ6钢筋

图 7-11　钢筋砖圈梁

⚒️关键细节7　什么情况下应增设附加圈梁

当圈梁被门窗洞口截断时,应在洞口上部增设相同截面的附加圈梁。附加圈梁与圈梁的搭接长度不应小于其垂直间距的 2 倍,且不小于1m,如图 7-12 所示。

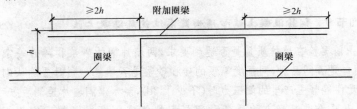

图 7-12　附加圈梁与圈梁搭接

第二节　钢筋混凝土填芯墙与构造柱砌筑

一、钢筋混凝土填芯墙砌筑

钢筋混凝土填芯墙是将砌好的两个独立砖墙,用拉结钢筋连接在一起,在两墙之间放置钢筋,并浇筑混凝土而成的组合墙体,如图 7-13 所示。

钢筋混凝土填芯墙可采用低位浇筑混凝土和高位浇筑混凝土两种施工方法。

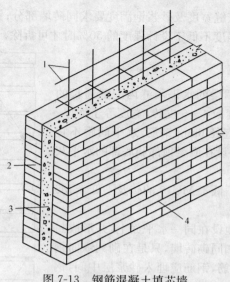

图 7-13   钢筋混凝土填芯墙
1—钢筋；2—砖墙；3—混凝土；4—砖墙

关键细节 8   钢筋混凝土填芯墙砌筑低位浇筑混凝土法

在浇筑混凝土前检查受力钢筋、水平分布钢筋，以及砌筑两侧墙片，符合质量要求后方能浇筑混凝土。每次砌筑高度和浇筑的混凝土不超过 600mm，砌筑时按设计要求在砖墙水平灰缝中放置拉结钢筋，同时将落入两墙片之间的砂浆和砖渣等杂物清理干净并向墙片里侧浇水使其湿润。

关键细节 9   钢筋混凝土填心墙砌筑高位浇筑混凝土法

浇筑混凝土前要检查墙体质量是否达到要求，两墙片间的砂浆和碎砖等杂物是否清理干净，清理用的洞口是否同品种，同强度等级的砖和砂浆是否填塞。同时要确认砌筑砂浆强度达到使墙片能承受住混凝土产生的侧压力时(不少于 3d)，浇水湿润墙片里侧后方可浇筑混凝土。

浇筑混凝土要检查混凝土的质量和逐层振捣密实。振捣混凝土宜用插入式振动器，分层浇捣厚度不宜超过 200mm，振动棒不要触及钢筋及砖墙。

施工时要控制每次砌筑的墙高不得超过 3m。两墙片砌筑高度差不应大于墙内拉结钢筋的竖向间距。砌筑时要按设计要求在砖墙水平灰缝中设立拉结钢筋，拉结钢筋与受力钢筋绑牢。

在砌筑墙体前要检查钢筋规格与间距等，符合质量要求后方可砌墙。

二、钢筋混凝土构造柱砌筑

1. 构造柱构造要求

(1)设置构造柱的多层砖房，所用普通砖的强度等级不应低于 MU7.5；砌筑砂浆强度等级不应低于 M2.5；当配置水平钢筋时，砂浆强度等级不应低于 M5。

(2)构造柱的混凝土强度等级不应低于 C15。钢筋宜用 HPB300 级钢筋。

(3)构造柱最小截面可采用 240mm×180mm。纵向钢筋可采用 $4\phi12$;箍筋采用 $\phi4\sim\phi6$,其间距不宜大于 250mm。当设防地震烈度为 7 度时,多层砖房超过 6 层,8 度时多层砖房超过 5 层及 9 度时,构造柱的纵向钢筋宜采用 $4\phi14$;箍筋间距不应大于 200mm。

(4)构造柱应沿整个建筑物高度对正贯通,不应使层与层之间的构造柱相互错位。突出屋顶的楼梯、电梯间,构造柱应伸到顶部,并与顶部圈梁连接。内外墙交接处应沿墙高每隔 500mm 设 $2\phi6$ 拉结钢筋,且每边伸入墙内不应小于 1m。

(5)构造柱不必单独设置柱基或扩大基础面积。构造柱应伸入室外地面标高以下 500mm。

(6)构造柱必须与圈梁连接。在构造柱与圈梁相交的节点处应适当加密构造柱的箍筋,加密范围在圈梁上、下均不应小于 450mm 或 1/6 层高,箍筋间距不宜大于 100mm。

(7)砖墙与构造柱连接处,砖墙应砌成马牙槎。每一马牙槎高度不宜超过 300mm,且应沿墙高每隔 500mm 设置 $2\phi6$ 水平拉结钢筋,钢筋每边伸入墙内不宜小于 1.0m,如图 7-14 所示。

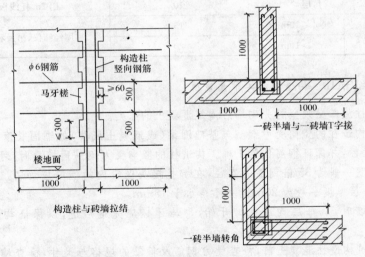

图 7-14　砖墙与构造柱连接部位

2. 构造柱施工顺序

设置构造柱的多层砖房应分层按以下顺序进行施工:绑扎构造柱钢筋→砌砖墙→支设构造柱模板→浇灌构造柱混凝土。

3. 构造柱砌筑施工

(1)在浇筑构造柱混凝土前,必须将砖墙和模板浇水润湿,并将模板内的落地灰、砖碴等杂物清除干净。在砌砖墙时,应在各层构造柱底部(圈梁面上)以及该层二次浇筑段的下端位置留出 2 皮砖的洞眼,以便清除模板内杂物。杂物清除完毕应立即封闭洞眼。

(2)构造柱混凝土集料的粒径不宜大于 20mm。混凝土坍落度宜为 50～70mm。混凝土应随拌随用,拌和好的混凝土应在 1.5h 内浇筑完。

（3）构造柱的混凝土浇筑可以分段进行，每段高度不宜大于 2.0m。在施工条件较好并能确保混凝土浇筑密实时，也可每层 1 次浇筑。

（4）振捣构造柱混凝土时，宜用插入式振动器分层捣实。振捣棒随振随拔，每次振捣层的厚度不应超过振捣棒长度的 1.25 倍。振捣时，振捣棒应避免直接碰触砖墙，严禁通过砖墙传振。

（5）构造柱与砖墙连接的马牙槎内的混凝土、砖墙灰缝的砂浆都必须密实饱满。砖墙水平灰缝砂浆饱满度不得低于 80%。构造柱内钢筋的混凝土保护层厚度宜为 20mm，且不小于 15mm。

（6）构造柱从基础到顶层必须垂直，对准定位轴线，其尺寸的允许偏差见表 7-2。

表 7-2　　　　　　　　　　　　　　　　构造柱尺寸允许偏差

项次	项　目			允许偏差/mm	检查方法
1	柱中心线位置			10	用经纬仪和尺检查
2	柱层间错位			8	用经纬仪和尺检查
3	柱垂直度	每层		10	用 2m 托线板检查
		全高	≤10m	15	用经纬仪、吊尺和尺检查
			>10m	20	

关键细节 10　构造柱施工注意事项

（1）构造柱施工必须坚持先砌墙后浇筑混凝土的原则。

（2）底层构造柱的竖向受力钢筋与基础圈梁（或混凝土底脚）的锚固长度不应小于 35 倍竖向钢筋直径，并保证钢筋位置正确。构造柱的竖向受力钢筋需接长时，可采用绑扎接头，其搭接长度一般为 35 倍钢筋的直径，在绑扎接头区段内的箍筋应加密。构造柱钢筋的混凝土保护层厚度一般为 20mm，并不得小于 15mm。

（3）砌砖墙时，从每层构造柱脚开始，砌马牙槎应先退后进，以保证构造柱脚为大断面。

（4）在浇筑构造柱混凝土前，检查受力钢筋及箍筋的规格与尺寸，检查墙体与构造柱之间拉接筋的设置。规范规定：设置在砌体水平灰缝中钢筋的锚固长度不宜小于 50d，且其水平或垂直弯折段的长度不宜小于 20d 和 150mm，上述要求均达到后方可同意浇筑混凝土。要求将砖墙和模板浇水湿润（钢模板面不浇水，刷隔离剂），并将模板内的砂浆残块、砖渣等杂物清理干净。

（5）在新老混凝土接槎处，需先用水冲洗、湿润，再铺 10～20mm 厚的水泥砂浆（用原混凝土配合比去掉石子）后方可继续浇筑混凝土。

第八章 砖石地面铺砌

第一节 墁地面铺砌

一、砖墁地面

砖墁地面一般用于室内简易地面及室外走道、散水等处。砖墁地面的铺砌方法分为坐浆和干砂铺砌两种;按砖的摆铺形式又分为陡铺和平铺。砖铺散水如图 8-1 所示。

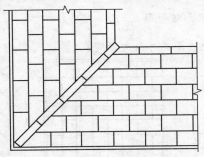

图 8-1 砖铺散水

1. 铺地面前的准备工作

(1)除常用工具外,还需要木槌一把、铁水平尺及方尺各一把。

(2)铺砖前先检查垫层是否坚实,有无高低不平,对不够坚实或高低不平处应做处理。然后按水平桩或四周墙上弹的水平线铺砖。

(3)铺砌前应先对砖进行挑选,有裂缝、掉角、扭曲的砖和小于半块的碎砖应剔除,强度等级和品种不同的砖不得混用。

2. 干砂铺砌

(1)首先把垫层清扫干净,铺砖前在垫层上先铺一层干砂,按标高找平。

(2)测出房间或走道中线,按中线在其两端各铺好一块砖,并拉好准线,按准线铺砖墁地面。砖缝宽一般为 2~3mm,相邻两行砖的错缝一般为半砖。

(3)铺砖,在室内铺砖由里向外退或从房间的中间向四周铺砌;在人行道、散水处铺砖应先铺好边角处的陡砖,再铺砌中间的砖,铺砖应按排水方向留出泛水。

(4)待全部铺砌完成后,用干砂灌缝(湿砂不易灌密实,不宜采用)。密实的砖墁地面,每块砖均应被干砂挤紧至密实、牢固,踩上去应不翘、不晃动。最后将表面浮砂清扫干净。

3. 坐浆铺砌

坐浆铺砌一般多用于铺砌水泥面砖,有直接铺砌在夯打密实的土质垫层上的,也有铺砌在混凝土垫层上的。其操作要点为:

(1)施工准备。无论采用何种垫层,铺砌前应将垫层清扫干净,并浇水湿润。水泥面砖须提前湿润。

(2)排砖拉准线。铺砌时在预先排砖的基础上,先按标高铺好四边的砖,然后以铺好的砖为准,拉准线,再逐块铺砌。

(3)坐浆铺砌。坐浆可用 1∶3 的水泥砂浆或混合砂浆,稠度以手捏为团不散为宜。砂浆铺砌长度以 3～4 块砖长为宜,厚度约 20mm,要平整均匀。每铺一块砖后,用木槌敲击使砖与砂浆严密地粘合,并用水平尺按标高找平,使其与相邻砖平齐。砖缝宜为 2～3mm,行与行间每块应错缝 1/2 砖长。

(4)灌缝养护。待全部砖铺好后,用 1∶1 的水泥干拌细砂灌缝,灌缝密实后,将表面多余砂浆清扫干净,以免凝固在砖面上,最后铺盖草席浇水养护。

关键细节 1　砖墁地面铺砌形式

砖墁地面按其铺砌的花纹形式可分为直缝式、席纹式、人字纹式等,如图 8-2 所示。

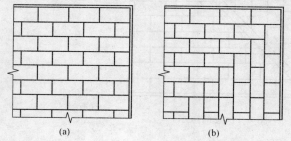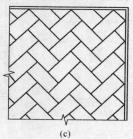

(a)　　　　　　　　　　　(b)　　　　　　　　　　　(c)

图 8-2　砖墁地面形式

(a)直缝式;(b)席纹式;(c)人字纹式

二、乱石墁地面

乱石墁地面多用于室外人行道、公园道路及路面要求不高的一般道路。乱石铺的地面按所用材料分为毛石铺砌和卵石铺砌两种。

1. 铺地面前的准备工作

(1)应挑选质地紧密、无裂缝、不易风化的石料。要求石料大小均匀、形状基本一致。卵石应选用比较扁平的,圆滑如蛋者不易砌稳不宜采用。毛石要求有 3～4 个面比较规整,过大的毛石要打小使用,对棱角突出不很规则的三棱石,砌铺前要用锤子敲凿修整。

(2)为使乱石均匀平整地铺砌在坚实的垫层上,使路面保持平整,承压后减少下沉,应先做好路面垫层。

(3)垫层一般多用碎石或卵石掺砂土压实,厚度为 10～15cm,路面较宽时,路基须起拱。

2. 铺两侧道牙拉准线

先铺两侧道牙并顺路长沿两侧拉准线,作为铺砌的依据。宜采用形状较规则的砖、混凝土块及方正条石作道牙;如用乱石作道牙,要选用大块、均匀、较方整的毛石,并选较规整的面作道牙的顶面及内侧面,毛石道牙要垫稳挤紧。

3. 地面按线铺砌

铺砌时,先垫一层粗砂,再铺毛石。毛石较规整的面向上作为路面,铺砌方向一般应横向进行,乱石厚薄大小宜略取一致,不能用二层毛石叠砌,尽量利用乱石的自然形状互相挤紧、排列紧密并按排水方向找坡,不应砌成逆排水方向的灰缝。

石下要用砂垫平,不能有翘角、活动的现象。沿路线方向的石缝要错开,以免车轮卡在石缝间。最后用干砂灌缝,清扫干净。

第二节　地面砖与料石面层铺设

一、地面砖面层

1. 砖面层构造

砖面层应按设计要求采用普通黏土砖、缸砖、陶瓷地砖、水泥花砖或陶瓷锦砖等板块材,在砂、水泥砂浆、沥青胶结料或胶黏剂结合层上铺设而成。

砂结合层厚度为 20~30mm;水泥砂浆结合层厚度为 10~15mm;沥青胶结料结合层厚度为 2~5mm;胶黏剂结合层厚度为 2~3mm。构造做法如图 8-3 所示。

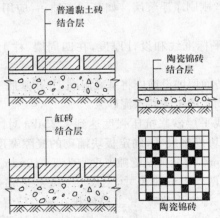

图 8-3　砖面层

2. 施工作业条件

(1)墙面抹灰及墙裙做完。

(2)内墙面弹好水准基准墨线(如+500mm 或+1000mm 水平线)并校核无误。

(3)门窗框要固定好,并用 1∶3 水泥砂浆将缝隙堵塞严实。铝合金门窗框边缝所用嵌塞材料应符合设计要求,且应塞堵密实并事先粘好保护膜。门框保护好,防止手推车碰撞。

(4)穿楼地面的套管、地漏做完,地面防水层做完,并完成蓄水试验、办好检验手续。

(5)按面砖的尺寸、颜色进行选砖,并分类存放备用,做好排砖设计。

(6)大面积施工前应先放样并做样板,确定施工工艺及操作要点,并向施工人员交好底再施工。样板完成后必须经鉴定合格后方可按样板要求大面积施工。

3. 施工一般规定

(1)砖面层采用陶瓷锦砖、缸砖、陶瓷地砖和水泥花砖,应在结合层上铺设。有防腐蚀要求的砖面层采用的耐酸瓷砖、浸渍沥青砖、缸砖的材质、铺设以及施工质量验收应符合现行国家标准《建筑防腐蚀工程施工及验收规范》(GB 50212)的规定。

(2)在水泥砂浆结合层上铺贴缸砖、陶瓷地砖和水泥花砖面层时,应对砖的规格尺寸、外观质量、色泽等进行预选,浸水湿润晾干待用。勾缝和压缝应采用同品种、同强度等级、同颜色的水泥,并做养护和保护。

(3)在水泥砂浆结合层上铺贴陶瓷锦砖面层时,砖底面应洁净,每联陶瓷锦砖之间、与结合层之间以及在墙角、镶边和靠墙处,应紧密贴合,在靠墙处不得采用砂浆填补。

(4)在沥青胶结料结合层上铺贴缸砖面层时,缸砖应干净,铺贴时应在摊铺热沥青胶结料上进行,并应在胶结料凝结前完成。

(5)采用胶黏剂在结合层上粘贴砖面层时,胶黏剂选用应符合现行国家标准《民用建筑工程室内环境污染控制规范》(GB 50325)的规定。

4. 施工操作工艺

(1)基层处理。将混凝土基层上的杂物清理掉,并用錾子剔掉楼地面超高、墙面超平部分及砂浆落地灰,用钢丝刷刷净浮浆层。如基层有油污,应用 10% 火碱水刷净,并用清水及时将其上的碱液冲净。

(2)找标高。根据水平标准线和设计厚度,在四周墙、柱上弹出面层的上平标高控制线。

(3)铺结合层砂浆。砖面层铺设前应将基底湿润,并在基底上刷一道素水泥浆或界面结合剂,随刷随铺设搅拌均匀的干硬性水泥砂浆。

(4)铺砖控制线。当找平层砂浆抗压强度达到 1.2MPa 时,开始上人弹砖的控制线。预先根据设计要求和砖板块规格尺寸,确定板块铺砌的缝隙宽度,当设计无规定时,紧密铺贴缝隙宽度不宜大于 1mm,虚缝铺贴缝隙宽度宜为 5~10mm。

在房间分中,从纵、横两个方向排尺寸,当尺寸不足整砖倍数时,将非整砖用于边角处,横向平行于门口的第一排应为整砖,将非整砖排在靠墙位置,纵向(垂直门口)应在房间内分中,非整砖对称排放在两墙边处,尺寸不小于整砖边长的 1/2。根据已确定的砖数和缝宽,在地面上弹纵、横控制线(每隔 4 块砖弹一根控制线)。

(5)铺砖。地砖的铺设如图 8-4 所示。

1)瓷砖地面铺砌。在清理好的地面上,找好规矩和泛水,扫好水泥浆,再按地面标高留出瓷砖厚度,并做灰饼,用 1∶4~1∶3 干硬性水泥砂浆(砂为粗砂)冲筋、装档,刮平厚约 2cm,刮平时砂浆要拍实,如图 8-5 所示。铺完后第二天用 1∶1 水泥砂浆勾缝。在地面铺完后 24h,严禁被水浸泡。露天作业应有防雨措施。

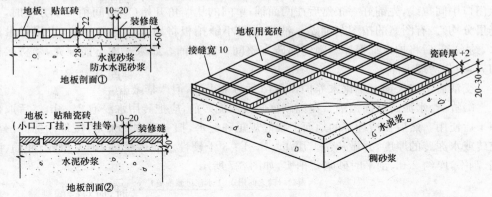

图 8-4　地砖的铺设

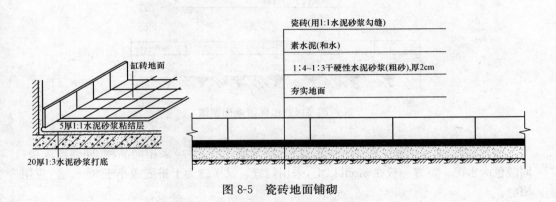

图 8-5　瓷砖地面铺砌

2)陶瓷锦砖地面镶嵌。在清理好的地面上找好规矩和泛水,扫好水泥浆,再按地面标高留出陶瓷锦砖厚度做灰饼,用 1:4~1:3 干硬性水泥浆(砂为粗砂)冲筋、刮平厚约 2cm,刮平时砂浆要拍实,如图 8-6 所示。

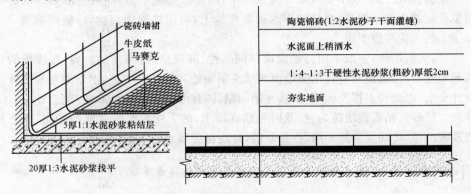

图 8-6　陶瓷锦砖地面镶嵌

刮平后撒上一层水泥面,再稍洒水(不可太多)将陶瓷锦砖铺上。两间相通的房屋,应从门口中间拉线,先铺好一张然后往两面铺;单间的从墙角开始(如房间稍有不方正时,在缝里分均)。有图案的按图案铺贴。铺好后用小锤拍板将地面普遍敲一遍,再用扫帚淋水,约 0.5h 后将护口纸揭掉。陶瓷锦砖宜整间一次镶铺。如果一次不能铺完,须将接槎切齐,余灰清理干净。

交活后第二天铺上干锯末养护,3～4d 后方能上人,但严禁敲击。

3)缸砖、水泥砖地面镶铺。在铺砌缸砖或水泥砖前,应把砖用水浸泡 2～3h,然后取出晾干后使用。然后在清理好的地面上找好规矩和泛水,扫一道水泥浆,再按地面标高留出缸砖或水泥砖的厚度,并做灰饼。用 1:4～1:3 干硬性水泥砂浆(砂子为粗砂)冲筋、装档、刮平,厚约 2cm,刮平时砂浆要拍实,如图 8-7 所示。

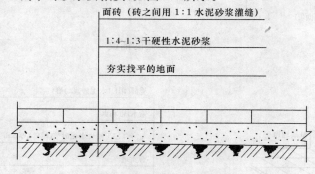

图 8-7　缸砖、水泥砖地面镶铺

(6)勾缝。面层铺贴应在 24h 内进行擦缝、勾缝工作,并应采用同品种、同强度等级、同颜色的水泥。宽缝一般在 8mm 以上,采用勾缝。纵横缝为干挤缝或小于 3mm 者,应用擦缝。

1)勾缝:用 1:1 水泥细砂浆勾缝,勾缝用砂应用窗纱过筛,要求缝内砂浆密实、平整、光滑,勾好后要缝成圆弧形,凹进面砖外表面 2～3mm。随勾随将剩余水泥砂浆清走、擦净。

2)擦缝:如设计要求不留缝隙或缝隙很小,则要求接缝平直,在铺实修整好的砖面层上用浆壶往缝内浇水泥浆,然后将干水泥撒在缝上,再用棉纱团擦揉,将缝隙擦满。最后将面层上的水泥浆擦干净。

(7)踢脚板用砖,一般采用与地面块材同品种、同规格、同颜色的材料,踢脚板的立缝应与地面缝对齐,铺设时应在房间墙面两端头阴角处各镶贴一块砖,出墙厚度和高度应符合设计要求,以此砖上楞为标准挂线,开始铺贴,砖背面朝上抹粘结砂浆(配合比为 1:2 水泥砂浆),使砂浆粘满整块砖为宜,及时粘贴在墙上,砖上楞要跟线并立即拍实,随之将挤出的砂浆刮掉,将面层清擦干净(在粘贴前,砖块材要浸水晾干,墙面刷水湿润)。

关键细节 2　在不同结合层上铺设砖面层时的注意事项

(1)在砂结合层上铺设砖面层时,砂结合层应洒水压实,并用刮尺刮平,然后拉线逐块铺砌。施工按下列要求进行：

1）黏土砖的铺砌形式一般采用"直缝式"、"人字纹式"等铺法,如图 8-8 所示。在通道内宜铺成纵向的"人字纹式",同时在边缘的一行砖应加工成 45°角,并与墙或地板边缘紧密连接。

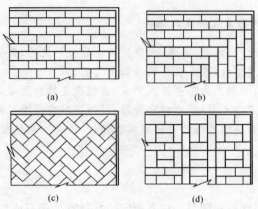

(a)　　　　　　　　(b)

(c)　　　　　　　　(d)

图 8-8　砖地面铺砌形式

2）铺砌砖时应挂线,相邻两行的错缝应为砖长的 1/3～1/2。

3）黏土砖应对接铺砌,缝隙宽度不宜大于 5mm。在填缝前,应适当洒水并予拍实整平。填缝可用细砂、水泥砂浆或沥青胶结料。用砂填缝时,宜先将砂撒于砖面上,再用扫帚扫于缝中。用水泥砂浆或沥青胶结料填缝时,应预先用砂填缝至一半高度。

(2）在水泥砂浆结合层上铺贴缸砖、陶瓷地砖和水泥花砖面层时,应符合下列规定：

1）在铺贴前,应对砖的规格尺寸、外观质量、色泽等进行预选,并应浸水湿润后晾干待用。

2）铺贴时宜采用干硬性水泥砂浆,面砖应紧密、坚实,砂浆应饱满,并严格控制标高。

3）面砖的缝隙宽度应符合设计要求。当设计无规定时,紧密铺贴缝隙宽度不宜大于 1mm;虚缝铺贴缝隙宽度宜为 5～10mm。

4）大面积施工时,应采取分段按顺序铺贴,按标准拉线镶贴,并做各道工序的检查和复验工作。

5）面层铺贴应在 24h 内进行擦缝、勾缝和压缝工作。缝的深度宜为砖厚的 1/3;擦缝和勾缝应采用同品种、同强度等级、同颜色的水泥,随做随清理水泥,并做养护和保护。

(3）在水泥砂浆结合层上铺贴陶瓷锦砖时,应符合下列规定：

1）结合层和陶瓷锦砖应分段同时铺贴,在铺贴前应刷水泥浆,其厚度宜为 2～2.5mm,并应随刷随铺贴,用抹子拍实。

2）陶瓷锦砖底面应洁净,每联陶瓷锦砖之间、与结合层之间以及在墙角、镶边和靠墙处,均应紧密贴合,并不得有空隙。在靠墙处不得采用砂浆填补。

3）陶瓷锦砖面层在铺贴后应淋水、揭纸,并应采用白水泥擦缝,做面层的清理和保护工作。

(4)在沥青胶结料结合层上铺贴缸砖面层时,其下一层应符合隔离层铺设的要求。缸砖要干净,铺贴时应在摊铺热沥青胶结料后随即进行,并应在沥青胶结料凝结前完成。缸砖间缝隙宽度为 3～5mm,采用挤压方法使沥青胶结料挤入,再用胶结料填满。填缝前,缝隙内应予清扫并使其干燥。

关键细节 3　地面层铺砌成品保护

(1)合理安排施工顺序,水电、通风、设备安装等应提前完成,防止损坏面砖。

(2)切割面砖时应用垫板,禁止在已铺地面上切割。

(3)镶铺砖面层后,如果其他工序插入较多,应铺覆盖物对面层加以保护。

(4)结合层凝结前应防止暴晒、水冲和振动,以保证其灰层有足够的强度。

(5)做油漆、浆活时,应铺覆盖物对面层加以保护,不得污染地面。

二、料石面层

1. 料石面层构造

料石面层应采用天然石料铺设。料石面层的石料宜为条石或块石两类。采用条石做面层应铺设在砂、水泥砂浆或沥青胶结料结合层上;采用块石做面层应铺设在基土或砂垫层上。构造做法如图 8-9 所示。

条石面层下结合层厚度为:砂结合层为 15～20mm;水泥砂浆结合层为 10～15mm;沥青胶结料结合层为 2～5mm。块石面层下砂垫层厚度,在夯实后不应小于 6mm;块石面层下基土层应均匀密实,填土或土层结构被扰动的基土,应予分层压(夯)实。

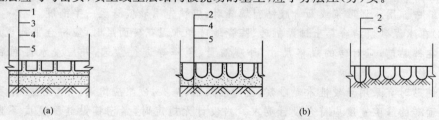

图 8-9　料石面层
1—条石;2—块石;3—结合层;4—垫层;5—基土

2. 施工作业条件

(1)条石或块石进场后,按施工组织设计材料堆放区堆放材料,条石侧立堆放于场地平整处,并在条石下加垫木条。

块石按顶面对着顶面分层堆放,对材料进行检查,核对品种、颜色、规格、数量等是否符合设计要求,有裂纹、缺棱掉角,翘曲和表面有缺陷的应该剔除。

(2)地面下的暗管、沟槽等工程,均已验收完毕,场地已平整。

(3)已经绘制好铺设施工大样图,做完技术交底。

(4)冬期施工时采用掺有水泥的拌合料铺设时温度不应低于 5℃;采用砂、石铺设时温度不应低于 0℃。

3. 施工一般规定

(1)料石面层采用天然条石和块石,应在结合层上铺设。

(2)条石和块石面层所用的石材的规格、技术等级和厚度应符合设计要求。条石的质量应均匀,形状为矩形六面体,厚度为 80~120mm;块石形状为直棱柱体,顶面粗琢平整,底面面积不宜小于顶面面积的 60%,厚度为 100~150mm。

(3)不导电的料石面层的石料应采用辉绿岩石加工制成,填缝材料亦采用辉绿岩石加工的砂嵌实,耐高温的料石面层的石料应按设计要求选用。

(4)块石面层结合层铺设厚度:砂垫层应不小于 60mm;基土层应为均匀密实的基土或夯实的基土。

4. 施工操作工艺

(1)在料石面层铺砌时不宜出现十字缝。条石应按规格尺寸分类,并垂直于行走方向拉线铺砌成行。相邻两行的错缝应为条石长度的 1/3~1/2。铺砌时方向和坡度要正确。

(2)铺砌在砂垫层上的块石面层,石料的大面应朝上,缝隙间相互错开,通缝不得超过 2 块石料。块石嵌入砂垫层的深度不应小于石料厚度的 1/3。

块石面层铺设应先夯平,并以 15~25mm 粒径的碎石嵌缝,然后用碾压机碾压,再填以 5~15mm 粒径的碎石,继续碾压至石粒不松动为止。

(3)在砂结合层上铺砌条面层时,缝隙宽度不宜大于 5mm。石粒间的缝隙,当采用水泥砂浆或沥青胶结料嵌缝时,应预先用砂填至 1/2 高度后,再用水泥砂浆或沥青胶结料填缝抹平。

在水泥砂浆结合层上铺砌条石面层时,石料间的缝隙应采用同类水泥砂浆嵌缝抹平,缝隙宽度不应大于 5mm。结合层和嵌缝的水泥砂浆应按有关要求采用。

在沥青胶结料结合层上铺砌条石面层时,其铺贴要求应按有关要求采用。

(4)不导电料石面的石料应采用辉绿岩石加工制成。嵌缝材料亦应采用辉绿岩石加工的砂填嵌。耐高温料石面层的石料,应按设计要求选用。

(5)如设计需要镶边,所有镶边必须选用同类石材。

(6)用水泥砂浆填缝后,洒水养护 7d;用沥青拌合料填缝后,应薄撒一层砂。

关键细节 4　条石面层铺设工艺

(1)基层处理及放线。条石料在施工前先清扫基面,检查基土强度,然后在基面上放线、打格子。格子尺寸可根据设计要求并结合条石尺寸、铺砌形式而定。条石铺砌形式主要有:横排列、纵向人字排列、横向人字排列以及 45°角排列。

(2)结合层。条石的结合层根据设计需要进行拌和铺设。用水泥砂浆时,应在清理干净的基面上洒水湿润,刷素水泥浆,然后摊铺水泥砂浆,厚度一般为 10~15mm;用砂作结合层,则可直接摊铺,砂面刮平并湿润,厚度宜为 15~20mm;用沥青胶结料作结合层,则基面应清理干净并干燥,然后刷底子油,热铺沥青胶结料,厚度宜为 2~5mm。

(3)条石铺砌。铺砌条石时在纵、横两方向铺设标准条石,以此拉线控制面层标高和条石行距、坡度。铺砌采用横排列方式时,应垂直于行走方向拉线错缝铺砌。铺砌中,相邻两行的错缝应为条石的 1/3~1/2,不得出现十字缝。在水泥砂浆结合层上铺砌条石时,应与砂浆摊铺同时进行,摊铺砂浆面一次不宜过大,随铺随砌,其缝隙不应大于 5mm。沥青胶结料结合层上铺砌条石时,应与沥青胶结料的铺设同步进行,其缝隙应控制在 3～5mm。在砂层上铺砌时,缝隙不宜大于 5mm。

(4)填缝压实。结合层为砂时,缝隙宽度不宜大于 5mm,铺砌后,先撒砂填缝,并洒水使其下沉,然后先用 6～8t、后用 10～12t 压路机碾压 2～3 遍,使石块达到坚实稳定为止,然后开始嵌缝。如石料间缝隙采用水泥砂浆或沥青胶结材料嵌缝,应预先用砂填缝至 1/2 高度,然后用水泥砂浆或沥青胶结填缝抹平。

结合层为水泥砂浆时,石料间缝隙用同类水泥砂浆嵌缝抹平,缝隙宽度不应大于 5mm。用水泥砂浆嵌缝,应洒水养护 7d 以上,结合层为沥青胶结料时,基层应为水泥砂浆或水泥混凝土找平层,找平层表面应洁净、干燥,其含水率不大于 9%,在找平层表面涂刷基层处理剂一昼夜后开始铺设面层,铺贴时应在推铺热沥青胶结料后随即进行,并应在沥青胶结料凝结前完成。缝隙宽度不大于 5mm,缝隙用胶结料填满,然后表面撒上薄薄一层砂。

▌关键细节 5 块石面层铺设工艺

(1)放线。根据地面尺寸划分施工段,将施工段分成格子,设置样墩、拉线、控制标高、坡度。考虑块石压实后沉落的深度,应预留 15～35mm。

(2)砂垫层。将基层上的浮土、杂物清理干净,平整,即可铺砂垫层,先虚铺 50～200mm,用尺耙子耙平,然后边铺砂垫层边铺块石。

(3)块石面层铺砌。块石的平整大面朝上,使块石嵌入砂垫层,嵌入深度为块石厚度的 1/3～1/2。铺砌的块石力求互相靠紧,缝隙相互错开,通缝不得超 2 块。

在坡道上铺砌块石,应由坡角向坡顶方向进行;在窨井和雨水口周围铺砌块石,要选用坚实、方正、表面平整较大的块石,将块石的长边沿着井口边缘铺砌。

(4)嵌缝压实。块石地面铺砌一段,对地面的质量即进行校正,发现有较大缝隙后用片石嵌塞,片石粒径为 15～25mm,遇到有突出或凹陷的石块,则挖出修整重铺。然后用砂灌缝,用橡皮板刮灌或笤帚扫垲,直到填满缝隙为止。

填满缝隙后,洒水使其下沉后用 6～8t 和 10～12t 的压路机先后分别碾压 2～3 遍,地面边缘碾压不到的地段,用木夯夯实,碾压或夯实至无松动石块和印痕为止。由于砂垫层沉落,石块间会产生空隙,再补填缝材料至完全满缝密实。

▌关键细节 6 整形石块与异形石板的铺设工艺

(1)整形石板的铺设:石板的表面多用经过正式研磨的石板。施工时,底层要充分清扫、湿润,然后再铺水泥砂浆,并将装修材料水平铺下去,接缝一般为 0～10mm 的凹缝。

铺贴白色的大理石时,为防止底层水泥砂浆的灰泥渗出,在石板的里侧,需先涂上柏油底料及耐碱性涂料后方可铺贴,如图 8-10 所示。

如果为石质踢脚板,则每一块踢脚板使用两支以上的蚂蟥钉固定后,再灌入水泥砂浆。

(2)异形石板的铺设(图 8-11):有的将大小石片做某种程度的整理,接缝仍然较规则;

有的将石片按大小、形状，巧妙地组合起来铺装。这两种方法都要以石片分配图为参考，接缝为宽度 7～12mm 的凹缝，施工方法仍与规则石板的情况相同。

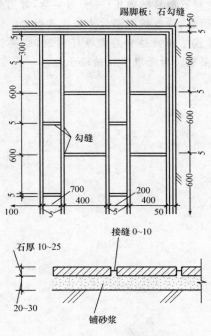

图 8-10　整形石板的铺设

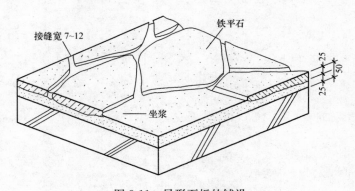

图 8-11　异形石板的铺设

异形石板的铺设，也有将石材表面加以水磨或正式研磨的情况，这时接缝为宽度 3mm 以内的凹缝。

关键细节 7　料石面层铺设成品保护

(1)运输料石和砂、石料、水泥砂浆时，要注意采取措施防止对地面基层和已完成的工程造成碰撞、污染等破坏。

（2）运输和堆放时，要注意避免对条石的棱角、块石的大面造成破坏，影响铺砌美观。

（3）对用砂做结合层的料石面层待碾压、夯击密实后，才可上人行走，对用水泥砂浆做结合层和嵌缝材料的料石面层，待养护期满后才可上人行走。

（4）用水泥砂浆或沥青胶结料做结合层或嵌缝材料时，要注意防止污染料石面层，以免影响美观，如发生污染，必须及时采取措施清理干净。

第九章　工料计算与班组作业计划编制

第一节　劳动定额

定额是指在进行生产经营活动时,在人力、物力、财力消耗方面所应遵守或达到的数量标准。劳动定额又称人工定额,是建筑安装工人在正常的施工(生产)条件下、在一定的生产技术和生产组织条件下、在平均先进水平的基础上制定的。它表明每个建筑安装工人生产单位合格产品所必须消耗的劳动时间,或在单位时间所生产的合格产品的数量。

一、劳动定额的作用

劳动定额的作用主要表现在组织生产和按劳分配两个方面。在一般情况下,两者是相辅相成的,即生产决定分配,分配促进生产。当前对企业基层推行的各种形式的经济责任制的分配形式,无一不是以劳动定额作为核算基础的。具体来说,劳动定额的作用主要表现在以下几个方面:

(1)劳动定额是编制施工作业计划的依据。编制施工作业计划必须以劳动定额作为依据,才能准确地确定劳动消耗和合理地确定工期,不仅在编制计划时要依据劳动定额,在实施计划时,也要按照劳动定额合理地平衡调配和使用劳动力,以保证计划的实现。

通过施工任务书把施工作业计划和劳动定额下达给生产班组,作为施工(生产)指令,组织工人达到和超过劳动定额水平,完成施工任务书下达的工程量。这样就把施工作业计划和劳动定额通过施工任务书这个中间环节与工人紧密联系起来,使计划落实到工人群众,从而使企业完成和超额完成计划有了切实可靠的保证。

(2)劳动定额是贯彻按劳分配原则的重要依据。按劳分配原则是社会主义社会的一项基本原则。贯彻这个原则必须以平均先进的劳动定额为衡量尺度,按照工人生产产品的数量和质量来进行分配。工人完成劳动定额的水平决定了他们实际收入和超额劳动报酬的多少,只有多劳才能多得。这样就把企业完成施工(生产)计划,提高经济效益与个人物质利益直接结合起来。

(3)劳动定额是开展社会主义劳动竞赛的必要条件。社会主义劳动竞赛,是调动广大职工建设社会主义积极性的有效措施。劳动定额在竞赛中起着检查、考核和衡量的作用。一般来说,完成劳动定额的水平愈高,对社会主义建设事业的贡献也就愈大。以劳动定额为标准,就可以衡量出工人贡献的大小,工效的高低,使不同单位、不同工种工人之间有了可比性,便于鼓励先进,帮助后进,带动一般,从而提高劳动生产率,加快建设速度。

(4)劳动定额是企业经济核算的重要基础。为了考核、计算和分析工人在生产中的劳动消耗和劳动成果,就要以劳动定额为依据进行劳动核算。人工定额完成情况、单位工程用工、人工成本(或单位工程的工资含量)是企业经济核算的重要内容。只有用劳动定额严格地、精确地计算和分析比较施工(生产)中的消耗和成果,对劳动消耗进行监督和控制,不断降低单位成品的工时消耗,努力节约人力,才能降低产品成本中的人工费和分摊到产品成本中的管理费。

二、劳动定额的表现形式

劳动定额按照用途不同,可以分为时间定额和产量定额两种形式。

(1)时间定额就是某种专业(工种)、某种技术等级的工人小组或个人,在合理的劳动组合、合理的使用材料、合理的施工机械配合条件下,生产某一单位合格产品所必需的工作时间,包括准备与结束时间、基本生产时间、辅助生产时间、不可避免的中断时间以及工人必要的休息时间。

时间定额以工日为单位,每一工日按 8h 计算。其计算公式如下:

$$单位产品时间定额(工日)=\frac{1}{每日产量}$$

或　　　　$$单位产品时间定额(工日)=\frac{小组成员工日数总和}{台班产量}$$

(2)产量定额就是在合理的劳动组合、合理的使用材料、合理的机械配合条件下,某种专业(工种)、某种技术等级的工人小组或个人,在单位工日中所完成的合格产品的数量。

产量定额根据时间定额计算,其计算公式如下:

$$每工产量=\frac{1}{单位产品时间定额(工日)}$$

或　　　　$$台班产量=\frac{小组成员工日数的总和}{单位产品时间定额(工日)}$$

产量定额的计量单位,通常以自然单位或物理单位来表示,如台、套、个、米、平方米、立方米等。

产量定额的高低与时间定额成反比,两者互为倒数。生产某一单位合格产品所消耗的工时越少,则在单位时间内的产品产量就越高,反之就越低。

$$时间定额×产量定额=1$$

或　　　　$$时间定额=\frac{1}{产量定额}$$

$$产量定额=\frac{1}{时间定额}$$

所以两种定额中,无论知道哪一种定额,就可以很容易计算出另一种定额。

关键细节 1　劳动定额两种表现形式的适用规则

时间定额和产量定额是同一个劳动定额量的不同表示方法,但有各自不同的用处。时间定额便于综合,便于计算总工日数,便于核算工资,所以劳动定额一般均采用时间定额的形式。产量定额便于施工班组分配任务,便于编制施工作业计划。

三、劳动定额的编制

1. 分析基础资料，拟定编制方案

(1)计时观察资料的整理：对每次计时观察的资料进行整理之后，要对整个施工过程的观察资料进行系统的分析研究和整理。

整理观察资料的方法大多是采用平均修正法。平均修正法是一种在对测时数列进行修正的基础上，求出平均值的方法。修正测时数列，就是剔除或修正那些偏高、偏低的可疑数值。目的是保证不受那些偶然性因素的影响。

如果测时数列受到产品数量的影响，采用加权平均值则是比较适当的。因为采用加权平均值可在计算单位产品工时消耗时，考虑到每次观察中产品数量变化的影响，从而也能获得可靠的值。

(2)日常积累资料的整理和分析：日常积累的资料主要有四类：第一类是现行定额的执行情况及存在问题的资料；第二类是企业和现场补充定额资料，如因现行定额漏项而编制的补充定额资料，因解决采用新技术、新结构、新材料和新机械而产生的定额缺项所编制的补充定额资料；第三类是已采用的新工艺和新的操作方法的资料；第四类是现行的施工技术规范、操作规程、安全规程和质量标准等。

(3)拟定定额的编制方案：

1)提出对拟编定额的定额水平总的设想。

2)拟定定额分章、分节、分项的目录。

3)选择产品和人工、材料、机械的计量单位。

4)设计定额表格的形式和内容。

2. 确定正常的施工条件

(1)拟定工作地点的组织：工作地点是工人施工活动场所。拟定工作地点的组织时，要特别注意使人在操作时不受妨碍，所使用的工具和材料应按使用顺序放置于工人最便于取用的地方，以减少疲劳和提高工作效率，工作地点应保持清洁和秩序井然。

(2)拟定工作组成：拟定工作组成就是将工作过程按照劳动分工的可能划分为若干工序，以合理使用技术工人。可以采用两种基本方法：一种是把工作过程中各简单的工序划分给技术熟练程度较低的工人去完成；另一种是分出若干个技术程度较低的工人，去帮助技术程度较高的工人工作。采用后一种方法就把个人完成的工作过程变成小组完成的工作过程。

(3)拟定施工人员编制：拟定施工人员编制即确定小组人数、技术工人的配备，以及劳动的分工和协作。原则是使每个工人都能充分发挥作用，均衡地担负工作。

3. 确定劳动定额消耗量的方法

时间定额是在拟定基本工作时间、辅助工作时间、不可避免中断时间、准备与结束的工作时间，以及休息时间的基础上制定的。

(1)拟定基本工作时间：基本工作时间在必须消耗的工作时间中占的比重最大。在确定基本工作时间时，必须细致、精确。基本工作时间消耗一般应根据计时观察资料来确定。其做法是，首先确定工作过程每一组成部分的工时消耗，然后再综合出工作过程的工

时消耗。如果组成部分的产品计量单位和工作过程的产品计量单位不符，就需先求出不同计量单位的换算系数，进行产品计量单位的换算，然后再相加，求得工作过程的工时消耗。

（2）拟定辅助工作时间和准备与结束工作时间：辅助工作和准备与结束工作时间的确定方法与基本工作时间相同。但是，如果这两项工作时间在整个工作班工作时间消耗中所占比重不超过 5%～6%，则可归纳为一项，以工作过程的计量单位表示，确定出工作过程的工时消耗。

如果在计时观察时不能取得足够的资料，也可采用工时规范或经验数据来确定。如具有现行的工时规范，可以直接利用工时规范中规定的辅助和准备与结束工作时间的百分比来计算。

（3）拟定不可避免的中断时间：在确定不可避免中断时间的定额时，必须注意由工艺特点所引起的不可避免中断才可列入工作过程的时间定额。

不可避免中断时间也需要根据测时资料通过整理分析获得，可以根据经验数据或工时规范，以占工作日的百分比表示此项工时消耗的时间定额。

（4）拟定休息时间：休息时间应根据工作班作息制度、经验资料、计时观察资料，以及对工作的疲劳程度作全面分析来确定。同时，应考虑尽可能利用不可避免中断时间作为休息时间。

从事不同工种、不同工作的工人，疲劳程度有很大差别。为了合理确定休息时间，往往要对从事各种工作的工人进行观察、测定，以及进行生理和心理方面的测试，以便确定其疲劳程度。国内外往往按工作轻重和工作条件好坏，将各种工作划分为不同的级别。如我国某地区工时规范将体力劳动分为六类：最沉重、沉重、较重、中等、较轻、轻便。

划分出疲劳程度的等级，就可以合理规定休息需要的时间。在上述引用的规范中，六个等级的休息时间见表 9-1。

表 9-1   休息时间占工作日的比重

疲劳程度	轻便	较轻	中等	较重	沉重	最沉重
等级	1	2	3	4	5	6
占工作日比重（%）	4.16	6.25	8.33	11.45	16.7	22.9

（5）拟定定额时间：确定的基本工作时间、辅助工作时间、准备与结束工作时间、不可避免中断时间和休息时间之和，就是劳动定额的时间定额。根据时间定额可计算出产量定额，时间定额和产量定额互成倒数。

利用工时规范，可以计算劳动定额的时间定额。计算公式是：

$$作业时间＝基本工作时间＋辅助工作时间$$

$$规范时间＝准备与结束工作时间＋不可避免的中断时间＋休息时间$$

$$工序作业时间＝基本工作时间＋辅助工作时间$$

$$＝基本工作时间／[1－辅助时间（%）]$$

$$定额时间＝\frac{作业时间}{1－规范时间（%）}$$

关键细节 2　影响工时消耗因素的确定

(1)技术因素:包括完成产品的类别;材料、构配件的种类和型号等级;机械和机具的种类、型号和尺寸;产品质量等。

(2)组织因素:包括操作方法和施工的管理与组织;工作地点的组织;人员组成和分工;工资与奖励制度;原材料和构配件的质量及供应的组织;气候条件等。

以上各因素的具体情况利用因素确定表(表 9-2)加以确定和分析。

表 9-2　　　　　　　　　　　　　　因素确定表

施工过程名称	施工单位名称	工地名称	工程概况		观察时间	气温
砌三层里外混水墙	×公司×施工队	×厂宿舍楼	三层楼每层两单元,带壁橱、阁楼、浴室,长 27.6m,宽 14m,高 3.0m		××年×月×日	15~17℃
	施工队(组)人员组成		瓦工队共28人,其中:一级工10人,二级工12人,五级工4人,六级工2人;男24人,女4人;50岁以上6人,50岁以下22人;高中生2人,初中生18人,小学以下8人			
	施工方法和机械装备		手工操作,里架子,配备2.5t塔吊一台,翻斗一辆			

	定额项目	单位	完成产品数量	实际工时消耗/工时	定额工时消耗/工日		完成定额(%)
					单位	总计	
完成定额情况	瓦工砌 1$\frac{1}{2}$ 砖混水外墙	m³	96	64.20	0.45	43.20	67.29
	瓦工砌 1 砖混水内墙	m³	48	32.10	0.47	22.56	70.28
	瓦工砌 1/2 砖隔断墙	m³	16	10.70	0.72	11.52	107.66
	壮工运输和调制砂冻浆			105.00		63.04	60.04
	按定额加工					39.55	
	总计		160	212.00		179.87	84.84

影响工时消耗的组织和技术因素	(1)该宿舍楼系三层混水墙到顶,墙体厚度不一,建筑面积小,操作比较复杂; (2)砖的质量不好,选砖比较费时; (3)低级工比例过大,浪费工时现象比较普遍; (4)高级工比例小,低级工做高级工活比较普遍,技壮工配合不好; (5)工作台位置和砖的位置,不便于工人操作; (6)瓦工损伤操作工符合动作经济原则,取砖和砂浆动作幅度很大,极易疲劳; (7)劳动纪律不大好,有些青年工人工作时间聊天、打闹

第二节　工料分析与计算

一、工料分析的作用

工料分析是根据工程量计算和定额规定的消耗量标准,分析完成一个砌筑工程项目中所需要消耗的各种劳动力、各种种类和规格的装饰材料的数量。进行工料分析,能合理地调配劳动力,正确管理和使用材料,是降低工程造价的重要措施之一。其内容主要包括分部分项工程工料分析、单位装饰工程工料分析和有关的文字说明。

人工、材料消耗量的分析是工程预算的重要组成部分,其分析所得到的全部人工和各种材料消耗量,是工程消耗的最高限额。其所起作用主要表现在以下几个方面:

(1)工料分析是承包商的计划、材料供应和劳动工资部门编制工程进度、材料供应和劳动力调配计划等的依据。

(2)工料分析是签发施工任务单,考核工料消耗和分析各项经济活动的依据。

(3)工料分析是进行"两算"对比的依据。

(4)工料分析是承包商进行成本分析,制定降低成本措施的依据。

二、工料分析的步骤

1. 人工单价的确定

人工工日单价是指一个建筑工人一个工作日在预算中应计入的全部人工费用。当前,生产工人的工日单价组成如下:

(1)基本工资,是指发放给生产工人的基本工资。

(2)工资性补贴,是指按规定标准发放的物价补贴,煤、燃气补贴,交通补贴,住房补贴,流动施工津贴等。

(3)生产工人辅助工资,是指生产工人年有效施工天数以外非作业天数的工资,包括职工学习、培训期间的工资,调动工作、探亲、休假期间的工资,因气候影响的停工工资,女工哺乳时间的工资,病假在六个月以内的工资及产、婚、丧假期的工资。

(4)职工福利费,是指按规定标准计提的职工福利费。

(5)生产工人劳动保护费,是指按规定标准发放的劳动保护用品的购置费及修理费,徒工服装补贴,防暑降温费,在有碍身体健康环境中施工的保健费用等。

人工单价计算方法如下:

1)基本工资:

$$基本工资(G_1) = \frac{生产工人平均月工资}{年平均每月法定工作日}$$

2)工资性补贴:

$$工资性补贴(G_2) = \frac{\sum 年发放标准}{全年日历日 - 法定假日} + \frac{\sum 月发放标准}{年平均每月法定工作日} +$$

$$每工作日发放标准$$

3）生产工人辅助工资：

$$生产工人辅助工资(G_3) = \frac{全年无效工作日 \times (G_1 + G_2)}{全年日历日 - 法定假日}$$

4）职工福利费：

$$职工福利费(G_4) = (G_1 + G_2 + G_3) \times 福利费计提比例(\%)$$

5）生产工人劳动保护费：

$$生产工人劳动保护费(G_5) = \frac{生产工人年平均支出劳动保护费}{全年日历日 - 法定假日}$$

关键细节3　影响人工单价的因素

影响建筑安装工人人工单价的因素很多，归纳起来有以下方面：

（1）社会平均工资水平。建筑安装工人人工单价必然和社会平均工资水平趋同。社会平均工资水平取决于经济发展水平。由于我国改革开放以来经济迅速增长，社会平均工资也有大幅增长，从而影响人工单价的大幅提高。

（2）生活消费指数。生活消费指数的提高会影响人工单价的提高，以减少生活水平的下降程度，或维持原来的生活水平。生活消费指数的变动取决于物价的变动，尤其取决于生活消费品物价的变动。

（3）人工单价的组成内容。例如，住房消费、养老保险、医疗保险、失业保险等列入人工单价，会使人工单价提高。

（4）劳动力市场供需变化。劳动力市场如果需求大于供给，人工单价就会提高；供给大于需求，市场竞争激烈，人工单价就会下降。

（5）政府推行的社会保障和福利政策也会影响人工单价的变动。

2. 材料预算价格的确定

材料预算价格是由材料交货地点到达施工工地（或堆放材料地点）后的出库价格。因为材料的来源地点、供应和运输方式不同，从交货地点发货开始，到用料地点仓库后出库为止，要经过材料采购、装卸、包装、运输、保管等过程，在这些过程中，都需要支付一定的费用，由这些费用组成材料预算价格。

按现行规定，材料预算价格由材料原价、供销部分手续费、包装费、运杂费、采购及保管费组成。

（1）材料原价。材料原价是指材料的出厂价格，或者是销售部门（如材料金属公司等）的批发牌价和市场采购价格（或信息价）。预算价格中的材料原价按出厂价、批发价、市场价综合考虑。

在确定原价时，凡同一种材料因来源地、交货地、供货单位、生产厂家不同，而有几种价格（原价）时，根据不同来源地供货数量比例，采取加权平均的方法确定其综合原价。计算公式如下：

$$加权平均原价 = \frac{K_1 C_1 + K_2 C_2 + \cdots + K_n C_n}{K_1 + K_2 + \cdots + K_n}$$

式中　　$K_1, K_2, \cdots, K_n$——各不同供应地点的供应量或各不同使用地点的需求量；

$C_1, C_2, \cdots, C_n$——各不同供应地点的原价。

(2)供销部门手续费。供销部门手续费是指根据国家现行的物资供应体制，不能直接向生产厂采购、订货，需通过物资部门供应而发生的经营管理费用。不经物资供应部门的材料，不计供销部门手续费。

供销部门手续费按费率计算，其费率由地区物资管理部门规定，一般为 1%～3%。计算公式如下：

$$供销部门手续费 = 材料原价 \times 供销部门手续费率 \times 供销部门供应比重$$

或　　供销部门手续费＝材料净重×供销部门单位重量手续费×供应比重

材料供应价＝材料原价＋供销部门手续费

(3)包装费。包装费指为了便于材料运输或为保护材料而进行包装所需要的费用，包括水运、陆运中的支撑、篷布等。凡由生产厂负责包装，其包装费已计入材料原价者，不再另行计算，但包装品有回收价值者，应扣回包装回收值。

简易包装应按下式计算：

包装费＝包装材料原价－包装材料回收价值

包装材料回收价值＝包装原价×回收量比例×回收价值比例

容器包装应按下式计算：

$$包装材料回收价值 = \frac{包装材料原价 \times 回收量比例 \times 回收价值比例}{包装容器标准容重}$$

$$包装费 = \frac{包装材料原价 \times \left(1 - \frac{回收量}{比\ 例} \times \frac{回收价}{值比例}\right) + 使用期间维修费}{周转使用次数 \times 包装容器标准容重}$$

(4)运杂费。运杂费是指材料由来源地(交货地)起至工地仓库或施工工地(或预制厂)材料堆放点(包括经材料中心仓库转运)为止的全部运输过程中所发生的费用，包括车船等的运输费、调车费、出入库费、装卸费和运输过程中分类整理、堆放的附加费，超长、超重增加费，腐蚀、易碎、危险性物资增加费，笨重、轻浮物资附加费及各种经地方政府物价部门批准的收费站标准收费和合理的运输损耗费等。

(5)材料采购及保管费。采购及保管费是指材料供应部门(包括工地仓库及其以上各级材料主管部门)在组织采购、供应和保管材料过程中所需的各项费用。

采购及保管费一般按照材料到库以费率取定，材料采购及保管费计算公式如下：

采购及保管费＝材料运到工地仓库价格×采购及保管费率

或　　　采购及保管费＝(材料原价＋供销部门手续费＋包装费＋

运杂费＋运输损耗费)×采购及保管费率

综上所述，材料预算价格的一般计算公式如下：

材料预算价格＝(材料原价＋供销部门手续费＋包装费＋运杂费＋运输损耗费)

　　×(1＋采购及保管的费率)－包装材料回收价值

关键细节 4　影响材料预算价格的因素

(1)市场供需变化。材料原价是材料预算价格中最基本的组成。市场供大于求价格就会下降;反之,价格就会上升。从而也就会影响材料预算价格的涨落。

(2)材料生产成本的变动直接涉及材料预算价格的波动。

(3)流通环节的多少和材料供应体制也会影响材料预算价格。

(4)运输距离和运输方法的改变会影响材料运输费用的增减,从而也会影响材料预算价格。

(5)国际市场行情会对进口材料价格产生影响。

三、工料分析方法

首先是从《全国统一建筑工程基础定额(土建)》中,查出各分项工程中工料的单位定额消耗工料的数量,然后分别乘以相应分项工程的工程量,得到分项工程的人工、材料消耗量。最后将各分部分项工程的人工、材料消耗量分别进行计算和汇总,得出单位工程人工,材料的消耗数量。工料分析的编制,采用表格进行。相关计算公式为

人工消耗量＝∑分项工程量×工日消耗定额

材料消耗量＝∑分项工程量×各种材料消耗定额

关键细节 5　人工、材料消耗量参考表

(1)一般民用、工业建筑每 $100m^2$ 平均综合材料消耗量表,见表 9-3。

表 9-3　　　　　一般民用、工业建筑每 $100m^2$ 平均综合材料消耗量表

序号	材料名称	单位	民用建筑		工业建筑		
			混合	砖木	钢混	混合	砖木
1	型钢	t	0.03	0.01	3.1	0.9	0.01
2	钢筋	t	1.25	0.14	1.24	1.93	0.19
3	水泥	t	9.1	3.1	14.6	11.52	3.3
4	木材	m^3	5.8	8.3	8.5	5.5	7.5
5	砖	千块	21	23	17.6	16	25
6	平瓦	千块		2			2
7	石灰	t	4.5	4.2	0.83	0.7	3
8	砂子	m^3	32	23	33	35	25
9	石子	m^3	29	11	31	24	12
10	毛石	m^3	13	34	10	15	36

（续）

序号	材料名称	单位	民用建筑		工业建筑		
			混合	砖木	钢混	混合	砖木
11	沥青	t	0.62		0.95	0.95	
12	油毡	m²	245	144	368	386	144
13	铁皮	m²	5.4	3.2	5.4	4.7	2.5
14	铁管	t	0.352		0.84	0.46	0.1
15	电焊条	t			0.095	0.028	
16	铁钉	t	0.01	0.031	0.003	0.007	0.03
17	玻璃	m²	20.4	22	23	24.5	20
18	油漆	t	0.006	0.006	0.012	0.005	0.006
19	电线	m	120	75	200	130	86
20	暖气片	片	36		40	64	40
21	8#铁丝	t	0.024	0.007	0.021	0.026	0.008

（2）各类建筑工程每 1m² 分工种耗用人工量，见表 9-4。

表 9-4 **各类建筑工程每 1m² 分工种耗用人工量表**

工种	中学教学楼	小学教学楼	民用住宅	锅炉房	厂房	库房
	混合	混合	混合	混合	钢混	混合
	四层	三层	五层	一层	一层	一层
普通工	0.97	0.699	1.06	0.72	0.52	0.483
油毡工	0.03	0.067	1.002	0.001	0.07	
抹灰工	0.62	0.683	0.55	0.27	0.22	0.065
瓦工	0.4	0.287	0.33	0.5	0.28	0.22
白铁工	0.01	0.012	0.01	0.013	0.002	0.008
木工	0.69	0.693	0.34	0.51	0.66	0.184
油漆工	0.15	0.176	0.23	0.27	0.014	0.041
玻璃工	0.004	0.007	0.004	0.003	0.012	0.0033
架子工	0.19	0.20	0.161	0.25	0.19	0.23
电焊工	0.005	0.004	0.014	0.002	0.16	
钢筋工	0.09	0.089	0.06	0.089	0.22	0.0004
起重工	0.08		0.08	0.07	0.10	

（续）

工种	中学教学楼	小学教学楼	民用住宅	锅炉房	厂房	库房
	混合	混合	混合	混合	钢混	混合
	四层	三层	五层	一层	一层	一层
水暖工	0.20	0.264	0.25	1.02	0.04	
电工	0.11	0.076	0.09	0.17		0.01
灰土工	0.15	0.267	0.15	0.34	0.05	0.0084
混凝土工	0.27	0.17	0.16	0.26	0.31	0.078
石工	0.005	0.0085				
合计	4.06	3.702	3.49	4.29	2.97	1.33

四、工料计算

为方便提前计算用工、采购或组织材料进场,在进行砌砖墙施工前,常需首先计算所用的材料,包括砖、砌筑砂浆和砌筑材料用量。

1. 砖及砂浆用量计算

计算前应先量出砖的平均长度、宽度、厚度,或取出厂合格证上砖的规格尺寸。设砖长$=a$,砖宽$=b$,砖厚$=c$,按规范要求,确定灰缝的厚度,设竖缝厚$=d_1$,横缝厚$=d_2$,则可列出下列相应公式进行计算。

(1)计算每平方米砖墙需用的砖及砂浆用量。根据砖墙的厚度不同可分别采取下列公式计算:

1)半砖墙(0.12m厚)砖数为

$$A=\frac{1}{(a+b_1)(c+d_2)} \quad （块）$$

2)一砖墙(0.24m厚)砖数为

$$A=\frac{1}{(b+d_1)(c+d_2)} \quad （块）$$

3)一砖半墙(0.37m厚)砖数为

$$A=\frac{4}{(a+d_1)(c+d_2)}+\frac{1}{(b+d_1)(c+d_2)} \quad （块）$$

4)二砖墙(0.5m厚)砖数为

$$A=\frac{2}{(b+d_1)(c+d_2)} \quad （块）$$

砂浆量为

$$A=(2a+d_1)-Aabc \quad （m^3）$$

(2)每立方米砖墙需用砖及砂浆的数量。每立方米砖墙需用砖及砂浆的数量等于每平方米需用量乘以下列倍数:

1)半砖墙的倍数为$\frac{1}{b}$;

2）一砖墙的倍数为 $\dfrac{1}{a}$；

3）一砖半墙的倍数为 $\dfrac{1}{a+b+d_1}$；

4）二砖墙的倍数为 $\dfrac{1}{2a+d_1}$。

2. 砂浆材料用量计算

砌墙常用水泥砂浆或水泥混合砂浆，配料采用体积配合比（或由重量比折算成体积配合比）。

（1）水泥砂浆用料计算：设 $W_c=1\mathrm{m}^3$ 水泥的重量 $=1350\mathrm{kg}$，或按实际量出重量，并设水泥砂浆配合比为水泥：砂 $=C:S$，按需要的稠度加水拌和成砂浆后，量其体积，可求出拌和砂浆后的制成系数 V_m，即

$$V_m=\frac{\text{拌和成砂浆后的体积}}{(C+S)\text{的体积}}$$

上述系数一般为 $0.65\sim0.80$，它是计算砂浆中各种材料用量的重要根据，则

$$\text{每立方米砂浆需用水泥数量}=\frac{W_c\cdot C}{(C+S)V_m}\quad(\mathrm{kg})$$

$$\text{每立方米砂浆需用砂子数量}=\frac{S}{(C+S)V_m}\quad(\mathrm{m}^3)$$

（2）水泥混合砂浆用料计算：设水泥混合砂浆的配合比为水泥：石灰膏：砂 $=C:l:S$，则有

$$\text{每立方米混合砂浆需用水泥数量}=\frac{W_c\cdot C}{(C+l+S)V_m}\quad(\mathrm{kg})$$

$$\text{每立方米混合砂浆需用石灰数量}=\frac{W_t\cdot l}{(C+l+S)V_m\cdot V_t}\quad(\mathrm{kg})$$

$$\text{每立方米混合砂浆需用砂数量}=\frac{S}{(C+l+S)V_m}\quad(\mathrm{m}^3)$$

式中　W_t——$1\mathrm{m}^3$ 石灰的重量，一般为 $1150\mathrm{kg}$；

　　　V_t——熟石灰的体积与生石灰的体积之比，一般为 $2\sim2.5$；

　　　W_c——$1\mathrm{m}^3$ 水泥的重量，一般为 $1350\mathrm{kg}$。

关键细节 6　不同要求的墙、柱用砖和砂浆计算

每 $1\mathrm{m}^3$ 砖砌体各种不同厚度的墙用砖和砂浆净用量的理论计算公式：

$$\text{砖的净用量}=\frac{1}{\text{墙厚}\times(\text{砖长}+\text{灰缝})\times(\text{砖厚}\times\text{灰缝})}\times K$$

式中　K——墙厚的砖数 $\times2$（墙厚的砖数是指 $0.5,1,1.5,2,\cdots$）。

$$\text{砂浆净用量}=1-\text{砖数净用量}\times\text{每块砖体积}$$

标准砖规格为 $240\mathrm{mm}\times115\mathrm{mm}\times53\mathrm{mm}$，每块砖的体积为 $0.0014628\mathrm{m}^2$，灰缝横竖方向均为 $1\mathrm{cm}$。

方形砖柱用砖和砂浆用量理论计算公式：

$$砖 = \frac{长 \times 宽 \times (一层砖厚 + 灰缝)}{}$$

$$砂浆 = 1 - 砖数净用量 \times 每块砖体积$$

圆形砖柱用砖和砂浆理论计算公式：

$$砖 = \frac{1}{\pi/4 \times 0.49 \times (砖厚 + 灰缝)}$$

$$砂浆 = \left[1 - 每块砖体积 \times \frac{1}{(长 \times 1/2 灰缝) \times (宽 + 灰缝) \times (厚 + 灰缝)} \right]$$

第三节　班组作业计算编制

一、现场施工进度计划编制

(1)划分施工过程。施工过程的划分要密切结合选择的施工方案,其粗细程度主要取决于客观需要,一般工业与民用建筑物在安排施工进度计划时,所采用的施工过程名称可参考现行的定额手册上的项目名称。

(2)确定施工顺序。

(3)划分施工段。划分施工段有利于组织平行流水施工。划分施工段时,应考虑结构的整体性,各施工段的工程量大致相等,且应具备足够的工作面以便提高劳动生产率。

(4)计算工程量。工程量应根据施工图纸、划分的施工段和工程量计算规则进行。当编制施工进度计划前已有预算文件,并且它采用的定额和项目的划分与施工进度计划一致时,可直接利用预算的工程量,不必重新计算。

(5)确定劳动量和机械台班数。根据各分部、分项工程的工程量、施工方式和各地有关主管部门颁发的定额,并参考施工单位的实际情况,计算各分部、分项工程所需要的劳动量和机械台班数量。

(6)确定分部、分项工程的施工天数。计算各分部、分项工程施工天数的方法有以下两种：

1)根据施工单位计划配备在该施工过程上的施工机械数量和专业工人人数确定。这时,施工天数可按下式计算：

$$D_i = \frac{r_i}{P_i \cdot b_i}$$

式中　D_i——完成第 i 分部分项工程所需施工天数;

　　　　P_i——第 i 分部分项工程所需劳动量(工日)或机械台班数量(台班);

　　　　r_i——每班安排在第 i 分部分项工程的劳动人数或施工机械台数;

　　　　b_i——第 i 分部分项工程每天工作班数。

2)根据工期要求倒排进度。这种方法首先确定各分部、分项工程的施工时间,其次确定相应的劳动量或机械台班数、每个工作班所需要的工人人数或机械台数。此时可把上式变换为:

$$r_i = \frac{P_i}{D_i \cdot b_i}$$

按上式求出每天所需的机械台班数或工人人数,如果超过施工单位现有人力、物力,除了想办法从别处寻求支援外,应该从技术和组织上采取积极措施解决。

关键细节 7 现场施工进度计划横道图表现法

横道图也称甘道图,由于其形象、直观,且易于编制和理解,是现场施工中应用最为广泛的进度计划表示形式。用横道图表示的建设工程进度计划,一般包括两个基本部分,即左侧的工作名称和工作持续时间等基本数据部分和右侧的横道线部分。表 9-5 所示为用横道图表示的某基础工程施工进度计划。它主要利用时间坐标上横线条的长度和位置来反映工程施工中各工作的相互关系和进度。

表 9-5 某基础工程施工进度计划

序号	工作名称	持续时间 /d	进度 /d										
			5	10	15	20	25	30	35	40	45	50	55
1	人工开挖土方	15	▬	▬	▬								
2	素土机械夯实	5				▬							
3	混凝土垫层	4					▬						
4	砌砖基础	16						▬	▬	▬			
5	现浇基础 染板、柱	8								▬	▬		
6	预制楼板 安装灌板	4								▬	▬		
7	人工回填土	10										▬	▬

关键细节 8 现场施工进度计划网络计划表现法

用网络图表达任务构成、工作顺序并加注工作时间参数的进度计划,称为网络计划。网络计划是编制施工进度计划的有效和先进的手段,按代号不同可分为双代号网络计划和单代号网络计划。网络计划可以确切地表示各工作间的相互关系和制约关系,还可以计算出各工作在整个计划中的最早开始时间、最迟开始时间、总时差、自由时差,从而找到计划的关键工作和关键线路。在施工过程中,可以根据施工的实际情况和需要,进行计划的优化,使计划始终处于最切实可行的良好状态。

（1）双代号网络图绘制规则。

1）双代号网络图必须正确表达已定的逻辑关系。

2）双代号网络图中严禁出现循环回路。

3）双代号网络图中，在节点之间严禁出现带双向箭头或无箭头的连线。

4）双代号网络图中严禁出现没有箭头节点或没有箭尾节点的箭线。

5）当双代号网络图的某些节点有多条外向箭线或多条内向箭线时，在保证一项工作有唯一的一条箭线和对应的一对节点编号的前提下，可使用母线法绘图。当箭线线型不同时，可在从母线上引出的支线上标出。

6）绘制网络图时，箭线不宜交叉；当交叉不可避免时，可用过桥法或指向法。

7）双代号网络图中应只有一个起点节点；在不分期完成任务的网络图中，应只有一个终点节点；而其他所有节点均应是中间节点。

（2）单代号网络图绘制规则。

1）单代号网络图必须正确表述已定的逻辑关系。

2）单代号网络图中严禁出现循环回路。

3）单代号网络图中严禁出现双向箭头或无箭头的连线。

4）单代号网络图中严禁出现没有箭尾节点的箭线和没有箭头节点的箭线。

5）绘制网络图时，箭线不宜交叉。当交叉不可避免时，可采用过桥法和指向法绘制。

6）单代号网络图只应有一个起点节点和一个终点节点；当网络图中有多项起点节点或多项终点节点时，应在网络图的两端分别设置一项虚工作，作为该网络图的起点节点和终点节点。

二、班组施工作业计划编制

班组是企业施工进度计划管理的落脚点，企业月、季、年度计划目标，经过层层分解落实，最后分解为班组的月、旬、日分阶段的局部目标。班组就是通过施工作业计划管理，保证这些目标的实现，从而最后保证企业经济目标的实现。

班组施工作业计划的编制一般可以用横道图的形式，按照施工作业计划的编制程序进行编制，编制时应注意以下几个问题：

（1）维护计划的严肃性。下达到班组的计划目标是根据统筹安排后确定的，班组只有按期完成所分配的任务，才能确保工程总体计划的实现，班组要不折不扣、无条件地去完成上级下达的各项施工任务。

（2）班组作业计划必须可行。班组施工计划要明确主攻方向，掌握工程的重点和难点，合理安排岗位和人力，在确保项目经理下达的任务按时、按量、按质完成的前提下，班组计划要充分发挥工人的积极性和创造性。

（3）分工协作、主动为下一道工序服务。每一个施工班组在各自的施工工序施工时，要树立分工协作，主动为下一道工序服务的观点，使整个施工现场围绕一个共同的目标而紧张、有序、高效地工作。

关键细节 9　班组作业计划实施注意事项

在班组作业计划的实施过程中要注意做好以下工作：

(1)做好班组作业计划。

(2)做好班组的劳动力调配。

(3)抓好班组作业的综合平衡(这是班组长的一项关键性工作)。

第十章　砌筑施工管理

第一节　施工计划管理

一、计划管理的概念

计划管理是一项综合性的管理工作,它把施工过程中的各项工作,以计划为中心有机地结合起来,保证各项施工活动正常而协调地进行。施工企业计划管理就是用计划把施工企业的生产和各项经营活动全面组织起来,并对其进行平衡、协调、控制和监督。

计划是指要解决必须要做什么的问题,如企业年度计划中,具体规定了年度内所承包的具体工程项目,应该完成的项目和工作量,而进度则是解决什么时间去做,做到什么程度的具体问题。如单位工程施工进度计划具体规定了各分部分项工程的施工顺序和施工天数。在具体施工中,计划和进度就不太容易区别了,因施工时必须明确做什么,什么时间去做,所以习惯上可以用计划来说明进度。

计划进度管理的基本任务是将单位工程施工组织设计中编制的施工进度计划,通过企业计划指标的要求,进行综合平衡后,纳入企业整体计划,然后付诸实施。这样制订出的施工进度计划或作业计划,具有明显的指标性,即在规定的计划时期内,在具体的施工条件下,所要达到的目标。同时在施工工艺上,要遵循施工组织设计中规定的程序时间。

🏗 关键细节1　反映工程进度的几种形式

(1)工程形象进度:形象进度是用工程的施工顺序和所完成的分部、分项工程情况来表明的,是人们用视觉能够感受到的、反映工程进度情况的一种形式,它是考核施工企业完成施工情况的主要标志之一。

(2)建筑安装工程量:又叫工程实物量,它是以工程实物为对象来计算建筑安装工程的实物数量,用来反映工程的进度,其计算单位是用物理计量单位或自然计量单位。它是编制施工企业计划的主要依据,也是计算建筑安装工程的基础。

(3)建筑安装工作量:简称工作量,包括建筑工程工作量和设备安装工作量。它是以货币形式来表示建筑安装工程的工程数量,是以工程实物量为基础,乘以国家规定的价格(即定额规定的费用)而得出的。

二、施工企业计划的种类和内容

1. 施工企业年度计划

施工企业年度计划的作用是：贯彻经营方针，实现经营目标，指导全年施工生产经营活动。

年度计划包括以下主要内容：建筑安装工程施工计划、劳动工资计划、材料供应计划、机械设备配置计划、配件和零部件加工计划、成本计划、财务成本计划、技术组织措施计划等。除了上述内容外，有的还要编制附属辅助生产计划、本身基建和企业改造计划、固定资产投资计划及职工教育培训计划等。

2. 施工企业季度计划

施工企业季度计划的作用是：贯彻、落实年度计划，控制月计划。它是年度计划在某个季度时期的具体化，又是年度计划和月度计划的桥梁。季度计划应保证年度计划的实现，贯彻年度计划的指导思想。

季度计划包括以下主要内容：季度主要技术经济指标汇总表，单位工程施工进度计划，主要工种劳动力需用量及劳动生产率计划，机械需用量计划，零部件、配件需用量计划，主要物资供应及运输计划，降低成本计划，技术组织措施计划等。

3. 施工企业月度计划

月度计划指导日常施工生产经营活动，是年度、季度计划的具体化。它是企业计划管理的基础和主要环节，是施工企业有计划地组织和指挥日常生产活动的重要手段，是实现年度和季度计划的保证。

施工企业月度计划包括以下主要内容：主要计划指标汇总表，单位工程施工进度计划，单位工程开工、竣工日期，主要工种劳动力平衡计划，大型机械需用量计划，主要材料需用量计划，提高劳动生产率降低成本措施计划。上述各项计划都是以表格的形式编制的，内容应明确、全面而又简练。

三、施工作业计划编制

施工作业计划是指月、旬的短期计划，是施工企业的具体产品计划，又是企业年度季度计划的基础，要按照规定的原则、程序和方法认真编制，要保证计划的完整性、可行性，从而起到指挥施工的作用。

1. 编制前准备工作

(1)签订分包协议或劳务合同。

(2)主要材料设备和施工机具的准备。

(3)编好单位工程预算，进行工料分析，提出降低成本措施。

(4)根据总进度、总平面等的要求确定施工进度和平面布置。

(5)施工技术培训和安全交底等。

(6)施工测量和抄平放线。

(7)劳动力的配备。

2. 编制依据

(1)上级下达的年度、季度计划指标和工程承包合同。

(2)上一计划期的工程实际完成情况;新开工程的施工准备工作情况。

(3)施工组织设计或施工方案、施工图及施工预算等技术资料。

(4)计划期内的物资、加工品、机械设备的落实情况。

(5)资源条件,包括计划期内的劳动力、材料、机械设备、零部件的加工进货情况等。

(6)实际可能达到的劳动效率、机械的台班产量;材料消耗定额等。

3. 编制步骤与方法

编制施工作业计划的目的,是要组织连续均衡地施工,以较小的消耗取得较大的效果。但是建筑安装生产具有现场分散流动、高空作业、露天作业多并受气候条件影响的特点,另外,还有施工周期长、产品不固定等因素。因此,编制施工作业计划必须从实际出发,综合考虑施工特点和各种影响施工生产的因素。编制施工作业计划的步骤如图 10-1 所示。

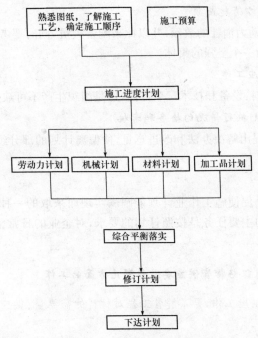

图 10-1　施工作业计划编制步骤

编制计划时,还要考虑保证企业均衡生产,做到连续、有节奏、满负荷地生产。这就需要统筹兼顾,搞好施工部署,改善物资供应;同时要做好季节施工准备,为连续施工打下基础。

关键细节 2　施工作业计划编制的基本原则

(1)确保年度、季度计划的完成。计划安排应贯彻日保旬、旬保月、月保季的精神,确保工程按期或提前竣工,交付使用。

(2)严格遵守施工程序、抓紧施工准备,不具备开工条件的工程不能盲目列入计划;已开工的工程必须按施工组织设计或施工方案规定的施工顺序和方法进行,不准任意改动;将要完工的工程要抓紧收尾工作;竣工的工程要及时做好交接验收工作。

(3)明确主攻方向,保重点、保竣工、保配套。

(4)计划指标必须建立在群众讨论的基础上,既要积极先进,又要实事求是,切实可行,同时也要留有余地。

四、施工作业计划的贯彻

1. 抓计划的落实工作

落实计划必须与思想教育相结合,必须建立企业内部各种承包责任制。实施计划必须保证施工队、组人员的稳定性,承包队组在计划期内不能变动。同时要明确质量、安全、工期、降低成本、文明施工等各项要求。

2. 准确计算劳动力消耗数额

要准确计算出劳动力消耗的数额,并以此来配备人员,同时要考虑好施工队和班组长的人选,使施工队成为一个坚强的集体。

3. 组织好物资供应工作

物资供应是指材料、设备和技术三个方面,这是组织生产不可缺少的三个因素。

4. 对施工作业计划执行情况的检查和考核

要对发现的问题提出解决办法和改进意见,使偏离计划的部分经过调整,回到计划轨道上来。

5. 调度工作

计划调度工作就是促使施工作业计划能圆满实现而采取的一种手段,它是计划的补充和继续。调度工作的主要任务是按照计划的要求,对企业的日常活动进行系统和全面的控制。

关键细节 3　组织好物资供应要做好哪几方面的工作

(1)要有预见地抓供应工作,要了解各工程对材料的需要量、供应量、采购量和运输量等,并作出具体安排。

(2)做好物资调剂工作。

(3)做好施工机械的选择。

关键细节 4　计划调度工作基本做法

计划调度工作既负担着不断消除施工作业计划实现过程中出现的各种障碍和矛盾,同时又要不断协调总包、分包单位间执行计划过程中出现的不平衡,力争在综合平衡中,最大限度地发挥企业的效能。调度工作的做法为:

(1)每月的平衡调度会议,它是为保证计划实施所需要的条件,进行平衡调度,调度的内容有：研究全月生产任务的特殊要求和复杂程度，分析完成计划的可能性，促使计划实现。

(2)旬、日调度会，它是在施工现场经常举行的调度会议，解决贯彻计划中出现的各种矛盾。

(3)工程之间的调度，要做好这项工作，必须深入施工现场，掌握各工程项目的具体情况，使人力、材料、机械达到连续平衡，保证施工项目的合理衔接。

第二节　施工技术管理

技术管理是建筑企业经营管理的重要组成部分，是建筑企业在生产经营活动中对各项技术活动及其技术要素的科学管理。施工技术管理的主要工作如图 10-2 所示。

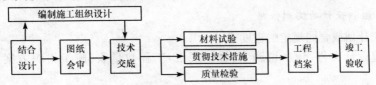

图 10-2　施工技术管理的主要工作

一、图纸会审

图纸会审是指工程各参建单位（建设单位、监理单位、施工单位）在收到设计院施工图设计文件后，对图纸进行全面细致的熟悉，审查出施工图中存在的问题及不合理情况并提交设计院进行处理的一项重要活动。

(1)领取施工图纸后，应检查图纸是否无证设计或越级设计；图纸是否经设计单位正式签署。

(2)设计图纸与说明是否齐全，有无分期供图的时间表。几个设计单位共同设计的图纸相互间有无矛盾；专业图纸之间、平立剖面图之间有无矛盾；标注有无遗漏。

(3)总平面与施工图的几何尺寸、平面位置、标高等是否一致。

(4)项目部施工管理人员组织图纸自审，领会图纸的设计意图，明确与其他施工队伍之间的先后顺序，相互间的配合要求。

(5)项目部通过班组对图纸的自审，及时发现设计图纸中的问题，并通过图纸会审解决发现的问题。

二、施工组织设计

施工组织设计是根据拟建工程的特点，对人力、材料、机械、资金、施工条件等方面的因素作出科学合理的安排，并形成规划和指导拟建工程从施工准备到竣工验收中各项生产活动的综合性经济技术文件，它是专门对施工过程进行科学组织协调的设计文件。

1. 施工组织设计的任务

施工组织设计的任务是对具体的拟建工程（建筑群或单个建筑物）的施工准备工作和

整个施工过程,在人力和物力、时间和空间、技术和组织上,做出一个全面且合理,符合好、快、省、安全要求的计划安排。

施工组织设计为对拟建工程施工的全过程实行科学管理提供重要手段。通过施工组织设计的编制,可以全面考虑拟建工程的各种具体条件,扬长避短地拟定合理的施工方案,确定施工顺序、施工方法、劳动组织和技术经济的组织措施,合理地统筹安排拟定施工进度计划,保证拟建工程按期投产或交付使用;也可以为拟建工程的设计方案在经济上的合理性、技术上的科学性和实施工程的可能性进行论证提供依据;还可以为建设单位编制基本建设计划和施工企业编制施工计划提供依据。依据施工组织设计,施工企业可以提前掌握人力、材料和机具使用上的先后顺序,全面安排资源的供应与消耗;可以合理地确定临时设施的数量、规模和用途,以及临时设施、材料和机具在施工场地上的布置方案。

施工组织设计是施工准备工作的一项重要内容,同时也是指导各项施工准备工作的重要依据。

2. 施工组织设计的编制依据

(1)国家计划或合同规定的进度要求。

(2)工程设计文件,包括说明书、设计图纸、工程数量表、施工组织方案意见、总概算等。

(3)调查研究资料,包括工程项目所在地区自然经济资料、施工中可配备劳力、机械及其他条件。

(4)有关定额(劳动定额、物资消耗定额、机械台班定额等)及参考指标。

(5)现行有关技术标准、施工规范、规则及地方性规定等。

(6)本单位的施工能力、技术水平及企业生产计划。

(7)有关其他单位的协议、上级指示等。

3. 施工组织设计的编制原则

由于施工组织设计是指导建筑施工的纲领性文件,对搞好建筑施工起巨大的作用,所以必须十分重视并做好此项工作。根据我国几十年的经验,应遵循以下几项原则:

(1)认真贯彻国家工程建设的法律、法规、规程、方针和政策。

(2)严格执行工程建设程序,坚持合理的施工程序、施工顺序和施工工艺。

(3)采用现代建筑管理原理、流水施工方法和网络计划技术,组织有节奏、均衡和连续地施工。

(4)优先选用先进施工技术,科学确定施工方案;认真编制各项实施计划,严格控制工程质量、工程进度、工程成本和安全施工。

(5)充分利用施工机械和设备,提高施工机械化、自动化程度,改善劳动条件,提高生产率。

(6)扩大预制装配范围,提高建筑工业化程度;科学安排冬期和雨期施工,保证全年施工均衡性和连续性。

(7)坚持"安全第一、预防为主"原则,确保安全生产和文明施工;认真做好生态环境和历史文物保护,严防建筑振动、噪声、粉尘和垃圾污染。

(8)合理布置施工平面图,尽量减少临时工程,减少施工用地,降低工程成本。尽量利用正式工程,原有或就近已有设施,做到暂设工程与既有设施相结合、与正式工程相结合。

同时,要注意因地制宜,就地取材以求尽量减少消耗,降低生产成本。

(9)优化现场物资储存量,合理确定物资储存方式,尽量减少库存量和物资损耗。

4. 施工组织设计的编制步骤

(1)计算工程量。通常可以利用工程预算中的工程量。工程量计算准确,才能保证劳动力和资源需要量计算正确和分层分段流水作业的合理组织,故工程量必须根据图纸和较为准确的定额资料进行计算。

(2)确定施工方案。如果施工组织总设计已有原则规定,则该项工作的任务就是进一步具体化,否则应全面加以考虑。

(3)组织流水作业,排定施工进度。根据流水作业的基本原理,按照工期要求、工作面的情况、工程结构对分层分段的影响以及其他因素,组织流水作业,决定劳动力和机械的具体需要量以及各工序的作业时间,编制网络计划,并按工作日排出施工进度。

(4)计算各种资源的需要量和确定供应计划。依据采用的劳动定额和工程量及进度可以决定劳动量(以工日为单位)和每日的工人需要量。依据有关定额和工程量及进度,就可以计算确定材料和加工预制品的主要种类和数量及其供应计划。

(5)平衡劳动力、材料物资和施工机械的需要量并修正进度计划。根据对劳动力和材料物资的计算就可绘制出相应的曲线以检查其平衡状况。如果发现有过大的高峰或低谷,即应将进度计划做适当的调整与修改,使其尽可能趋于平衡,以便使劳动力的利用和物资的供应更为合理。

(6)设计施工平面图,使生产要素在空间上的位置合理、互不干扰,加快施工进度。

关键细节5　施工组织设计基本内容

施工组织设计的内容,就是根据不同工程的特点和要求,根据现有的和可能创造的施工条件,从实际出发,决定各种生产要素(材料、机械、资金、劳动力和施工方法等)的结合方式。

在不同设计阶段编制的施工组织设计文件,内容和深度不尽相同,其作用也不一样。一般说施工组织条件设计是概略的施工条件分析,提出创造施工条件和建筑生产能力配备的规划;施工组织总设计是对施工进行总体部署的战略性施工纲领;单位工程施工组织设计则是详尽的实施性的施工计划,用以具体指导现场施工活动。

任何施工组织设计都必须具有以下相应的基本内容:

(1)施工方法与相应的技术组织措施,即施工方案。

(2)施工进度计划。

(3)施工现场平面布置。

(4)各种资源需要量及其供应。

至于每个施工组织设计的具体内容,将因工程的情况和使用的目的之差异,而有多寡、繁简与深浅之分。一般地,施工组织总设计应包括以下内容:

(1)建设项目的工程概况。

(2)施工部署及主要建筑物或构筑物的施工方案。

(3)全场性施工准备工作计划。

(4)施工总进度计划。

(5)各项资源需要量计划。

(6)全场性施工总平面图设计。

(7)各项技术经济指标。

单位工程施工组织设计应包括以下内容：

(1)工程概况及其施工特点。

(2)施工方案的选择。

(3)单位工程施工准备工作计划。

(4)单位工程施工进度计划。

(5)各项资源需要量计划。

(6)单位工程施工平面图设计。

(7)质量、安全、节约及冬雨季施工的技术组织保证措施。

(8)主要技术经济指标。

分部分项工程施工组织设计应包括以下内容：

(1)分部分项工程概况及其施工特点的分析。

(2)施工方法及施工机械的选择。

(3)分部分项工程施工准备工作计划。

(4)分部分项工程施工进度计划。

(5)劳动力、材料和机具等需要量计划。

(6)质量、安全和节约等技术组织保证措施。

(7)作业区施工平面布置图设计。

三、施工技术交底

建筑施工企业中的技术交底，是在某一单位工程开工前，或一个分项工程施工前，由主管技术领导向参与施工的人员进行的技术性交待，其目的是使施工人员对工程特点、技术质量要求、施工方法与措施和安全等方面有一个较详细的了解，以便于科学地组织施工，避免技术质量等事故的发生。各项技术交底记录也是工程技术档案资料中不可缺少的部分。技术交底一般包括下列几种：①设计交底，即设计图纸交底。这是在建设单位主持下，由设计单位向各施工单位(土建施工单位与各设备专业施工单位)进行的交底，主要交待建筑物的功能与特点、设计意图与要求等。②施工设计交底，主要介绍施工中遇到的问题，和经常性犯错误的部位，要使施工人员明白该怎么做，规范如何规定的。

施工技术交底的主要内容一般包括：

(1)工地(队)交底中有关内容：如是否具备施工条件、与其他工种之间的配合与矛盾等，向甲方提出要求，让其出面协调等。

(2)施工范围、工程量、工作量和施工进度要求：主要根据自己的实际情况，实事求是的向甲方说明即可。

(3)施工图纸的解说：设计者的大体思路，以及自己以后在施工中存在的问题等。

(4)施工方案措施：根据工程的实况，编制出合理、有效的施工组织设计以及安全文明施工方案等。

（5）操作工艺和保证质量安全的措施：先进的机械设备和高素质的工人等。

（6）工艺质量标准和评定办法：参照现行的行业标准以及相应的设计、验收规范。

（7）技术检验和检查验收要求：包括自检以及监理的抽检的标准。

（8）增产节约指标和措施。

（9）技术记录内容和要求。

（10）其他施工注意事项。

关键细节6　技术交底分工和内容

技术交底分工和内容见表10-1。

表 10-1　　　　　　　　　　技术交底分工和内容

交底部门	交底负责人	参加单位和人员	技术交底的主要内容
公司	总工程师	有关施工单位的行政、技术负责人、公司职能部门负责人	1. 由公司负责编制的施工组织设计 2. 由公司决定的重点工程、大型工程或技术复杂工程的施工技术关键性问题 3. 设计文件要点及设计变更洽商情况 4. 总、分包配合协作的要求、土建和安装交叉作业的要求 5. 国有、建设单位及公司对该工程的工期、质量、成本、安全等要求 6. 公司拟采取的技术组织措施
工区或项目经理部	主任工程师（总工程师）	单位工程负责人、技术员、质量检查员、安全员、职能部门的有关人员、内部协作人员	1. 由工区（或工程队）编制的施工组织设计或施工方案 2. 设计文件要点及设计变更、洽商情况 3. 关键性的技术问题，新操作方法和有关技术规定 4. 主要施工方法和施工程序安排 5. 保证进度、质量、安全、节约的技术组织措施 6. 材料、结构的试验项目
基层施工单位	项目技术负责人或技术员	参与施工的各班组负责人及有关技术骨干工人	1. 落实有关工程的各项技术要求 2. 提出施工图纸上必须注意的尺寸，如轴线标高、预留孔洞（及预埋件）的位置、规格、大小、数量等 3. 所用各种材料的品种、规格、等级质量要求 4. 混凝土、砂浆、防水、保温、耐火、耐酸、耐腐蚀材料等的配合比和技术要求 5. 有关工程的详细施工方法、程序、工种之间，土建与各专业单位之间的交叉配合部位，工序搭接及安全操作要求 6. 各项技术指标的要求，具体实施的各项技术措施 7. 设计修改、变更的具体内容或应注意的关键部位 8. 有关规范、堆积和工程质量要求 9. 结构吊装机械、设备的性能、构件重量、吊点位置、索具规格尺寸、吊装顺序、节点焊接及支撑系统以及注意事项 10. 在特殊情况下，应知应会应注意的问题

四、材料检验与工程技术档案管理

工长对材料的检验主要分为两步：①检查原材料、构件、零配件和设备的标识情况，对未标识或标识状态为非通告色的产品均不得使用；②对砌筑材料进行外观检验，砌筑材料应检查材料的规格、尺寸及孔型、空心率等，对不合格产品应及时向项目部施工管理人员反映。

工程技术档案是工程的原始技术、经济资料，是技术和工程质量工作的成果，是用户单位使用、管理和维修工程的依据，也是对工程质量事故进行调查分析的依据。作为砌筑工长，需收集的资料主要有：图纸会审记录、设计变更通知单、工程洽商记录、设计交底记录、项目部转发的设计变更及技术核定文件、砖（砌块）出厂合格证、出厂检验报告、复试报告、砌筑砂浆试块强度统计评定记录、预检记录、班组自检记录、工序交接检查记录、相关砌体工程检验批质量验收记录表、项目部施工管理人员的书面技术交底、材料外观检查记录、分部分项工程质量检验记录等。

第三节　季节性施工管理

一、砌筑工程冬期施工管理

按照《砌体结构工程施工质量验收规范》（GB 50203）规定，当室外日平均气温连续 5d 稳定低于 5℃时，或当日最低气温低于 0℃时，砌筑施工属冬期施工阶段。

1. 外加剂法

外加剂法指在水泥砂浆、水泥混合砂浆中掺入一定量的外加剂，促使砂浆中的水泥加速水化及在负温条件下凝结与硬化，获得早期强度；解冻后砂浆的强度及与硅的黏结力在常温下仍能继续增长的施工方法。

（1）采用外加剂法配制砂浆时，可采用氯盐（氯化钠、氯化钙）或亚硝酸盐等外加剂。氯盐以氯化钠（食盐）为主，气温低于−15℃时，可掺用氯化钠和氯化钙（双盐）。氯盐砂浆的掺盐量随盐及砌体材料、日最低气温而定，应符合表 10-2 的规定。

表 10-2　　　　　　　　　　氯盐砂浆掺盐量（占用水量的百分数）

盐及砌体材料 种类		日最低气温/℃			
		≥−10	−11～−15	−16～−20	<−20
单盐	氯化钠	砖、砌块 3%	5%	7%	—
		石 4%	7%	10%	—
双盐	氯化钠	砖、砌块 —	—	5%	7%
	氯化钙	—	—	2%	3%

注：1. 掺盐量以无水氯化钠和氯化钙计。

　　2. 如有可靠试验依据，也可适当增减盐类的掺量。

　　3. 日最低气温低于−20℃时，砌石工程不宜施工。

（2）外加剂溶液配置应采用比重（密度）法测定溶液浓度。在氯盐砂浆中掺加微沫剂时，应先加氯盐溶液，后加微沫剂溶液，并应先配制成规定浓度溶液置于专用容器中，然后再按规定加入搅拌机中拌制成所需砂浆。

（3）采用外加剂法配制的砌筑砂浆，当设计无要求，且最低气温低于－15℃时，砂浆强度等级应较常温施工提高一级。砂浆配置计量要准确，应以重量比为主，水泥、外加剂掺量的计量误差控制在±2％以内。

（4）当采用加热方法时，砂浆的出机温度不宜超过35℃，使用时的砂浆温度应不低于5℃。

（5）冬期施工砌砖时，砖与砂浆的温度差值宜控制在20℃以内，最大不得超过30℃。

（6）氯盐砂浆中复掺引气型外加剂时，应在氯盐砂浆搅拌的后期掺入。

（7）采用氯盐砂浆时，应对砌体中配置的钢筋及钢预埋件进行防腐处理。

（8）砌体采用氯盐砂浆施工，每日砌筑高度不宜超过1.2m，墙体留置的洞口距交接墙处不应小于500m。

2. 暖棚法

暖棚法适用于地下工程、基础工程以及工期紧迫的砌体结构。

（1）采用暖棚法施工，暖棚内的最低温度不应低于5℃。

（2）在暖棚法施工之前，应根据现场实际情况，结合工程特点，制定经济、合理、低耗、适用的方案措施，编制相应的材料进场计划和作业指导书。

（3）砌体在暖棚内的养护时间应根据暖棚内的温度确定，并应符合表10-3的规定。

表 10-3　　　　　　　　　暖棚法砌体的养护时间

暖棚的温度/℃	5	10	15	20
养护时间/d	≥6	≥5	≥4	≥3

（4）采用暖棚法施工时，对暖棚的加热优先采用热风机装置。如利用天然气、焦炭炉或火炉等加热，施工时应严格注意安全防火或煤气中毒。对暖棚的热耗应考虑围护结构的热量损失。

（5）采用暖棚法施工，搭设的暖棚要求坚实牢固，并要齐整而不过于简陋。出入口最好设一个，并设置在背风面，同时做好通风屏障，并用保温门帘。

关键细节7　冬期施工所用材料要求

（1）砖、砌块在砌筑前应清除表面污物、冰雪等，不得使用遭水浸和受冻后表面结冰、污染的砖或砌块。

（2）砌筑砂浆宜采用普通硅酸盐水泥配制，不得使用无水泥拌制的砂浆。

（3）石灰膏、电石膏等应防止受冻，如遭冻结，应经融化后使用。

（4）拌制砂浆用砂，不得含有冻块和大于10mm的冻结块。

（5）砂浆拌合水温不宜超过80℃，砂加热温度不宜超过40℃，且水泥不得与80℃以上热水直接接触；砂浆稠度宜较常温适当增大，且不得二次加水调整砂浆和易性。

关键细节 8　冬期施工中砖、小砌块浇(喷)水湿润要求

冬期施工中砖、小砌块浇(喷)水湿润应符合下列规定：

(1)烧结普通砖、烧结多孔砖、蒸压灰砂砖、蒸压粉煤灰砖、烧结空心砖、吸水率较大的轻集料混凝土小型空心砌块在气温高于 0℃条件下砌筑时,应浇水湿润;在气温低于、等于 0℃条件下砌筑时,可不浇水,但必须增大砂浆稠度。

(2)普通混凝土小型空心砌块、混凝土多孔砖、混凝土实心砖及采用薄灰砌筑法的蒸压加气混凝土砌块施工时,不应对其浇(喷)水湿润。

(3)抗震设防烈度为 9 度的建筑物,当烧结普通砖、烧结多孔砖、蒸压粉煤灰砖、烧结空心砖无法浇水湿润时,如无特殊措施,不得砌筑。

关键细节 9　什么情况下不得采用掺氯盐的砂浆砌筑砌体

(1)对装饰工程有特殊要求的工程。
(2)接近高压线路的建筑物(如变电所、发电站等)。
(3)使用湿度大于 80% 的工程。
(4)配筋、钢埋件无可靠防腐处理措施的砌体。
(5)经常处于地下水位变化范围及地下未设防水层的结构或构筑物。

二、砌筑工程雨期施工管理

(1)雨期施工的工作面不宜过大,应逐段、逐区域地分期施工。

(2)雨期施工前,应对施工场地原有排水系统进行检修疏通或加固,必要时应增加排水措施,保证水流畅通。另外,还应防止地面水流入场地内;在傍山、沿河地区施工,应采取必要的防洪措施。

(3)基础坑边要设挡水埝,防止地面水流入。基坑内设集水坑并配足水泵。坡道部分应备有临时接水措施(如草袋挡水)。

(4)基坑挖完后,应立即浇筑好混凝土垫层,防止雨水泡槽。

(5)基础护坡桩距既有建筑物较近时,应随时测定位移情况。

(6)控制砌体含水率,不得使用过湿的砌块,以避免砂浆流淌,影响砌体质量。

(7)确实无法施工时,可留接槎缝,但应做好接缝的处理工作。

(8)施工过程中,考虑足够的防雨应急材料,如人员配备雨衣、电气设备配置挡雨板、成形后砌体的覆盖材料(如油布、塑料薄膜等)。尽量避免砌体被雨水冲刷,以免砂浆被冲走,影响砌体的质量。

关键细节 10　雨期施工材料要求

(1)砌块的品种、强度必须符合设计要求,并应规格一致;用于清水墙、柱表面的砌块,应边角整齐、色泽均匀;砌块应有出厂合格证明及检验报告;中小型砌块尚应说明制造日期和强度等级。

(2)水泥的品种与强度等级应根据砌体的部位及所处环境选择,一般宜采用 42.5 级

普通硅酸盐水泥、矿渣硅酸盐水泥;有出厂合格证明及检验报告方可使用;不同品种的水泥不得混合使用。

（3）砂宜采用中砂,不得含有草根等杂物;配制水泥砂浆或水泥混合砂浆的强度等级≥M5 时,砂的含泥量≤5%,强度＜M5 时,砂的含泥量≤10%。

（4）应采用不含有害物质的洁净水。

（5）掺合料:

1）石灰膏:熟化时间不少于 7d,严禁使用脱水硬化的石灰膏。

2）黏土膏:以使用不含杂质的黄黏土为宜;使用前加水淋浆,并过 6mm 孔径的筛子,沉淀后方可使用。

3）其他掺合料:电石膏、粉煤灰等掺量应由试验部门试验决定。

（6）对木门、木窗、石膏板、轻钢龙骨等以及怕雨淋的材料如水泥等,应采取有效措施,放入棚内或屋内,要垫高码放并要通风,以防受潮。

（7）防止混凝土、砂浆受雨淋含水过多而影响砌体质量。

关键细节 11　雨期施工安全措施

（1）雨期施工基础放坡,除按规定要求外,必须做补强护坡。

（2）脚手架下的基土夯实,搭设稳固,并有可靠的防雷接地措施。

（3）雨天使用电气设备,要有可靠防漏电措施,防止漏电伤人。

（4）对各操作面上露天作业人员,准备好足够的防雨、防滑防护用品,确保工人的健康安全,同时避免造成安全事故。

（5）严格控制"四口五临边"的围护,设置道路防滑条。

（6）雷雨时工人不要在高墙旁或大树下避雨,不要走近电杆、铁塔、架空电线和避雷针的接地导线周围 10m 以内地区。

（7）当有大雨或暴雨时,砌体工程一般应停工。

第四节　施工质量管理

质量管理是指"确定质量方针、目标和职责并在质量体系中通过诸如质量策划、质量控制、质量保证和质量改进,使其实施的全部管理职能的所有活动"。质量管理是下述管理职能中的所有活动:

（1）确定质量方针和目标。

（2）确定岗位职责和权限。

（3）建立质量体系并使其有效运行。

一、质量控制

项目质量控制是指为达到项目质量要求采取的作业技术和活动。工程项目质量要求则主要表现为工程合同、设计文件、技术规范规定的质量标准。因此,工程项目质量控制就是为了保证达到工程合同设计文件和标准规范规定的质量标准而采取的一系列措施、手段和方法。

1. 施工准备阶段质量控制

施工准备是整个工程施工过程的开始,只有认真做好施工准备工作,才能顺利地组织施工,并为保证和提高工程质量,加速施工进度,缩短建设工期,降低工程成本提供可靠的条件。

施工准备阶段质量控制工作的基本任务是:掌握施工项目工程的特点,了解对施工总进度的要求;摸清施工条件;编制施工组织设计;全面规划和安排施工力量;制定合理的施工方案;组织物资供应;做好现场"七通一平"和平面布置;兴建施工临时设施,为现场施工做好准备工作。

(1)技术准备。

1)研究和会审图纸及技术交底。通过研究和会审图纸,可以广泛听取使用人员、施工人员的正确意见,弥补设计上的不足,提高设计质量;可以使施工人员了解设计意图、技术要求、施工难点,为保证工程质量打好基础。技术交底是施工前的一项重要准备工作,可以使参与施工的技术人员与工人了解承建工程的特点、技术要求、施工工艺及施工操作要点。

2)施工组织设计和施工方案编制阶段。施工组织设计或施工方案,是指导施工的全面性技术经济文件,保证工程质量的各项技术措施是其中的重要内容。这个阶段的主要工作有以下几点:

①签订承发包合同和总分包协议书。

②根据建设单位和设计单位提供的设计图纸和有关技术资料,结合施工条件编制施工组织设计。

③及时编制并提出施工材料、劳动力和专业技术工种培训,以及施工机具、仪器的需用计划。

④认真编制场地平整、土石方工程、施工场区道路和排水工程的施工作业计划。

⑤及时参加全部施工图纸的会审工作,对设计中的问题和有疑问之处应随时解决和弄清,要协助设计部门消除图纸差错。

⑥属于国外引进工程项目,应认真参加与外商进行的各种技术谈判和引进设备的质量检验,以及包装运输质量的检查工作。

施工组织设计编制阶段,质量管理工作除上述几点外,还要着重制定好质量管理计划,编制切实可行的质量保证措施和各项工程质量的检验方法,并相应地准备好质量检验测试器具。质量管理人员要参加施工组织设计的会审,以及各项保证质量技术措施的制定工作。

(2)材料准备。材料质量控制的内容主要有:材料质量标准,材料的性能,材料取样及试验方法,材料的适用范围和施工要求等。

1)材料质量标准。材料质量标准是用以衡量材料质量的尺度,也是作为验收、检验材料质量的依据。不同的材料有不同的质量标准,掌握材料的质量标准,就便于可靠地控制材料和工程的质量。

2)材料质量的检(试)验。材料质量检验的目的,是通过一系列的检测手段,将所取得的材料数据与材料的质量标准相比较,借以判断材料质量的可靠性及能否使用于工程中;同时,还有利于掌握材料信息。

①材料质量检验方法。材料质量检验方法有书面检验、外观检验、理化检验和无损检验等四种:

a. 书面检验是通过对提供的材料质量保证资料、试验报告等进行审核,取得认可方能使用。

b. 外观检验是对材料从品种、规格、标志、外形尺寸等进行直观检查,看其有无质量问题。

c. 理化检验是借助试验设备和仪器对材料样品的化学成分、机械性能等进行科学的鉴定。

d. 无损检验是在不破坏材料样品的前提下,利用超声波、X 射线、表面探伤仪等进行检测。

②材料质量检验程度。根据材料信息和保证资料的具体情况,其质量检验程度分免检、抽检和全部检验三种:

a. 免检就是免去质量检验过程。对有足够质量保证的一般材料,以及实践证明质量长期稳定且质量保证资料齐全的材料,可予免检。

b. 抽检就是按随机抽样的方法对材料进行抽样检验。当对材料的性能不清楚,或对质量保证资料有怀疑,或对成批生产的构配件,均应按一定比例进行抽样检验。

c. 全部检验。凡对进口的材料、设备和重要工程部位的材料,以及贵重的材料翻新,应进行全部检验,以确保材料和工程质量。

③材料质量检验的取样。材料质量检验的取样必须有代表性,即所采取样品的质量应能代表该批材料的质量。在采取试样时,必须按规定的部位、数量及采选的操作要求进行。

④材料抽样检验的判断。抽样检验一般适用于对原材料、半成品或成品的质量鉴定。由于产品数量大且检验费用高,不可能对产品逐个进行检验,特别是破坏性和损伤性的检验。通过抽样检验,可判断整批产品是否合格。

(3)组织准备。组织准备包括建立项目组织机构;集结施工队伍;对施工队伍进行入场教育等。

(4)施工现场准备。施工现场准备包括控制网、水准点、标桩的测量;"五通一平";生产、生活临时设施等的准备;组织机具、材料进场;拟定有关试验、试制和技术进步项目计划;编制季节性施工措施;制定施工现场管理制度等。

(5)择优选择分包商并对其进行分包培训。分包是直接的操作者,只有他们的管理水平和技术实力提高了,工程质量才能达到既定的目标,因此要着重对分包队伍进行技术培训和质量教育,帮助分包商提高管理水平。项目对分包班组长及主要施工人员,按不同专业进行技术、工艺、质量综合培训,未经培训或培训不合格的分包队伍不允许进场施工。项目要责成分包建立责任制,并将项目的质量保证体系贯彻落实到各自施工质量管理中,督促其对各项工作的落实。

2. 施工工序质量控制

工程项目的施工过程是由一系列相互关联、相互制约的工序所构成的。工序质量是基础,直接影响工程项目的整体质量。要控制工程项目施工过程的质量,首先必须控制工序的质量。

工序质量的控制,就是对工序活动条件的质量管理和工序活动效果的质量管理,据此来达到整个施工过程的质量管理。

工序质量控制主要包括两方面的控制,即对工序施工条件的控制和对工序施工效果的控制,如图 10-3 所示。

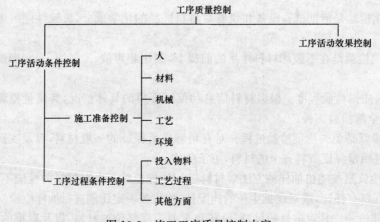

图 10-3　施工工序质量控制内容

(1)工序施工条件的控制包括以下两个方面:

1)施工准备方面的控制:即在工序施工前,应对影响工序质量的因素或条件进行监控。控制的内容一般包括:人的因素,如施工操作者和有关人员是否符合上岗要求;材料因素,如材料质量是否符合标准,能否使用;施工机械设备的条件,如其规格、性能、数量能否满足要求,质量有无保障;采用的施工方法及工艺是否恰当,产品质量有无保证;施工的环境条件是否良好等。这些因素或条件应当符合规定的要求或保持良好状态。

2)施工过程中对工序活动条件的控制:对影响工序产品质量的各因素的控制不仅体现在开工前的施工准备中,而且还应当贯穿于整个施工过程中,包括各工序、各工种的质量保证与强制活动。在施工过程中,包括各工序、各工种的质量保证与强制活动。在施工过程中,工序活动是在经过审查认可的施工准备的条件下展开的,要注意各因素或条件的变化,如果发现某种因素或条件向不利于工序质量方面变化,应及时予以控制或纠正。

(2)工序施工效果的控制。工序施工效果主要反映在工序产品的质量特征和特性指标方面。对工序施工效果控制就是控制工序产品的质量特征和特性指标是否达到设计要求和施工验收标准。工序施工效果质量控制一般属于事后质量控制,其控制的基本步骤包括实测、统计、分析、判断、纠正或认可。

1)实测:即采用必要的检测手段,对抽取的样品进行检验,测定其质量特性指标(如混凝土的抗拉强度)。

2)分析:即对检测所得数据进行整理、分析、找出规律。

3)判断:根据对数据分析的结果,判断该工序产品是否达到了规定的质量标准,如果未达到,应找出原因。

4)纠正或认可:如发现质量不符合规定标准,应采取措施纠正,如果质量符合要求则予以确认。

3. 成品质量保护

成品质量保护一般是指在施工过程中,某些分项工程已经完成,而其他一些分项工程尚在施工;或者是在其分项工程施工过程中,某些部位已完成,而其他部位正在施工。在这种情况下,施工单位必负责对已完成部分采取妥善措施予以保护,以免因成品缺乏保护或保护不善而造成损伤或污染,影响工程整体质量。

根据建筑产品特点的不同,可以分别对成品采取"防护"、"包裹"、"覆盖"、"封闭"等保护措施,以及合理安排施工顺序等来达到保护成品的目的。具体如下所述:

(1)防护就是针对被保护对象的特点采取各种防护的措施。

(2)包裹就是将被保护物包裹起来,以防损伤或污染。

(3)覆盖就是用表面覆盖的办法防止堵塞或损伤。

(4)封闭就是采取局部封闭的办法进行保护。

总之,在工程项目施工过程中,必须充分重视成品的保护工作。

关键细节 12　　质量控制五大生产要素

施工阶段的质量控制是一个由投入物质量控制、施工质量控制、产出物质量控制的全过程、全系统的控制过程。由于工程施工也是一种物质生产活动,因此在全过程系统控制过程中,应对影响工程项目实体质量的五大因素实施全面控制。五大因素系指:人(Man)、材料(Material)、机械(Machine)、方法(Method)、环境(Environment),简称 4MIE 质量因素。具体构成如图 10-4 所示。

(1)人的管理。人的管理内容包括组织机构的整体素质和每一个体的知识、能力、生理条件,心理状态、质量意识、行为表现、组织纪律、职业道德等,做到合理用人,发挥团队精神,调动人的积极性。

(2)材料的管理。材料管理包括原材料、成品、半成品、构配件、建筑设施、器材等的管理,主要是严格检查验收,正确合理地使用,建立管理台账,进行收、发、储、运等各环节的技术管理,避免混料和将不合格的原材料、器材使用到工程上。

(3)机械设备的管理。施工机械设备是现代建筑施工必不可少的设施,是反映一个施工企业力量强弱的重要方面,对工程项目的施工进度和质量有直接影响。施工时,要根据不同工艺特点和技术要求,选用合适的机械设备,正确使用、管理和保养好机械设备。为此要健全"人机固定"的制度、"操作证"制度、岗位责任制度、交接班制度、"技术保养"制度、"安全使用"制度、机械设备检查制度等,确保机械设备处于最佳使用状态。

(4)方法工艺的管理。这里所指的方法管理,包含施工方案、施工工艺、施工组织设计、施工技术措施等的管理,主要应结合工程实际,解决施工难题、技术可行、经济合理,有

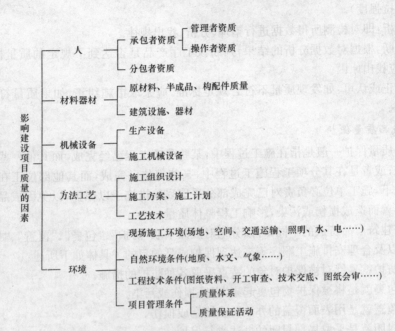

图 10-4　影响工程项目实体质量的因素构成

利于保证质量、加快进度、降低成本。

(5)环境的管理。创造良好的施工环境,对于保证工程质量和施工安全,实现文明施工,树立施工企业的社会形象,都有很重要的作用。施工环境管理,既包括对自然环境特点和规律的了解、限制、改造及利用问题,也包括对管理环境及劳动作业环境的创设活动。

影响工程质量的环境因素较多,有工程技术环境,如工程地质、水文、气象等;工程管理环境,如质量保证体系、质量管理制度等;劳动环境,如劳动组合、作业场所、工作面等。根据工程特点和具体条件,应对影响质量的环境因素采取有效的措施严加控制。尤其是施工现场应建立文明施工和文明生产的环境,保持材料工件堆放有序,道路畅通,工作场所清洁整齐,施工程序井井有条,为确保质量、安全创造良好条件。

关键细节 13　质量控制的关键环节

(1)提高质量意识。要提高所有参加工程项目施工的全体职工(包括分包单位和协作单位)的质量意识,特别是工程项目领导班子成员的质量意识,认识到"质量第一是个重大政策",树"百年大计,质量第一"的思想;要有对国家、对人民负责的高度责任感和事业心,把工程项目质量的优劣作为考核工程项目的重要内容,以优良的工程质量来提高企业的社会信誉和竞争能力。

(2)落实企业质量体系的各项要求,明确质量责任制。工程项目要认真贯彻落实企业建立的文化质量体系的各项要求,贯彻工程项目质量计划。工程项目领导班子成员、各有关职能部门或工作人员都要明确自己在保证工程质量工作中的责任,各尽其职,各负其责,以工作质量来保证工程质量。

(3)提高职工素质。这是搞好工程项目质量的基本条件。参加工程项目的职能人员是管理者,工人是操作者,都直接决定着工程项目的质量。必须努力提高参加工程项目职工的素质,加强职业道德教育和业务技术培训,提高施工管理水平和操作水平,努力创出第一流的工程质量。

(4)搞好工程项目质量管理的基础工作主要包括质量教育、标准化、计量和质量信息工作。

1)质量教育工作。要对全体职工进行质量意识的教育,使全体职工明确质量对国家四化建设的重大意义,质量与人民生活密切相关,质量是企业的生命。进行质量教育工作要持之以恒,有计划、有步骤地实施。

2)标准化工作。对工程项目来说,从原材料进场到工程竣工验收,都要有技术标准和管理标准,要建立一套完整的标准化体系。技术标准是根据科学技术水平和实践经验,针对具有普遍性和重复出现的技术问题提出的技术准则。在工程项目施工中,除了要认真贯彻国家和上级颁发的技术标准、规范外,还应结合本工程的情况制定工艺标准,作为指导施工操作和工程质量要求的依据。管理标准是对各项管理工作的规定,如各项工作的办事守则、职责条例、规章制度等。

3)计量工作。计量工作是保证工程质量的重要手段和方法。要采用法定计量单位,做好量值传递,保证量值的统一。对工程项目中采用的各项计量器具,要建立台账,按国家和上级规定的周期,定期进行检定。

4)质量信息工作。质量信息反映工程质量和各项管理工作的基本数据和情况。在工程项目施工中,要及时了解建设单位、设计单位、质量监督部门的信息,及时掌握各施工班组的质量信息,认真做好原始记录,如分项工程的自检记录等,便于项目经理和有关人员及时采取对策。

二、砌体工程施工质量验收

(1)砌体工程所用的材料应有产品的合格证书、产品性能检测报告。块材、水泥、钢筋、外加剂等应有材料主要性能的进场复验报告。严禁使用国家明令淘汰的材料。

(2)砌筑基础前,应校核放线尺寸,允许偏差应符合表 10-4 的规定。

表 10-4　　　　　　　　　　放线尺寸的允许偏差

长度 L、宽度 B/m	允许偏差/mm	长度 L、宽度 B/m	允许偏差/mm
L(或 B)≤30	±5	60<L(或 B)≤90	±15
30<L(或 B)≤60	±10	L(或 B)>90	±20

(3)砌筑顺序应符合下列规定:

1)基底标高不同时,应从低处砌起,并应由高处向低处搭砌。当设计无要求,搭接长度不应小于基础扩大部分的高度。

2)砌体的转角处和交接处应同时砌筑。当不能同时砌筑时,应按规定留槎、接槎。

(4)在墙上留置临时施工洞口,其侧边离交接处墙面不应小于 500mm,洞口净宽度不应超过 1m。抗震设防烈度为 9 度的地区建筑物的临时施工洞口位置,应会同设计单位确定。临时施工洞口应做好补砌。

(5)不得在下列墙体或部位设置脚手眼:

1)120mm 厚墙、料石清水墙和独立柱。

2)过梁上与过梁成 60°角的三角形范围及过梁净跨度 1/2 的高度范围内。

3)宽度小于 1m 的窗间墙。

4)砌体门窗洞口两侧 200mm(石砌体为 300mm)和转角处 450mm(石砌体为 600mm)范围内。

5)梁或梁垫下及其左右 500mm 范围内。

6)设计不允许设置脚手眼的部位。

(6)施工脚手眼补砌时,灰缝应填满砂浆,不得用干砖填塞。

(7)设计要求的洞口、管道、沟槽应在砌筑时正确留出或预埋,未经设计同意,不得打凿墙体和在墙体上开凿水平沟槽。宽度超过 300mm 的洞口上部应设置过梁。

(8)沿未施工楼板或屋面的墙或柱,当可能遇到大风时,其允许自由高度不得超过表 10-5 的规定。如超过表中限值,必须采用临时支撑等有效措施。

表 10-5　　　　　　　　　墙和柱的允许自由高度　　　　　　　　　　　mm

墙(柱)厚 /mm	砌体密度＞1600/(kg/m³)			砌体密度 1300～1600/(kg/m³)		
	风载/(kN/m²)			风载/(kN/m²)		
	0.3(约 7 级风)	0.4(约 8 级风)	0.5(约 9 级风)	0.3(约 7 级风)	0.4(约 8 级风)	0.5(约 9 级风)
190	—	—	—	1.4	1.1	0.7
240	2.8	2.1	1.4	2.2	1.7	1.1
370	5.2	3.9	2.6	4.2	3.2	2.1
490	8.6	6.5	4.3	7.0	5.2	3.5
620	14.0	10.5	7.0	11.4	8.6	5.7

注:1. 本表适用于施工处相对标高(H)在 10m 范围内的情况。10m＜H≤15m,15m＜H≤20m 时,表中的允许自由高度应分别乘以 0.9、0.8 的系数;H＞20m 时,应通过抗倾覆验算确定其允许自由高度。

　　2. 当所砌筑的墙有横墙或其他结构与其连接,而且间距小于表列限值的 2 倍时,砌筑高度可不受本表的限制。

(9)搁置预制梁、板的砌体顶面应找平,安装时应坐浆。当设计无具体要求时,应采用 1∶2.5 的水泥砂浆。

(10)砌体施工质量控制等级应分为三级,并应符合表 10-6 的规定。

表 10-6 砌体施工质量控制等级

项目	施工质量控制等级		
	A	B	C
现场质量管理	制度健全,并严格执行;非施工方质量监督人员经常到现场,或现场设有常驻代表;施工方有在岗专业技术管理人员,人员齐全,并持证上岗	制度基本健全,并能执行;非施工方质量监督人员间断地到现场进行质量控制;施工方有在岗专业技术管理人员,并持证上岗	有制度;非施工方质量监督人员很少作现场质量控制;施工方有在岗专业技术管理人员
砂浆、混凝土强度	试块按规定制作,强度满足验收规定,离散性小	试块按规定制作,强度满足验收规定,离散性较小	试块强度满足验收规定,离散性大
砂浆拌和方式	机械拌和;配合比计量控制严格	机械拌和;配合比计量控制一般	机械或人工拌和;配合比计量控制较差
砌筑工人	中级工以上,其中高级工不少于20%	高、中级工不少于70%	初级工以上

(11)设置在潮湿环境或有化学侵蚀性介质的环境中的砌体灰缝内的钢筋应采取防腐措施。

(12)砌体施工时,楼面和屋面荷载不得超过楼板的允许荷载值。施工层进料口楼板下,宜采取临时加撑措施。

(13)分项工程的验收应在检验批验收合格的基础上进行。检验批的确定可根据施工段划分。

(14)砌体工程检验批验收时,其主控项目应全部符合《砌体结构工程施工质量验收规范》(GB 50203)的规定;一般项目应有80%及以上的抽检处符合《砌体结构工程施工质量验收规范》(GB 50203)的规定,或偏差值在允许偏差范围以内。

🔨 关键细节 14　质量验收的程序

为了方便工程的质量管理,根据工程特点,把工程划分为检验批、分项、分部(子分部)和单位(子单位)工程。工程质量的验收均应在施工单位自行检查评定的基础上,按以下施工顺序进行:检验批→分项工程→分部(子分部)工程→单位(子单位)工程。

(1)检验批和分期工程验收。检验批及分项工程应由监理工程师(建设单位项目技术负责人)组织施工单位项目专业质量(技术)负责人等进行验收。

检验批和分项工程是建筑工程质量的基础,因此,所有检验批和分项工程均应由监理所工程师或建设单位项目技术负责人组织验收。验收前,施工单位先填好"检验批和分项工程的质量验收记录"(有关监理记录和结论不填),并由项目专业质量检验员和项目专业技术负责人分别在检验批和分项工程质量检验记录中相关栏目签字,然后由监理工程师组织,严格按规定程序进行验收。

1)施工过程的每道工序,各个环节每个检验批的验收,首先应由施工单位的项目技术负责人组织自检评定,符合设计要求和规范后提交监理工程师或建设单位项目技术负责人进行验收。

2)监理工程师拥有对每道施工工序的施工检查权,并根据检查结果决定是否允许进行下道工序的施工。对于达不到质量要求的验收批,有权并应要求施工单位停工整改、返工。

在对工程进行检查后,确认其工程质量符合标准规定,监理或建设单位人员要签字认可,否则,不得进行下道工序的施工。如果认为有的项目或地方不能满足验收规范的要求,应及时提出,让施工单位进行返修。

3)所有分项工程施工,施工单位应在自检合格后,填写分项工程申请表,并附上分项工程评定表。属隐蔽工程,还应将隐检单报监理单位,监理工程工程师必须组织施工单位的工程项目负责人和有关人员严格按每道工序进行检查验收,合格者签发分项工程验收单。

4)检验批的质量检验,应根据检验项目的特点在抽样方案中进行选择。

(2)分部(子分部)工程验收。分部(子分部)工程应由总监理工程师(建设单位项目负责人)组织施工单位项目负责人和技术、质量负责人等进行验收。

关键细节 15　质量验收合格条件

1. 检验批合格条件

检验批合格质量符合下列规定:

(1)主控项目和一般项目的质量经抽样检验合格。

(2)具有完整的施工操作依据、质量检查记录。

检验批是工程验收的最小单位,是分项工程乃至整个建筑工程质量验收的基础。检验批是施工过程中条件相同并有一定数量的材料、构配件或安装项目,由于其质量基本均匀一致,因此可以作为检验的基础单位,并按批验收。

(1)主控项目和一般项目的质量经抽样检查合格。

1)主控项目。

①主控项目验收内容:

a. 建筑材料、构配件及建筑设备的技术性能与进场复验要求。如水泥、钢材的质量;预制楼板、墙板、门窗等构配件的质量;风机等设备的质量等。

b. 涉及结构安全、使用功能的检测项目。如混凝土、砂浆的强度;钢结构的焊缝强度;管道的压力试验;风管的系统测定与调整;电气的绝缘、接地测试;电梯的安全保护、试运转结果等。

c. 一些重要的允许偏差项目,必须控制在允许偏差限值之内。

②主控项目验收要求:主控项目的条文是必须达到的要求,是保证工程安全和使用功

能的重要检验项目,是对安全、卫生、环境保护和公众利益起决定性作用的检验项目,是确定该检验批主要性能的项目。主控项目中所有子项必须全部符合各专业验收规范规定的质量指标,方能判定该主控项目质量合格。反之,只要其中某一子项甚至某一抽查样本检验后达不到要求,即可判定该检验批质量为不合格,则该检验批拒收。换言之,主控项目中某一子项甚至某一抽查样本的检查结果若为不合格,即行使对检查批质量的否决权。

2)一般项目。

①一般项目验收内容:一般项目是指除主控项目以外,对检验批质量有影响的检验项目,当其中缺陷(指超过规定质量指标的缺陷)的数量超过规定的比例,或样本的缺陷程度超过规定的限度后,对检验批质量会产生影响。其包括的主要内容有:

a. 允许有一定偏差的项目,而放在一般项目中,用数据规定的标准,可以有允许偏差范围,并有不到20%的检查点可以超过允许偏差值,但也不可能超过允许值的150%。

b. 对不能确定偏差值而又允许出现一定缺陷的项目,则以缺陷的数量来区分。

c. 其他一些无法定量的而采用定性的项目。如碎拼大理石地面颜色协调,无明显裂缝和坑洼等。

②一般项目验收要求:一般项目也是应该达到检验要求的项目,只不过对少数条文,在不影响工程安全和使用功能下可以适当放宽一些,有些条文虽不像主控项目那样重要,但对工程安全、使用功能等都有较大影响。一般项目的合格判定条件:抽查样本的80%及以上(个别项目为90%以上),符合各专业验收规范规定的质量指标,其余样本的缺陷通常不超过规定允许偏差值的1.5倍(个别规范规定为1.2倍,如钢结构验收规范等)。具体应根据各专业验收规范的规定执行。

检验批的合格质量主要取决于对主控项目和一般项目的检验结果。主控项目是对检验批的基本质量起决定性影响的检验项目,因此必须全部符合有关专业工程验收规范的规定。这意味着主控项目不允许有不符合要求的检验结果,即这种项目的检查具有否决权。鉴于主控项目对基本质量的决定性影响,从严要求是必需的。

(2)具有完整的施工操作依据和质量检查记录。检验批合格质量的要求,除主控项目和一般项目的质量经抽样检验符合要求外,其施工操作依据的技术标准尚应符合设计、验收规范的要求。采用企业标准的不能低于国家、行业标准。质量控制资料反映了检验批从原材料到最终验收的各施工工序的操作依据,检查情况以及保证质量所必需的管理制度等。对其完整性的检查,实际是对过程控制的确认,这是检验批合格的前提。

只有上述两项均符合要求,该检验批质量方能判定合格。若其中一项不符合要求,该检验批质量则不得判定为合格。

2. 分项工程质量合格条件

(1)分项工程质量合格要求。分项工程质量验收合格应符合下列规定:

1)分项工程所含的检验批均应符合合格质量的规定。

2)分项工程所含的检验批的质量验收记录应完整。

分项工程的验收在检验批的基础上进行。一般情况下,两者具有相同或相近的性质,只是批量的大小不同而已。因此,将有关的检验批汇集构成分项工程。分项工程合格质量的条件比较简单,只要构成分项工程的各检验批的验收资料文件完整,并且均已验收合格,则分项工程验收合格。

(2)分项工程质量验收要求。分项工程是由所含性质、内容一样的检验批汇集而成,是在检验批的基础上进行验收的,实际上分项工程质量验收是一个汇总统计的过程,并无新的内容和要求。因此,在分项工程质量验收时应注意:

1)核对检验批的部位、区段是否全部覆盖分项工程的范围,有没有缺漏的部位没有验收到。

2)一些在检验批中无法检验的项目,在分项工程中直接验收。如砖砌体工程中的全高垂直度、砂浆强度的评定等。

3)检验批验收记录的内容及人员签字是否正确、齐全。

3. 分部(子分部)工程质量验收合格条件

分部(子分部)工程质量验收合格应符合下列规定:

(1)分部(子分部)工程所含分项工程的质量均应验收合格。

(2)质量控制资料应完整。

(3)地基与基础、主体结构和设备安装等分部工程有关安全及功能的检验和抽样检测结果应符合有关规定。

(4)观感质量验收应符合要求。

分部工程的验收在其所含各分项工程验收的基础上进行。首先,分部工程的各分项工程必须已验收合格且相应的质量控制资料文件必须完善,这是验收的基本条件。此外,由于各分项工程的性质不尽相同,因此作为分部工程不能简单地组合而加以验收,尚须增加以下两类检查项目。

涉及安全和使用功能的地基基础、主体结构、有关安全及重要使用功能的安装分部工程应进行有关见证取样送样试验或抽样检测。有关观感质量验收,这类检查往往难以定量,只能以观察、触摸或简单量测的方式进行,并由个人的主观印象判断,对于"差"的检查点应通过返修处理等补救。

关键细节 16　质量不符合要求的处理规定

当建筑工程质量不符合要求时,应按下列规定进行处理:

(1)经返工重做或更换器具、设备的检验批,应重新进行验收。

(2)经有资质的检测单位检测鉴定能够达到设计要求的检验批,应予验收。

(3)经有资质的检测单位检测鉴定达不到设计要求、但经原设计单位核算认可能够满足结构安全和使用功能的检验批,可予以验收。

(4)经返修或加固处理的分项、分部工程,虽然改变外形尺寸,但仍能满足安全使用要求,可按技术处理方案和协商文件进行验收。

一般情况下,不合格现象在最基层的检收单位——检验批时就应发现并及时处理,否则将影响持续检验批和相关的分项工程、分部工程的验收。因此所有质量隐患必须尽快消灭在萌芽状态,这也是《建筑工程施工质量验收统一标准》(GB 50300)"强化验收"与"过程控制"的体现。

三、工程质量问题分析与处理

工程项目建设中经常会发生质量问题,不仅量大面广,而且对项目质量危害也很大,阻碍了工程质量进一步提高。为了清除影响工程质量的因素,确保工程质量,必须掌握预防、诊断工程质量事故的一些基本规律和方法,以便对出现的质量问题进行及时的分析与处理。

1. 工程质量问题的概念与特点

根据我国有关质量、质量管理和质量保证方面的国家标准的定义,凡工程产品质量没有满足某个规定的要求,就称之为质量不合格;而没有满足某个预期的使用要求或合理的期望,则称之为质量缺陷。

凡是工程质量不合格,必须进行返修、加固或报废处理,由此造成直接经济损失低于5000元的称为质量问题。

项目质量问题具有复杂性、严重性、可变性和多发性的特点。

(1)复杂性。项目质量缺陷的复杂性,主要表现在引发质量缺陷的因素复杂,从而增加了对质量缺陷的性质、危害的分析、判断和处理的复杂性。例如建筑物的倒塌,可能是未认真进行地质勘察,地基的容许承载力与持力层不符;也可能是未处理好不均匀地基,产生过大的不均匀沉降;或是盲目套用图纸,结构方案不正确,计算简图与实际受力不符;或是荷载取值过小,内力分析有误,结构的刚度、强度、稳定性差;或是建筑材料及制品不合格,擅自代用材料等原因造成。由此可见,即使同一性质的质量问题,原因有时截然不同,所以在处理质量问题时,必须深入地进行调查研究,针对其质量问题的特征作具体分析。

(2)严重性。项目质量缺陷,轻者影响施工顺利进行,拖延工期,增加工程费用;重者给工程留下隐患,成为危房,影响安全使用或不能使用;更严重的可引起建筑物倒塌,造成人民生命财产的巨大损失。

(3)可变性。许多工程质量缺陷,还将随着时间不断发展变化。例如,钢筋混凝土结构出现的裂缝将随着环境湿度、温度的变化而变化,或随着荷载的大小和持荷时间而变化;建筑物的倾斜将随着附加弯矩的增加和地基的沉降而变化;混合结构墙体的裂缝也会随着温度应力和地基的沉降量而变化;甚至有的细微裂缝,也可以发展成构件断裂或结构物倒塌等重大事故。因此,在分析、处理工程质量问题时,一定要特别重视质量事故的可变性,应及时采取可靠的措施,以免事故进一步恶化。

(4)多发性。工程项目中有些质量缺陷就像"常见病"、"多发病"一样经常发生,而成为质量通病,如屋面、卫生间漏水;抹灰层开裂、脱落;地面起砂、空鼓;排水管道堵塞;预制构件裂缝等。另有一些同类型的质量缺陷,往往一再重复发生,如雨篷的倾覆,悬挑梁、板的断裂,混凝土强度不足等。因此,吸取多发性事故的教训,认真总结经验,是避免事故重演的有效措施。

2. 工程质量问题分析

由于影响工程质量的因素众多,一个工程质量问题的实际发生,既可能由于设计计算和施工图纸中存在错误,可能由于施工中出现不合格或质量问题,也可能由于使用不当,或者由于设计、施工甚至使用、管理、社会体制等多种原因的复合作用。要分析空间是哪种原因所引起,必须对质量问题的特征表现,以及其在施工中和使用中所处的实际情况和条件进行具体分析。对工程质量问题进行分析时经常用到的方法是成因分析方法,其基本步骤和要领可概括如下。

(1)基本步骤。

1)进行细致的现场研究,观察记录全部实况,充分了解与掌握引发质量问题的现象和特征。

2)收集调查与问题有关的全部设计和施工资料,分析摸清工程在施工或使用过程中所处的环境及面临的各种条件和情况。

3)找出可能产生质量问题的所有因素。分析、比较和判断,找出最可能造成质量问题的原因。

4)进行必要的计算分析或模拟实验予以论证确认。

(2)事故调查报告。事故发生后,应及时组织调查处理。调查的主要目的,是要确定事故的范围、性质、影响和原因等,通过调查为事故的分析与处理提供依据,一定要力求全面、准确、客观。调查结果要整理撰写成事故调查报告,其内容包括:

1)工程概况(重点介绍事故有关部分的工程情况)。

2)事故情况(事故发生时间、性质、现状及发展变化的情况)。

3)是否需要采取临时应急防护措施。

4)事故调查中的数据、资料。

5)事故原因的初步判断。

6)事故涉及人员与主要责任者的情况等。

(3)分析要领。分析要领的基本原理是:

1)确定质量问题的原点。所谓原点,指的是一系列独立原因集合起来形成的爆发点。因其反映出质量问题的直接原因,而在分析过程中具有关键性作用。

2)围绕原点对现场各种现象和特征进行分析,区别导致同类质量问题的不同原因,逐步揭示质量问题萌生、发展和最终形成的过程。

3)综合考虑原因复杂性,确定诱发质量问题的起源点即真正原因。工程质量问题原因分析是对一堆模糊不清的事物和现象客观性和联系的反映,它的准确性和管理人员的能力学识、经验和态度有极大关系,其结果不单是简单的信息描述,而是逻辑推理的产物,其推理可用于工程质量的事前控制。

3. 工程质量问题处理

项目质量问题处置的程序,一般可按图10-5所示进行。

项目质量处理应符合以下基本要求:

(1)处理应达到安全可靠,不留隐患,满足生产、使用要求,施工方便,经济合理的目的。

(2)重视消除事故的原因。这不仅是一种处理方向,也是防止事故重演的重要措施。

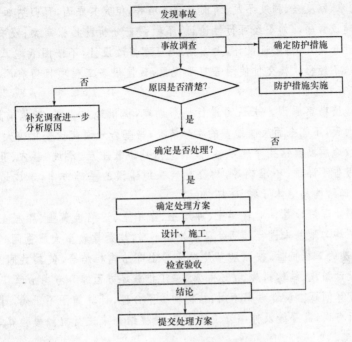

图 10-5 项目质量处理程序框图

如地基由于浸水沉降引起的质量问题,则应消除浸入的原因,制定防治浸水的措施。

(3)注意综合治理。既要防止原有事故的处理引发新的事故;又要注意处理方法的综合应用,如结构承载能力不足,则可采取结构补强、卸荷、增设支撑、改变结构方案等方法的综合应用。

(4)正确确定处理范围。除了直接处理事故发生的部位外,还应检查事故对相邻区域及整个结构的影响,以正确确定处理范围。

(5)正确选择处理时间和方法。发现质量问题后,一般均应及时分析处理;但并非所有质量问题的处理都是越早越好,如裂缝、沉降,变形尚未稳定就匆忙处理,往往不能达到预期的效果,而常会进行重复处理。处理方法的选择,应根据质量问题的特点,综合考虑安全可靠、技术可行、经济合理、施工方便等因素,经分析比较,择优选定。

(6)加强事故处理的检查验收工作。从施工准备到竣工,均应根据有关规范的规定和设计要求的质量标准进行检查验收。

(7)认真复查事故的实际情况。在事故处理中若发现事故情况与调查报告中所述的内容差异较大,应停止施工,待查清问题的实质,采取相应的措施后再继续施工。

(8)确保事故处理期的安全。事故现场中不安全因素较多,应事先采取可靠的安全技术措施和防护措施,并严格检查、执行。

关键细节 17 工程质量问题表现形式

工程项目质量问题表现的形式多种多样,如建筑结构的错位、变形、倾斜、倒塌、破坏、

开裂、渗水、漏水、刚度差、强度不足、断面尺寸不准等,但究其原因,可归纳如下:

(1)违背建设程序。如不经可行性论证,不做调查分析就拍板定案;没有搞清工程地质、水文地质就仓促开工;无证设计,无图施工;任意修改设计,不按图纸施工;工程竣工不进行试车运转、不经验收就交付使用等盲干现象,致使很多工程项目留有严重隐患,房屋倒塌事故也常有发生。

(2)工程地质勘察原因。未认真进行地质勘察,提供地质资料、数据有误;地质勘察时,钻孔间距太大,不能全面反映地基的实际情况,当基岩地面起伏变化较大时,软土层厚薄相差小甚人,地质勘察钻孔深度不够,没有查清地下软土层、滑坡、墓穴、孔洞等地层构造;地质勘察报告不详细、不准确等,均会导致采用错误的基础方案,造成地基不均匀沉降、失稳,使上部结构及墙体开裂、破坏、倒塌。

(3)未加固处理好地基。对软弱土、冲填土、杂填土、湿陷性黄土、膨胀土、岩层出露、熔岩、土洞等不均匀地基未进行加固处理或处理不当,均是导致重大质量问题的原因。必须根据不同地基的工程特性,按照地基处理应与上部结构相结合,使其共同工作的原则,从地基处理、设计措施、结构措施、防水措施、施工措施等方面综合考虑治理。

(4)设计计算问题。设计考虑不周,结构构造不合理,计算简图不正确,计算荷载取值过小,内力分析有误,沉降缝及伸缩缝设置不当,悬挑结构未进行抗倾覆验算等,都是诱发质量问题的隐患。

(5)建筑材料及制品不合格。如:钢筋物理力学性能不符合标准,水泥受潮、过期、结块、安定性不良,砂石级配不合理、有害物含量过多,混凝土配合比不准,外加剂性能、掺量不符合要求时,均会影响混凝土强度、和易性、密实性、抗渗性,导致混凝土结构强度不足、裂缝、渗漏、蜂窝、露筋等质量问题;预制构件断面尺寸不准,支承锚固长度不足,未可靠建立预应力值,钢筋漏放、错位,板面开裂等,必然会出现断裂、垮塌。

(6)施工和管理问题。许多工程质量问题,往往是由施工和管理所造成。例如:

1)不熟悉图纸,盲目施工,图纸未经会审,仓促施工;未经监理、设计部门同意,擅自修改设计。

2)不按图施工。把铰接做成刚接,把简支梁做成连续梁,抗裂结构用光圆钢筋代替变形钢筋等,致使结构裂缝破坏;挡土墙不按图设滤水层,留排水孔,致使土压力增大,造成挡土墙倾覆。

3)不按有关施工验收规范施工。如现浇混凝土结构不按规定的位置和方法,任意留设施工缝;不按规定的强度拆除模板;砌体不按组砌形式砌筑,留直槎不加拉结条,在小于1m宽的窗间墙上留设脚手眼等。

4)不按有关操作规程施工;如用插入式振捣器捣实混凝土时,不按插点均布、快插慢拔、上下抽动、层层扣搭的操作方法,致使混凝土振捣不实,整体性差;又如,砖砌体包心砌筑,上下通缝,灰浆不均匀饱满,游丁走缝,不横平竖直等都是导致砖墙、砖柱破坏、倒塌的主要原因。

5)缺少基本结构知识,施工蛮干。如将钢筋混凝土预制梁倒放安装;将悬臂梁的受拉钢筋放在受压区;结构构件吊点选择不合理,不了解结构使用受力和吊装受力的状态;施工中在楼面超载堆放构件和材料等,均将给质量和安全造成严重的后果。

6)施工管理紊乱,施工方案考虑不周,施工顺序错误;技术组织措施不当,技术交底不清,违章作业;不重视质量检查和验收工作等,都是导致质量问题的祸根。

(7)自然条件影响。施工项目周期长、露天作业多,受自然条件影响大,温度、湿度、日照、雷电、供水、大风、暴雨等都能造成重大的质量事故,施工中应特别重视,采取有效措施予以预防。

(8)建筑结构使用问题。建筑物使用不当,亦易造成质量问题。如不经校核、验算,就在原有建筑物上任意加层;使用荷载超过原设计的容许荷载;任意开槽、打洞、削弱承重结构的截面等。

▶ 关键细节 18　砌体工程常见质量通病及其防治措施

(1)砌筑砂浆强度不稳定。

1)现象。在 M2.5、M5.0、M7.5 几种常用砂浆中,M5.0 砂浆强度低于设计强度等级的情况较多。另外,砂浆强度波动较大,匀质性差。

2)原因分析。

①影响砂浆强度的主要因素是计量不准。对砂浆的配合比多数工地使用体积以手推小车为计量单位。由于砂子含水率的变化和运料途中丢失,砂浆的砂量低于规定量10%～20%。

②水泥混合砂浆中塑化材料(如石灰膏、电石膏及粉煤灰等)的掺量,对砂浆强度十分敏感,塑化材料如超过规定用量一倍,砂浆强度约下降40%。但施工时为使砂浆和易性好,塑化材料的掺量常常超过规定用量,因而降低了砂浆的强度。

③塑化材料材质不佳,如石灰膏中含有较多的灰渣,或运至现场保管不当,发生结硬、干燥等情况,使砂浆中含有较多的软弱颗粒,降低了强度。

④砂浆搅拌不匀,人工拌和翻拌次数不够,机械搅拌加料顺序颠倒,塑化材料未散开(砂浆中含有多量的疙瘩),水泥分布不均匀,影响砂浆的匀质性及和易性。

⑤在水泥砂浆中掺加微沫剂(微沫砂浆),由于管理不当,微沫剂超过规定掺用量,严重降低了砂浆的强度。

⑥砂浆试块的制作、养护方法和强度取值等,没有执行规范的统一标准,致使测定的砂浆强度缺乏代表性,数据甚至有失真的情况。

3)预防措施。

①砂浆配合比的确定,应结合现场的材质情况,在满足砂浆和易性的条件下,控制砂浆的强度。如 M5.0 砂浆受单方水泥预算量的限制,为满足砂浆和易性要求而掺加塑化材料后,砂浆强度如低于设计强度等级,应适当调整水泥预算用量。

②建立施工计量工具校验、维修、保管制度。砂浆中砂子用量一般为水泥用量的10倍左右,因此砂子计量误差对强度影响不十分明显。在实际操作中,由于砂子含水的影响及计量后运输中的失落,砂子用量大多出现负偏差,对砂浆强度偏于有利,因此方便操作,砂子计量允许按重量折成体积。

③塑化材料一般为湿料,计量称重更为困难。由于其计量误差对砂浆强度影响十分敏感,故应该控制。主量的具体做法是将塑化材料(石灰膏等)调成标准稠度(12cm),进行称重计算,再折成标准容积,定期调查核对。如供应塑化材料含水比较稳定,则可按稳定含水量进行计算,计算误差应控制在±5%以内。

④不得用增加微沫剂掺量等方法来改善砂浆的和易性。

⑤砂浆搅拌加料顺序,用砂浆搅拌机搅拌应分两次投料,先加入部分砂子、水和全部塑化材料,通过搅拌叶片和砂子搓动,将塑化材料打开,再投入其余的砂子和全部水泥。如用鼓式混凝土搅拌机拌制砂浆,则应配备一台抹灰用麻刀机,先将塑化材料搅成稀糊状,再投入搅拌机内搅拌。人工搅拌应有和灰池,先在池内放水,并将塑化的材料打开至不见疙瘩,另在池边干拌水泥和砂子至颜色均匀时,用铁锨将拌好的水泥砂子均匀撒入池内,同时用三刺铁来回扒动,直到拌和均匀为止。

(2)砖砌基础轴线位移。

1)现象。砖基础由大放脚砌至室内地坪标高(±0.000)处,其轴线与上部墙体轴线错位。基础轴线位移多发生在住宅工程的内横墙,这将使上层墙体产生偏心受压,影响结构受力性能。

2)原因分析。

①基础是将龙门板中线引至基槽内进行摆底砌筑,基础大放脚进行收分(退台)砌筑时,由于收分尺寸不易掌握准确,砌至大放脚顶处,再砌基础直墙部位容易发生轴位移。

②横墙基础的轴线,一般应在槽边打中心桩,有的工程放线仅在山墙处有控制桩,横墙轴线由山墙一端排尺控制,由于基础一般是先砌外纵墙和山墙部位,待砌横墙基础时,基槽中线被封在纵墙基础外侧,无法吊线找中。若采取隔墙吊中,轴线容易产生更大的偏差。有的槽边中心抵抗力桩,由于堆土、放料或运输小车的碰墙而丢失、移位。

3)预防措施。

①在建筑物定位放线时,外墙角处必须放置成门板,并有相应的保护措施,防止槽边堆土和进行其他作业时碰撞而发生移动。龙门板拉通线时,应先与中心桩核对。为了便于机械开挖基槽,龙门板也可以在基槽开挖后钉设。

②横墙轴线不宜采用基槽内排尺方法控制,应设置中心桩。横墙中心桩应打入与地面一样平,为便于排尺和拉中线,中心桩之间不宜堆土和放料,挖槽时应用砖覆盖,以便于清土寻找。在横墙基础拉中线时,可复核相邻轴线距离,以验证中心桩是否有移位情况。

③为防止砌筑基础大放脚收分不匀而造成轴线位移,应在基础收分部分砌完后,拉通线重新核对,并以新定出的轴线为准,砌筑基础直墙部分。

④按施工流水分段砌筑的基础,应在分段处设置龙门板。

(3)砖砌墙体因地基不均匀下沉而裂缝。

1)现象。

①斜裂缝一般发生在纵横的两端,多数裂缝通过窗口的两个对角,裂缝向沉降较大的方向倾斜,并由下向上发展。由于横墙刚度较大(门窗洞口也少),一般不会产生较大的相对变形,故很少出现这类裂缝。裂缝多在墙体下部,向上逐步减少,裂缝宽度下大上小,常

常在房屋建成后不久就出现,其数量及宽度随时间而逐渐发展。

②窗间墙水平裂缝。一般在窗间墙的上下对角成对出现,沉降大的一边裂缝在下,沉降小的一边在上。

2)原因分析。

①斜裂缝主要发生在软土地基上,由于地基不均匀下沉,墙体承受较大的剪切力,当结构刚度较差,施工质量和材料强度不能满足要求时墙体开裂。

②窗间墙水平裂缝产生的原因是在沉降单元上部受到阻力,使窗间墙受到较大的水平剪力,而发生上下位置的水平裂缝。

③房屋低层窗台下竖直裂缝,是由于窗间墙承受荷载后,窗台墙起着反梁作用,特别是较宽大的窗口或窗间墙承受较大的集中荷载情况下(如礼堂、厂房等工程),窗台墙因反向变形过大而开裂,严重时还会损坏窗台,影响窗户开启。另外,地基如建在冻土上,由于冻胀作用而在窗台处发生裂缝。

3)预防措施。

①合理设置沉降缝。凡不同荷载(高差悬殊的房屋)、长度过大、平面形状较为复杂,同一建筑物地基处理方法不同和有部分地下室的房屋,都应从基础开始分成若干部分,设置沉降缝,使其各自沉降,以减少或防止裂缝产生。沉降缝应有足够的宽度,操作中应防止浇筑圈梁时将断开处浇在一起,或砖头、砂浆等杂物落入缝内,以免房屋不能自由沉降而发生墙体拉裂现象。

②加强上部结构的刚度,提高墙体抗剪强度。由于上部结构刚度较强,可以适当调整地基的不均匀沉降。故应在基顶面(±0.00)处及各楼层门窗上部设置圈梁,减少建筑物端部门窗数量。操作中严格执行规范规定,如砖浇水润湿、改善砂浆和易性、提高砂浆饱满度和砖层间的粘结(提高灰缝的砂浆饱满度,可以大大提高墙体的抗剪强度)。

③加强地基探槽工作。对于较复杂的地基,在基槽开挖后进行普遍钎探,待探出的软弱部位进行加固处理后,方可进行基础施工。

④宽大窗口下部应考虑设混凝土梁以适应窗台反梁作用的变形,防止窗台处产生竖直裂缝。为避免多层房屋底层窗台下出现裂缝,除了加强基础整体性外,也可采取通常配筋的方法来加强。另外,窗台部位也不宜使用过多的半砖砌筑。

(4)砖砌体砌筑混杂。

1)现象。混水墙面筑砌方法混乱,出现直缝和"两层皮",砖柱采用包心砌法,里外皮砖层互不相咬,形成周围通天缝,降低了砌体强度和整体性。清水墙、砖规格尺寸误差对墙面影响较大,如筑砌形式不当,形成竖缝宽窄不匀,影响美观。

2)原因分析。

①因混水墙面要抹灰,操作人员容易忽视筑砌形式,因此,出现了多层砖的直缝和"两层皮"现象。

②砌筑砖柱需要大量的七分砖来满足内外找砖层错缝的要求,打制七分砖会增加工作量,影响砌筑效率,而且砖损耗很大。操作人员思想不够重视,又缺少严格督促的情况下,37砖柱习惯于用包心砌法。

3)预防措施。

①应使操作者了解砖墙筑砌形式,不单纯是为了清水墙美观,同时也是为了满足传递荷载的需要。因此,不论清、混水墙,墙体中砖缝搭接不得小于 1/4 砖长;内外皮砖层最多隔五层砖就应有一层丁砖拉结(五顺一丁)。为了节约,允许用半砖长,但也应该满足 1/4 砖长的搭接要求,半砖头应分散布砌于混水墙中。

②砖柱的筑砌方法应根据砖柱断面和时间使用情况统一考虑,但不得采用包心砌法。

③砖柱横、竖向灰缝的砂浆都必须饱满,每砌完一层砖,都要进行一次竖缝刮浆塞缝工作,以提高砌体强度。

④墙体筑砌形式的选用,应根据所砌部位的受力性质和砖的规格尺寸误差而定;一般清水墙面常选用满丁满条和梅花筑砌方法;在地震区,为增强齿缝受拉强度,可采用骑马缝筑砌方法;砖砌蓄水池应采取三顺一丁筑砌方法;双面清水墙,如工业厂房围护墙、围墙等,可采取三七缝筑砌方法。由于一般砖长正偏差较多,采用梅花丁的筑砌形式,可使所砌墙面的竖缝宽度均匀一致。为了不因砖的规格尺寸误差而经常变动筑砌形式,在同一栋号工程中,应尽量使用同一砖厂的砖。

(5)砌石墙面凹凸不平。

1)现象。墙体表面里出外进,凹凸不平;有时砌体外张里背,垂直偏大,超出规定范围。

2)原因分析。

①砌墙时未挂线。砌乱毛石时未精心挑选平整大面摆放在正面。

②在浇灌砌石中的混凝土组合柱和圈梁未进行加固,致将石砌体外挤,造成墙面不平。

3)预防措施。

①砌筑时必须认真跟线。砌筑不规则石料时应把较方大的一段朝外,把较小的部分朝里,因为里外皮要求有搭接,所以在用材时,应选取块体长向较大的。球形、蛋形或过于扁薄的石材,不能使用或加以修改后使用。

②浇灌混凝土组合柱和圈梁必须加好支撑,要坚持分层浇制度,插振不得过度。

第五节　施工安全管理

一、安全生产方针

《中华人民共和国安全生产法》第三条、《中华人民共和国建筑法》第三十六条、《建设工程安全生产管理条例》第三条都明确规定,建设工程安全生产管理必须坚持"安全第一、预防为主"的方针。以法律形式确立的这个方针,是建设工程整个安全生产活动的指导原则。

关键细节 19　预防为主的关键定位

预防为主既是安全生产方针的有机组成部分,也是多年来宝贵经验的总结,只有坚持预防为主,关口前移,重心下移,才能实现源头治本,防患于未然,牢牢掌握主动权。

(1)强化抓重点的意识。做到无论何时抓重点的思想不变,抓重点的决心不变;工作繁忙,头绪多,抓重点的精力不变;问题少、形势好时,抓重点的劲头不变。

(2)重点工作要全力抓。预防工作的重点往往也是工作的难点,所以,一定要盯住重点,舍得下功夫,下长功夫,下细功夫。以重特大事故普遍关注和领域为重点,集中开展专项整治,是解决安全生产薄弱环节和主要问题的有效措施,要一抓到底。

(3)薄弱环节要反复抓。突出重点抓预防,还必须把眼光盯在本单位薄弱环节上,经常分析安全生产工作形势,查找薄弱环节,对发生的问题及隐患认真分析原因,总结教训。即使没有发生问题,也要积极借鉴外单位的经验教育,举一反三查苗头、堵漏洞、反复抓,力求突破弱项,使弱项变强项。

二、砌筑工程安全技术操作规程

1. 砖墙砌筑安全要求

(1)砌筑砖墙,要均匀上升并保证墙体垂直度满足相应规范要求,严防因墙体高度不均或倾斜过度而危及施工安全,当高度超过 1.2m 时,应搭设脚手架施工。

脚手架搭设、拆除,必须按照劳动部颁发的《特种作业人员安全技术培训考核管理规定》进行考核,成绩合格领取了"特种作业人员操作证"的架子工才可进行施工。

(2)脚手架以离开墙面 12～15cm 为宜。外脚手架横杆不得搭在墙体上和门窗过梁,脚手板应铺满、铺稳,并与脚手架连接牢固,不得有探头。脚手板的搭接长度不得小于 30cm。同一块脚手板上的操作人员不得超过两人。

(3)搭设架子应尽量避开夜间作业。夜间搭设架子,应有足够的照明,搭设高度不宜超过 15m。

(4)砌筑墙体高度超过 4m 时,必须在墙外搭设能承受 160kg 荷载重的安全网或防护挡板。多层建筑应在二层和每隔四层设一道固定的安全网。同时再设一道随施工高度提升的安全网。

(5)利用脚手架工作平台堆放砖、砂浆等材料要均布且不得超过 $270kg/m^2$。砖应在进入工作面之前预先浇水湿润,不得在基槽边和脚手架上大量浇水。

(6)用于垂直提升的塔机、卷扬机、吊笼、吊罐、滑车、绳索等,必须完好无损且满足负荷要求。塔机要有良好的限位装置,吊运时不得超载,并要经常检查吊钩、钢丝绳、滑轮、限位装置等,发现问题及时修理。

(7)当墙基、墙体需要返工拆除时,应先制定技术安全措施,在确保安全的情况下方准施工。

(8)严禁上下层交叉施工。若必须进行交叉施工,要有可靠的安全措施条件。不准在墙顶做画线、刮缝、清扫墙面、检查大角垂直度等工作。大雨、大雪和 6 级以上大风天气,不得进行脚手架上的高处作业。雨、雪后继续施工之前必须采取防滑安全措施。

(9)进行三级、特级和悬空架子的搭设、拆除,施工之前必须制定安全技术措施并向施工人员进行技术交底,否则不得施工。

2. 石砌体工程安全要求

(1)搬运石块应检查搬运工具及绳索是否牢固,抬石应用双绳。

(2)在架子上凿石应注意打凿方向,避免飞石伤人。砌筑时,脚手架上堆石不宜过多,应随砌随运。

(3)用锤打石时,应先检查铁锤有无破裂,锤柄是否牢固。打锤要按照石纹走向落锤,锤口要平,落锤要准,同时要看清附近情况有无危险,然后落锤,以免伤人。不准在墙顶或脚手架上修改石材,以免振动墙体影响质量或石片掉下伤人。石块不得往下掷。运石上下时,脚手板要钉装牢固,并钉装防滑条及扶手栏杆。

(4)堆放材料必须离开槽、坑、沟边沿 1m 以外,堆放高度不得高于 0.5m;往槽、坑、沟内运石料及其他物质时,应用溜槽或吊运,下方严禁有人停留。

(5)砌石用的脚手架和防护栏板应经检查验收后方可使用,施工中不得随意拆除或改动。

3. 砌块砌体工程安全要求

(1)砌块施工宜组织专业小组进行。施工人员必须认真执行有关安全技术规程和工种的操作规程。

(2)吊放砌块前应检查吊索及钢丝绳的安全可靠程度,不灵活或性能不符合要求的严禁使用。吊装砌块时应夹在重心位置,禁止用起重拔杆施运砌块。

(3)砌块堆放应靠近楼板的端部,堆放在楼层上的砌块重量,不得超过楼板允许承载力。

(4)所使用的机械设备必须安全可靠、性能良好,同时设有限位保险装置。机械设备用电必须符合"三相五线制"及三级保护的规定。

(5)砌块作业时,不准站在墙身上进行砌筑、画线、检查墙身平整度和垂直度以及裂缝、清扫墙面等工作,作业层的周围必须进行封闭围护,同时设置防护栏及张挂安全网。

(6)楼层内的预留孔洞、电梯口、楼梯口等,必须进行防护,采取栏杆搭设的方法进行围护,预留洞口采取加盖的方法进行围护。

(7)砌体中的落地灰及碎砌块应及时清理成堆,装车或装袋运输,严禁从楼上或架子上抛下。

(8)起重拔杆回转时,严禁将砌块停留在操作人员上空或在空中整修、加工砌块。

(9)安装砌块时,不准站在墙上操作和在墙上设置受力支撑、缆绳等,在施工过程中,对稳定性较差的窗间墙,独立柱应加稳定支撑。

(10)因刮风,使砌块和构件在空中摆动不能停稳时,应停止吊装工作。

(11)作业结束后,应将脚手板和砌块上的碎块、灰浆清扫干净,以防止碎块掉落伤人。

4. 填充墙砌体工程安全要求

(1)砌体施工脚手架要搭设牢固。外墙施工时,必须有外墙防护及施工脚手架,墙与脚手架间的间隙应封闭,以防高空坠物伤人。

(2)在脚手架上,堆放普通砖不得超过两层。

(3)严禁站在墙上做画线、吊线、清扫墙面、支设模板等施工作业。

(4)操作时精神要集中,不得嬉笑打闹,以防意外事故发生。

(5)现场实行封闭化施工,有效控制噪声、扬尘、废物、废水等排放。

关键细节 20　砌筑工个人安全要求

(1)在砌深度超过 1.5m 基础时,应检查槽帮有无裂缝、水浸或坍塌的危险隐患。送料、砂浆要设有溜槽,严禁向下猛倒和抛掷物料工具等。

(2)距槽帮上口 1m 以内,严禁堆积土方和材料。砌筑 2m 以上深基础时,应设有梯或坡道,不得攀跳槽、沟、坑上下,不得站在墙上操作。

(3)砌筑使用的脚手架,未经交接验收不得使用。验收使用后不准随便拆改或移动。

(4)在架子上用刨锛斩砖,操作人员必须面向里,把砖头斩在架子上。挂线用的坠物必须绑扎牢固。作业环境中的碎料、落地灰、杂物、工具集中下运,做到日产日清、自产自清、活完料净场地清。

(5)脚手架上堆放料量不得超过规定荷载(均布荷载每 m^2 不得超过 3kN,集中荷载不超过 1.5kN)。

(6)采用里脚手架砌墙时,不准站在墙上清扫墙面和检查大角垂直等作业。不准在刚砌好的墙上行走。

(7)在同一垂直面上上下交叉作业时,必须设置职业健康安全隔离层。

(8)用起重机吊运砖时,当采用砖笼往楼板上放砖时,要均匀分布,并必须预先在楼板底下加设支柱及横木承载。砖笼严禁直接吊放在脚手架上。

(9)在地坑、地沟砌砖时,严防塌方并注意地下管线、电缆等。在屋面坡度大于 25° 时,挂瓦必须使用移动板梯,板梯必须有牢固挂钩。檐口应搭设防护栏杆,并立挂密目安全网。

(10)屋面上瓦应两坡同时进行,保持屋面受力均衡,瓦要放稳。屋面无望板时,应铺设通道,不准在桁条、瓦条上行走。

(11)在石棉瓦等不能承重的轻型屋面上作业时,必须搭设临时走道板,并应在屋架下弦搭设水平安全网,严禁在石棉瓦上作业和行走。

(12)冬期施工有霜、雪时,必须将脚手架等作业环境的霜、雪清除后方可作业。

三、劳动保护与知识

1. 劳动保护的基本内容

劳动保护是国家和单位为保护劳动者在劳动生产过程中的安全和健康所采取的立法、组织和技术措施的总称。

劳动保护的基本内容:①劳动保护的立法和监察。其主要包括两大方面的内容,一是属于生产行政管理的制度,如安全生产责任制度、加班加点审批制度、卫生保健制度、劳保用品发放制度及特殊保护制度;二是属于生产技术管理的制度,如设备维修制度、安全操作规程等。②劳动保护的管理与宣传。企业劳动保护工作由安全技术部门负责组织、实施。③安全技术。为了消除生产中引起伤亡事故的潜在因素,保证工人在生产中的安全,在技术上采取的各种措施,主要解决防止和消除突然事故对于职工安全的威胁问题。④工业卫生。为了改善劳动条件,避免有毒有害物质危害职工健康,防止职业中毒和职业病,在生产中所采取的技术组织措施的总和。它主要解决威胁职工健康的问题,实现文明生产。⑤工作时间与休假制度。⑥女职工与未成年工的特殊保护。其不包括劳动权利和劳动报酬等方面内容。

2. 劳动防护用品

(1)劳动防护用品分类。从劳动卫生学角度,劳动防护用品通常按防护部位分类。

1)头部防护用品。为防御头部不受外来物体打击和其他因素危害配备的个人防护装备,如一般防护帽、防尘帽、防水帽、安全帽、防寒帽、防静电帽、防高温帽、防电磁辐射帽、防昆虫帽等。

2)呼吸器官防护用品。为防御有害气体、蒸汽、粉尘、烟、雾由呼吸道吸入,或直接向使用者供氧或清净空气,保证尘、毒污染或缺氧环境中作业人员正常呼吸的防护用具,如防尘口罩(面具)、防毒口罩(面具)等。

3)眼面部防护用品。预防烟雾、尘粒、金属火花和飞屑、热、电磁辐射、激光、化学飞溅等伤害眼睛或面部的个人防护用品,如焊接护目镜和面罩、炉窑护目镜和面罩以及防冲击眼护具等。

4)听觉器官防护用品。其能够防止过量的声能侵入外耳道,使入耳避免噪声的过度刺激,减少听力损失。预防由噪声对人身引起的不良影响的个体防护用品,如耳塞、耳罩、防噪声头盔等。

5)手部防护用品。保护手和手臂,供作业者劳动时戴用的手套(劳动防护手套),如一般防护手套、防水手套、防寒手套、防毒手套、防静电手套、防高温手套、防 X 射线手套、防酸碱手套、防油手套、防振手套、防切割手套、绝缘手套等。

6)足部防护用品。防止生产过程中有害物质和能量损伤劳动者足部的护具,通常称为劳动防护鞋,如防尘鞋、防水鞋、防寒鞋、防静电鞋、防高温鞋、防酸碱鞋、防油鞋、防烫脚鞋、防滑鞋、防刺穿鞋、电绝缘鞋、防振鞋等。

7)躯干防护用品。躯干防护用品,即通常讲的防护服,如一般防护服、防水服、防寒服、防砸背心、防毒服、阻燃服、防静电服、防高温服、防电磁辐射服、耐酸碱服、防油服、水上救生衣、防昆虫服、防风沙服等。

8)护肤用品。护肤用品是指用于防止皮肤(主要是面、手等外露部分)免受化学、物理等因素的危害的用品,如防毒、防腐、防射线、防油漆的护肤品等。

9)防坠落用品。防止人体从高处坠落,通过绳带将高处作业者的身体系接于固定物体上,或在作业场所的边沿下方张网,以防不慎坠落,如安全带、安全网等。

劳动防护用品也可按照用途分类:以防止伤亡事故为目的可分为防坠落用品,防冲击用品,防触电用品,防机械外伤用品,防酸碱用品,耐油用品,防水用品,防寒用品;以预防职业病为目的可分为防尘用品,防毒用品,防放射性用品,防热辐射用品,防噪声用品等。

(2)重要护品的范围。

1)安全帽。

2)安全带。

3)安全网。

4)钢管脚手扣件。

5)漏电保护器。

6)临时供电用电缆。

7)电焊机二次侧保安器。

8)临时供电用配电箱(柜)。

9)政府及上级规定的其他产品。

关键细节 21　个人劳动防护用品的配备标准

个人劳动防护用品用于保护劳动者在生产过程中的安全和健康,根据《劳动防护用品配备标准》(国经贸安全[2000]189 号文件)的规定,施工项目个人护品配备标准见表10-7。

表 10-7　　　　　　　　　　　　施工项目个人护品配备标准

序号	名称＼典型工种	工作服	工作帽	工作鞋	劳动手套	防寒服	雨衣	胶鞋	眼护具	防尘口罩	防毒护具	安全帽	安全带	护听器
1	电工	√	√	fzjy	jy	√	√					√		
2	电焊工	zr	zr	fz	√	√			hj			√		
3	油漆工	√	√								√	√		
4	带锯工	√	√	fz	fg	√	√	√	cj	√				√
5	木工	√	√	fzcc	√	√		√	cj	√		√		
6	砌筑工		√	fzcc	√	√			jf		√	√		
7	安装起重工	√	√	fz	√	√			jf			√	√	
8	中小型机械操作工	√	√	fz	√	√			jf					
9	汽车驾驶员	√	√			√	√	√	zw					

注:1."√"表示该种类劳动防护用品必须配备;

　　2. 字母表示该种类必须配备的劳动防护用品还应具有相应的防护性能:如 zr—阻燃耐高温;fz—防砸(1~5级);jy—绝缘;hj—焊接护目;fg—防割;cj—防冲击;cc—防刺穿;jf—胶面防砸;zw—防紫外。

关键细节 22　劳动防护用品的正确使用方法

(1)劳动防护用品使用前应首先做一次外观检查。检查的目的是认定用品对有害因素防护效能的程度,用品外观有无缺陷或损坏,各部件组装是否严密,启动是否灵活等。

(2)劳动防护用品的使用必须在其性能范围内,不得超极限使用;不得使用未经国家指定或经监测部门认可(国家标准)和检验,达不到标准的产品;不能随便代替,更不能以次充好。

(3)严格按照使用说明书正确使用劳动防护用品。

参 考 文 献

[1] 孔蓬欧. 房屋构造[M]. 北京:中国环境科学出版社,2003.

[2] 郭斌. 砌筑工[M]. 北京:机械工业出版社,2005.

[3] 北京土木建筑学会. 砌体工程施工操作手册[M]. 北京:经济科学出版社,2004.

[4] 中国建筑总公司. 建筑砌体工程施工工艺标准[M]. 北京:中国建筑工业出版社,2003.